生物物理学

主　编　展　永
副主编　纪　青　赵同军　王永宏

科学出版社
北　京

内 容 简 介

生物物理学是使用物理学的方法研究生命现象的一门交叉学科，内容涉及物理、化学、生物等基础学科，研究和学习生物物理学，对深入了解生命现象有极大的帮助。

本书是编者在十多年教学和研究工作的基础上写成的，主要介绍分子生物物理学、自由基生物学、分子马达、膜生物物理、电磁场生物效应、神经生物物理、抑癌基因网络及调控、光生物物理、辐射生物学、生物信息学和显微技术及其在生物物理学中的应用等。在介绍基本概念的同时，又把自身工作的实践研究加入其中，使内容更加具有实际意义。

本书适合于生物物理相关专业的本科生、研究生和相关教师及研究人员使用。

图书在版编目(CIP)数据

生物物理学/展永主编. —北京：科学出版社，2011
ISBN 978-7-03-026984-3

Ⅰ.①生… Ⅱ.①展… Ⅲ.①生物物理学-高等学校-教材 Ⅳ.①Q6

中国版本图书馆CIP数据核字(2010)第040231号

责任编辑：昌 盛 郗泽潇 / 责任校对：郑金红
责任印制：赵 博 / 封面设计：谜底书装

科学出版社 出版
北京东黄城根北街16号
邮政编码：100717
http://www.sciencep.com

北京富资园科技发展有限公司印刷
科学出版社发行 各地新华书店经销

*

2011年8月第 一 版 开本：720×1000 1/16
2025年2月第十一次印刷 印张：18
字数：360 000

定价：56.00元

(如有印装质量问题，我社负责调换)

前　言

生物物理学是应用物理学的理论和方法研究生命现象中的物理过程和物理规律的科学，或者说生物物理学就是生命中的物理学。它是物理科学与生命科学相互结合、蓬勃发展的交叉学科。

物理学与生物学交叉研究与发展由来已久，成就斐然：17 世纪德国科舍儿（A. Kircher）研究了动物发光现象；同一时期，荷兰列文虎克（A. Van. Leeuwenhoek）用自制显微镜第一次看到活的细菌；英国牛顿（I. Newton）讨论过电与生物的关系；19 世纪德国迈尔（J. R. Meyer）通过热、功与生理过程研究建立了能量守恒定律。自 20 世纪以来，生物物理学成为发展最为迅速、最具活力的新兴交叉学科之一。如果将 20 世纪以来物理学重大进展及相关新技术概括为三个方面的话，那么其中的任一方面都给生命科学带来了重大成就。

一、“量子力学”理论研究及其应用技术极大地推动了微观生物世界的观测与探究

1900 年德国普朗克（M. Planck）首先提出量子假设；1905 年爱因斯坦（A. Einstein）提出光量子假说；1924 年法国德布罗意（L. V. de Bröglie）提出物质的“波粒二象性”以及 1926 年奥地利薛定谔（E. Schrödinger）建立了“量子力学”的科学基础。量子力学的诞生推动了半导体、集成电路、激光、磁性和超导现象的发现，引发了以微电子、光电子和微光机电技术为核心的第三次技术革命。这些高新技术的应用与发展终于使人们可以在微观生命世界中观测其结构，了解其功能。电子显微镜、核磁共振谱仪、X 射线衍射仪、膜片钳、原子力显微镜等高分辨率仪器的使用揭示了生命过程的丰富知识，对生物细胞和亚细胞的结构有了更加深入的认识；通过核磁共振可了解溶液中的蛋白质结构进而推测其动力学过程；单分子操作技术如激光“镊子”能使人们在纳米级视野中观察到单个蛋白质分子——分子马达的定向运动和相互作用；而 X 射线衍射技术的应用在沃森（J. D. Watson）和克里克（F. H. C. Crick）找出 DNA 双螺旋结构以及麦金农（R. Mackinnon）小组探明钾离子通道（KcsA）结构重大发现中起到至为关键的作用。可以说在生命科学领域许多重大成果及新技术原始创新的过程中，物理科学的研究成果及技术发挥了极其重要的作用。

二、“相对论”理论的建立以及核技术在生命科学领域中的应用

1905 年爱因斯坦提出两条基本假设，建立了包括质能公式在内的狭义相对

论，使人们从根本上改变了对时空和宇宙万物的看法，从绝对的宇宙观转变为辩证、唯物的宇宙观，同时也标志着人类原子能时代的开始。从 1942 年人类第一座核反应堆成功运行，到 1945 年美国第一颗原子弹试爆成功以及 1954 年前苏联第一座核电站建成，让核技术披上了天使与恶魔的双重面纱。近年来，随着核科技的发展，作为新的学科，辐射生物越来越多的被人类所利用。辐射生物可以导致生物体微观结构甚至其功能发生改变，这一过程涉及到一系列如离子能量输运、自由基产生、DNA 损伤及修复和细胞凋亡等原初过程。有意义的是，人们利用核辐射技术已经进行疾病诊治、癌症治疗、辐照育种等有益的尝试。人们相信随着核技术在生命科学领域的不断深入研究与应用，或许会从根本上会改变人类的生产方式和生活方式。

三、非平衡统计理论与分子生物学的发展与完善

1943 年薛定谔在爱尔兰都柏林在“生命是什么”的著名演说中提出：1. 由外界摄入“负熵”的生物体为处于非平衡态的系统；2. 生物遗传性状以密码形式通过染色体传递；3. 生物体内存在量子跃迁现象。这些重要思想的提出被后人视为生物物理学发展史上的里程碑，是现代生物物理学的开篇之作。生命系统中存在的自组织、混沌和分形等物理现象属非平衡及非线性相互作用开放系统。非平衡统计理论和非线性动力学将会为解释生命现象的本质提供研究方法和理论依据。同时，生命科学发展也会为物理学研究提供重要的科研背景。生物物理学现已经成为物理学与生物学，特别是非平衡统计理论与分子生物学共同关注的研究领域。

目前国内已有多部生物物理学方面的专著。这些著作学术性及专业性较强，适合科研工作者、研究生和有一定基础的读者参考使用。但编者在教学过程中深感缺少适用于理工科专业的生物物理教材，其原因在于理工科学生深层次的生物知识有待加强，应用物理理论解决实际问题的能力有待提高以及创新意识、创新精神有待培养。

河北工业大学生物物理研究所从上世纪九十年代开始为生物物理硕士研究生、理工类本科生开设“生物物理学”课程。本书是在多年教学、科研工作的基础上编写而成的。在教材编写过程中编者力求做到三个过渡：1. 从实际生命过程、生物现象出发，过渡到掌握相关生物学基础知识；2. 从生物学知识和背景出发，过渡到找出与生命过程、生物现象相关的物理问题；3. 从该物理问题出发，过渡到建立物理及数学模型，完成求解、分析。同时本书在内容选取上尽可能多地介绍生物物理领域的最新进展，尤其是体现了各位编者在不同学术方向、不同工作阶段的研究成果。内容上如此选取的目的不仅在于使学生理解如何应用

物理理论和方法去解决生命过程中的物理问题，更重要的是将这种创新能力、创新意识的培养写入教材，带进课堂。

本书由展永教授主编，参编人员及其编写内容为：贾孟文博士（第1章　分子生物物理学），陈娅斐博士（第2章　自由基生物学），韩英荣博士、吴魏霞博士（第3章　分子马达），安海龙博士、庞春丽博士（第4章　膜生物物理），张玉红博士（第5章　电磁场生物效应），张素花博士、袁常青博士（第6章　神经生物物理），柳辉博士、袁常青博士（第7章　抑癌基因网络及调控），纪青教授（第8章　光生物物理），耿金鹏博士、曹天光博士（第9章　辐射生物学），王永宏教授（第10章　生物信息学），赵同军教授、任树喜博士（第11章　显微技术及其在生物物理学中的应用），展永教授、赵同军教授对全书进行了统稿和修订。

生物物理学是一门发展迅速、范围广泛的交叉学科，鉴于编者水平有限，书中缺点和错误在所难免，恳请专家和读者批评指正。

在此书稿完成之际，全体编者由衷地感谢中国原子能科学研究院卓益忠研究员、赵葵研究员，他们审阅了本书的部分书稿，并提出了许多宝贵意见。由衷地感谢对本书出版给予大力支持和帮助的科学出版社。

展　永

2011年5月于天津

目　录

第1章

分子生物物理学

分子生物物理学是生物物理学的一个分支学科，利用数学、物理、化学和生物学的知识与技术，研究生物大分子的结构、功能、物理性质和物理运动规律，并以此为基础阐明生命现象。生物大分子是指作为生物体内主要活性成分的各种分子质量上万或更多的有机分子，如蛋白质、核酸、脂质、糖类等。生物大分子是构成生命的基础物质，具有重要的生物功能，而且有较为复杂的结构。生物体中大分子复杂的空间结构与其生物功能密切相关，结构的改变通常会引起其生物功能的改变或丧失，因此研究生物大分子的结构以及结构与功能之间的关系是了解生命现象的重要途径。

20世纪以来，物理学在理论和实验方面取得了重大成就，并把理论方法和实验技术应用到生物学中，使生物学的研究在观念上和技术上发生了重大的改变。1895年伦琴发现X射线，随后布拉格父子发现X射线衍射定律，并很快把X射线衍射技术应用于生物大分子的结构研究中。沃森和克里克根据X射线衍射技术测定脱氧核糖核酸单晶结构的结果，提出了DNA双螺旋结构；佩鲁茨与肯德鲁用X射线衍射方法测定了血红蛋白和肌红蛋白的晶体结构。近年来中子衍射、核磁共振等物理方法被应用到生物大分子结构的研究，用来弥补X射线衍射技术在大分子结构研究中的不足。例如，中子衍射可以用来精确测定氢原子的位置，从而可研究诸如肌红蛋白中的氢和氢键、水分子的位置、酶催化作用中氢的作用等问题；核磁共振技术则可以追踪生物大分子在溶液中的动态变化。这些物理技术的应用丰富了生物大分子研究的手段，促进了分子生物物理学的快速发展，有利于在分子水平上认识生命现象的本质。

分子动力学是一种计算机模拟技术，通过求解生物大分子体系中每个原子的牛顿运动方程或薛定谔方程，来模拟大分子构象随时间变化的过程，为从理论上研究生物大分子的结构，以及结构与功能的关系提供高效率的手段。

本章主要介绍生物大分子蛋白质和核酸的结构，并对分子动力学的基本原理做简单介绍。

1.1 蛋白质分子的结构

蛋白质分子是由20种氨基酸组成的生物大分子，是生命现象的主要物质基础。蛋白质在生命活动中起着非常重要的作用，几乎所有的生物过程都与蛋白质相关。生物体内的蛋白质种类繁多，分布广泛，功能各异。蛋白质在生命体中的功能多样性主要是由其结构的多样性和复杂性决定的。蛋白质的生物学功能主要有：催化细胞内生物反应、提供营养和存储、维持结构的稳定、产生收缩和运动、调控功能等。

1.1.1 氨基酸的结构

氨基酸是蛋白质的基本组成单位。氨基酸是含有碱性氨基和酸性羧基的有机化合物，由一个氨基、一个羧基、一个氢原子和一个 R 基团所组成。氨基酸的中心为四面体结构的碳原子（α-碳原子，C_α），其一侧以共价键的形式与氨基（$—NH_2$）相连，另一侧与羧基（—COOH）相连，第三个键与氢原子（H）相连，第四个键与侧链基团 R 相连。在中性溶液（pH＝7）中，羧基会失去一个质子而带负电荷；而氨基会得到一个质子从而带正电荷。图 1.1 为氨基酸的基本结构图，左边为氨基酸通式，右边为电离后的结构图。氨基酸中 4 个基团围绕 α-碳原子以四面体的结构排布，由于碳的立体结构是不对称的，以 α-碳原子为中心来看，氨基酸从结构上可以认为是互为镜像的 L 型和 D 型氨基酸，这种结构和光学性质密切相关。在天然蛋白质中，只存在 L 型氨基酸。

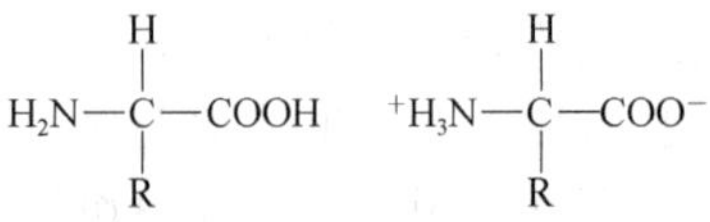

图 1.1　氨基酸基本结构

在氨基酸中，侧链基团 R 为可变基团，不同的基团 R 将对应于不同的氨基酸。在天然蛋白质中出现的氨基酸只有 20 种，且这 20 种氨基酸在结构和化学性质上有很大的差异，从而形成功能纷繁的蛋白质。表 1.1 为 20 种氨基酸的名称、符号和缩写。

表 1.1　氨基酸的符号和缩写

符　号	缩　写	氨基酸名称
A	Ala	丙氨酸（alanine）
C	Cys	半胱氨酸（cystine）
D	Asp	天冬氨酸（aspartic acid）
E	Glu	谷氨酸（glutamic acid）
F	Phe	苯丙氨酸（phenylalanine）
G	Gly	甘氨酸（glycine）
H	His	组氨酸（histidine）
I	Ile	异亮氨酸（isoleucine）
K	Lys	赖氨酸（lysine）
L	Leu	亮氨酸（leucine）
M	Met	甲硫氨酸（methionine）
N	Asn	天冬酰胺（asparagine）
P	Pro	脯氨酸（proline）
Q	Gln	谷氨酰胺（glutamine）

续表

符　号	缩　写	氨基酸名称
R	Arg	精氨酸（arginine）
S	Ser	丝氨酸（serine）
T	Thr	苏氨酸（threonine）
V	Val	缬氨酸（valine）
W	Trp	色氨酸（tryptophan）
Y	Tyr	酪氨酸（tyrosine）

20 种氨基酸按照其侧链基团的性质可以分为非极性氨基酸、极性不带电氨基酸和带电氨基酸。图 1.2 为带电氨基酸的分子结构，从左到右依次为：天冬氨酸、谷氨酸、精氨酸、组氨酸、赖氨酸。图 1.3 为极性不带电氨基酸的分子结构，从左到右依次为：天冬酰胺、谷氨酰胺、丝氨酸、苏氨酸、酪氨酸、半胱氨酸、甘氨酸。图 1.4 为非极性氨基酸的分子结构，从左到右依次为：丙氨酸、异亮氨酸、亮氨酸、缬氨酸、甲硫氨酸、脯氨酸、苯丙氨酸、色氨酸。

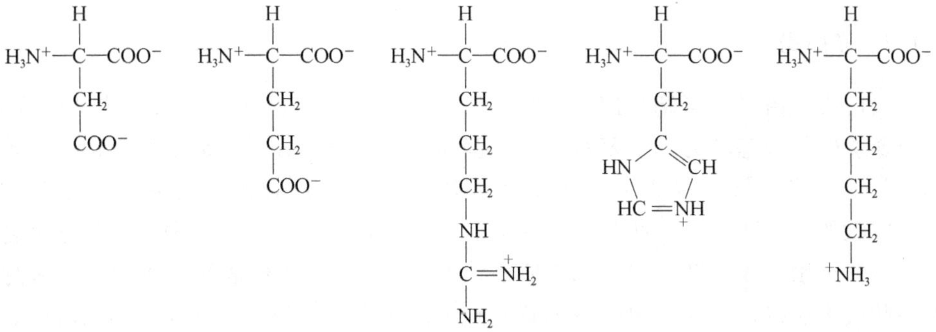

图 1.2　带电氨基酸

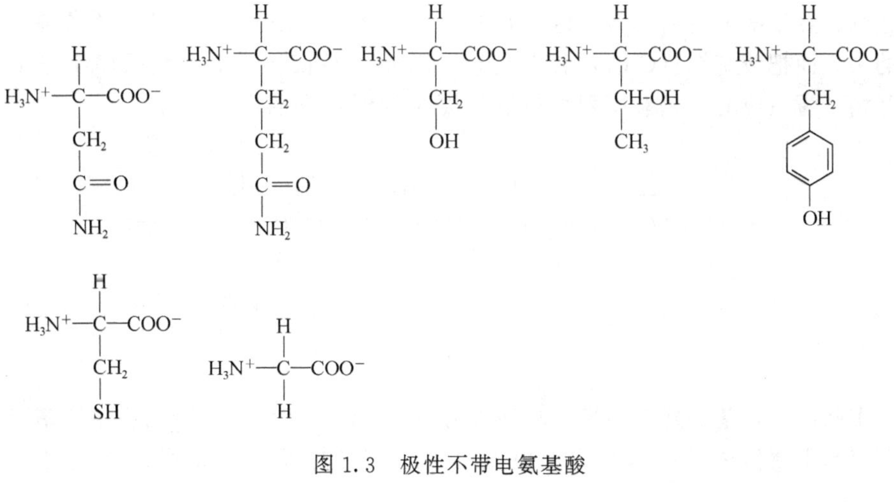

图 1.3　极性不带电氨基酸

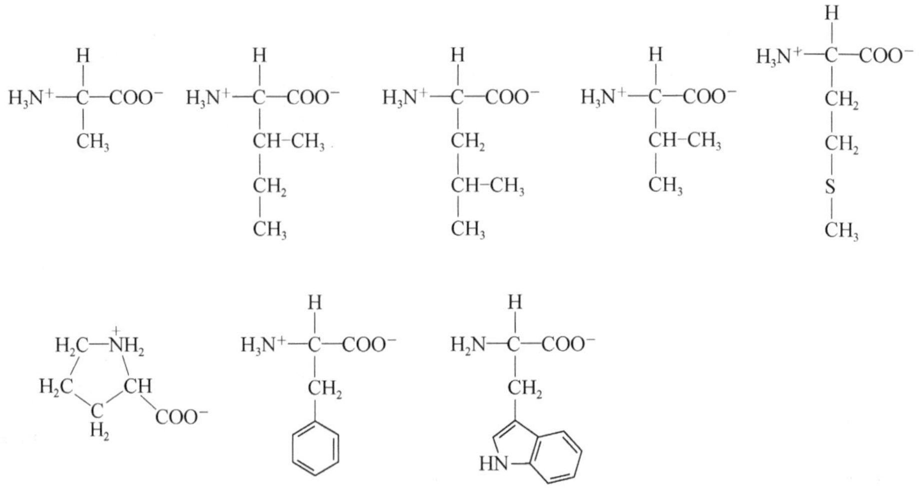

图 1.4　非极性氨基酸

1.1.2　多肽链

蛋白质是由多个氨基酸按一定排列顺序合成的肽链。在蛋白质合成的时候，一个氨基酸的羧基和另一个氨基酸的氨基缩合，失去一分子水形成酰胺键（通常称为肽键）。两个或两个以上氨基酸通过肽键共价连接形成的聚合物称为肽。按照组成肽的氨基酸数目，肽分别称为二肽、三肽和四肽等，如由两个氨基酸缩合失去一分子水生成二肽，如图 1.5 所示。而由 10 个以上氨基酸组成的肽则被称为多肽或多肽链，多肽链中的一个氨基酸单位称为一个残基（不同于初始时的氨基酸）。氨基酸残基通过肽键连接而形成的长链骨架（$\cdots C_{\alpha}—CO—NH—C_{\alpha}\cdots$）结构称为多肽主链，各氨基酸侧链基团则称为多肽侧链。由于氨基酸的两端不同，则由氨基酸缩合后的多肽链具有方向性，通常把氨基端（N 端）看作是多肽链的头，而把羧基端（C 端）看作是尾，因此，多肽链中氨基酸顺序编号从 N 端开始。蛋白质的氨基酸序列总是沿着从 N 端到 C 端的方向书写。

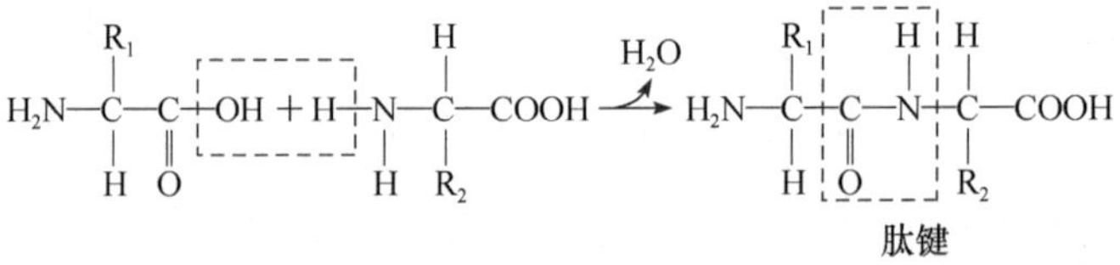

图 1.5　氨基酸缩合图

多肽链中氨基酸残基的排列顺序称为蛋白质的一级结构。蛋白质中氨基酸排列顺序是由遗传信息决定的，而氨基酸的排列顺序是决定蛋白质空间结构的基础。

实际上，蛋白质分子的结构并不是如一级结构那样是完全展开的“线状”结构，而是处于更高级的水平。天然蛋白质可折叠、盘曲成一定的空间结构（三维结构）。蛋白质的空间结构指蛋白质分子内各原子围绕某些共价键的旋转而形成的各种空间排布及相互关系，这种空间结构称为构象。按不同层次，蛋白质的高级结构可分为二、三和四级结构等。

1.1.3　蛋白质肽键的构象

蛋白质是以肽键相连的直链化合物，虽然肽键为单键，但肽键却具有部分双键的性质，不能够旋转。肽键的所有 4 个原子和与之相连的 2 个 α-碳原子所组成的基团称为肽单位（又称肽基），是肽键主链上的重复结构。肽单位中的 6 个原子 C_α，C，O，N，H，C_α'处于一个刚性平面（肽平面）中，肽平面中肽键不可旋转，但其中的单键（α-碳原子与碳原子、α-碳原子与氮原子之间的键）是可以旋转的（图 1.6）。绕旋 C_α—N 键旋转的角称为 Φ（phi），绕旋 C_α—C 键旋转的角称为 Ψ（psi）。旋转的角度规定为，当 Φ 的旋转键 C_α—N 两侧的 N—C 和 C_α—C 呈顺式时，规定 $\Phi=0°$；当 Ψ 的旋转键 C_α—C 两侧的 C_α—N 和 C—N 呈顺式时，规定 $\Psi=0°$；从 C_α 向 N 看，顺时针旋转 C_α—N 键形成的 Φ 角为正值，反之为负值；从 C_α 向 C 看，顺时针旋转 C_α—C 键形成的 Ψ 角为正值，反之为负值。

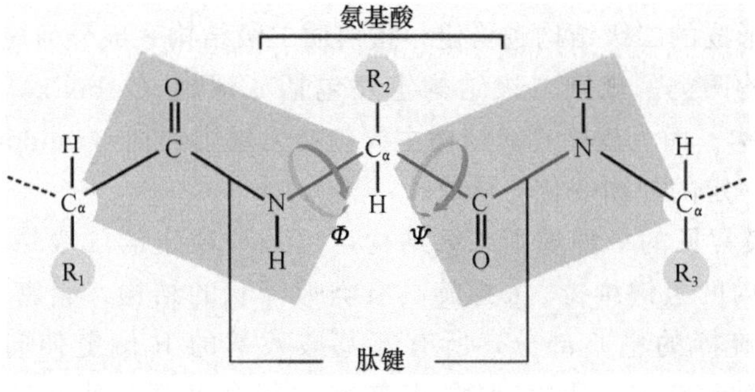

图 1.6　肽平面中可旋转的单键（Alberts et al.，2007）

根据每个残基的 Φ 和 Ψ 作图，就可以得到 Ramachandran 图。图 1.7 为一些残基在肽链骨架中可能出现的 Φ 和 Ψ 值的 Ramachandran 图。由于原子间空间排列的碰撞，Φ 和 Ψ 角的取值范围会受到限制，因此，并非所有 Φ 和 Ψ 对都可以存在于天然蛋白质分子中，存在明显的偏好区域。在蛋白质中，肽平面之间的旋转是形成蛋白质二级结构，以至高级结构的基础。

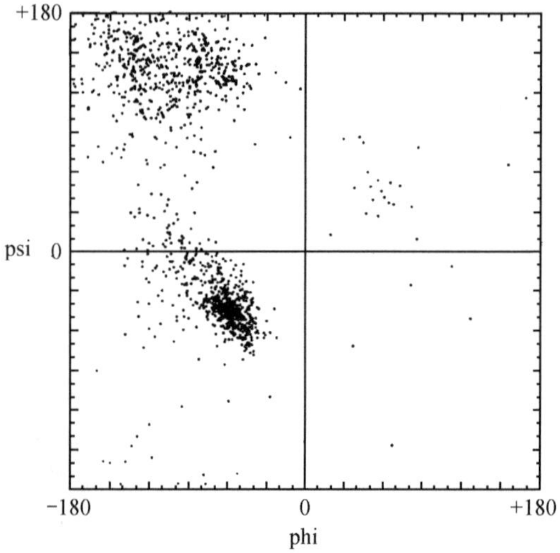

图 1.7 Ramachandran 图（Alberts et al.，2007）

1.1.4 蛋白质二级结构

蛋白质二级结构是指蛋白质肽链中局部肽段的构象，不涉及侧链的类型和构象，是完整肽链构象（三级结构）的结构单元，是蛋白质形成复杂空间构象的基础。蛋白质二级结构是多肽链借助氢键沿一维方向排列的具有周期性结构的构象，其结构的稳定性主要靠骨架上的羰基和酰胺基团之间形成的氢键来维持，因此氢键越多，形成的二级结构越稳定。蛋白质二级结构一般分为规则二级结构和无规则二级结构两类。规则二级结构主要包括 α 螺旋（α-helix）和 β 折叠（β-sheet）两类结构；而无规则二级结构主要包括无规则卷曲（random coil），由肽平面的扭角按一定的规律变化而形成。

α 螺旋是最常见的一种规则二级结构，也是最稳定的二级结构单元，其稳定性主要靠链内的氢键维持。α 螺旋具有类似棒状的结构，紧密卷曲的多肽链主链构成了螺旋棒的中心部分，所有氨基酸残基的 R 侧链伸向螺旋的外侧，肽链围绕其长轴盘绕成右手螺旋体。α 螺旋中每个氨基酸残基的羰基（—CO）上的氧原子与它后面第 4 个氨基酸残基的亚氨基（—NH）上的氢原子之间形成氢键，每个氢键所闭合的环包含 13 个原子，氢键方向和螺旋中心轴平行，其螺旋半径为 0.23nm，螺距为 0.54nm，每 3.6 个残基形成一圈，每个残基在螺旋轴上的投影，即每圈螺旋沿螺旋轴上升 0.15nm，这种 α 螺旋又称为 3.6_{13} 螺旋（图 1.8）。

除上述的 α 螺旋（3.6_{13} 螺旋）外，蛋白质中还存在一些其他的 α 螺旋，如 3_{10} 螺旋、π 螺旋等。与 3.6_{13} 螺旋相比，这些螺旋的结构特征参数有所不同。3_{10}

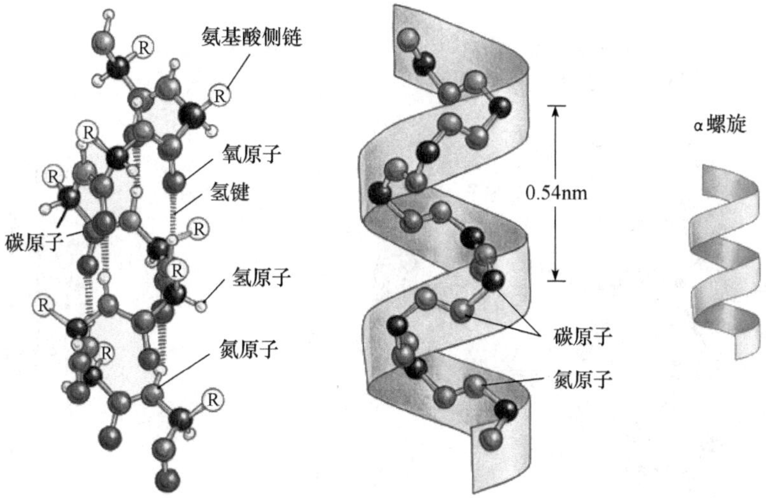

图 1.8 α螺旋的构象及内部原子间的相互关系图（Alberts et al.，2007）

螺旋中，第 i 个羰基上的氧原子与它后面第（$i+3$）个残基的亚氨基上的氢原子之间形成氢键；π 螺旋中，第 i 个羰基上的氧原子与它后面第（$i+5$）个残基的亚氨基上的氢原子之间形成氢键。从结构外形上来看，3_{10} 螺旋比 3.6_{13} 螺旋更紧密一些，而 π 螺旋比 3.6_{13} 螺旋更松散一些。

蛋白质多肽链是否能形成 α 螺旋，以及形成的 α 螺旋稳定程度如何，不仅与多肽链的氨基酸组成和排列顺序有很大关系，而且与侧链 R 基团的电荷性质、大小等都有关系。例如，丙氨酸带有小的、不带电荷的侧链，它很适合填充在 α 螺旋构象中；而脯氨酸的 α 亚氨基上氢原子参与肽键形成后就再没有多余的氢原子形成氢键，所以在有脯氨酸存在的地方就不能形成 α 螺旋结构。

β 折叠是另外一种常见的规则二级结构单元，其所包含的肽段几乎全部伸展，呈锯齿状。β 折叠可以看作是一种特殊的 α 螺旋，把 α 螺旋拉伸为每圈只含有 2 个残基时，就构成了 β 折叠。由于 β 折叠中同一肽段邻近肽键之间很难形成氢键，所以 β 折叠需要通过与较远距离肽段上的肽键形成氢键，或与相邻其他肽链上的肽键形成氢键，维持其结构的稳定性，从而使形成的结构呈折叠层状（图 1.9）。从图 1.9 中可以看出，与 α-碳原子（C_α）相连接的侧链基团交替出现在折叠层的两侧，并与片层垂直。多个 β 折叠组合成一组 β 折叠，一般称为 β 折叠片层结构；形成 β 折叠片层的 β 折叠可以是平行排列（肽链按相同方向排列），也可以是反平行排列（肽链按相反方向排列），并按照肽链的走向，分别称为平行 β 折叠片层和反平行 β 折叠片层。反平行 β 折叠结构要比平行 β 折叠结构更稳定。与 α 螺旋相比，β 折叠的稳定性要差一些，所以 β 折叠倾向于出现在蛋白质的内部。

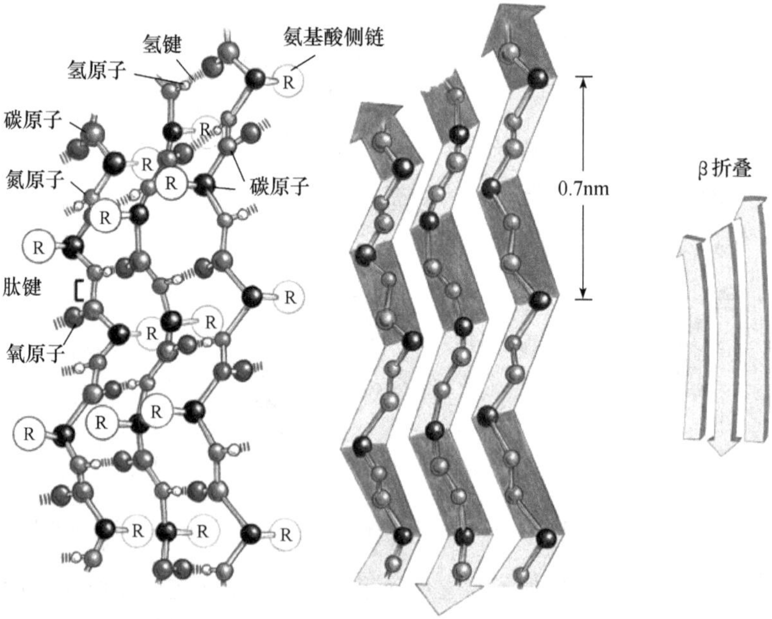

图 1.9 β折叠的构象及内部原子间的相互关系图（Alberts et al.，2009）

各种氨基酸形成β折叠结构的能力各不相同，如脯氨酸不能参与到β折叠片层的成片氢键中，从而不利于β折叠结构的形成。由于侧链基团交替分布在β折叠两侧，则可以在蛋白质结构中形成：β折叠的一侧集中亲水的残基，而在另一侧富集疏水的残基。

在肽链中，如果有些肽段不存在氢键或其他的相互作用，从而使肽段的局部结构具有较大的任意性，没有特定的结构，则称为无规则卷曲。相对于形成规则二级结构的肽段，这些肽段更多地表现出“柔性”的特点，通常位于蛋白质表面，参与蛋白质和其他分子的相互作用等。事实上，有些肽段虽然不能形成规则二级结构，但也有一定的构象，不能简单地归于无规则卷曲，将其称为部分规则二级结构。部分规则二级结构的结构特点介于规则二级结构与无规则卷曲之间，即不仅具有规则结构的“刚性”，而且具有无规卷曲的“柔性”，如常见的β转角结构等。β转角一般用于连接蛋白质分子中的二级结构（α螺旋和β折叠），使肽链走向发生改变。

1.1.5 蛋白质超二级结构

在蛋白质结构中，α螺旋和β折叠等规则二级结构单元可以通过连接多肽连接起来，组合成为有特殊几何排列的局部空间结构，这种在空间上能够辨认的二级结构组合体被称为蛋白质超二级结构或结构模体（motif）。这些结构可以作为三级结构的“建筑块”或结构域的组成单位。常见的超二级结构有 αα 型、ββ 型、βαβ 型等三种基本结构模体。αα 型超二级结构为两条以上 α 螺旋彼此之间沿着一个轴缠绕成左手超螺旋，结构稳定；ββ 型超二级结构是由几条 β 链通过连接多肽结构组成的折叠层或 β 带，为反平行结构；βαβ 型超二级结构是两条 β 链中连接一个 α 螺旋，也称 Rossman 折叠（图 1.10A）。一些较为简单的超二级结构模体可以进一步折叠，组合成为更复杂的结构模体。例如，四个邻近的反平行 β 折叠可组成更为复杂的超二级结构，其结构类似于古希腊装饰用的回纹，被称为希腊钥匙（图 1.10B）。

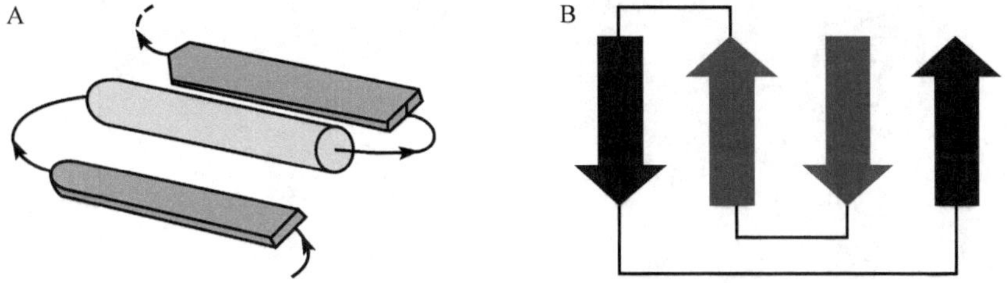

图 1.10　βαβ 和希腊钥匙的拓扑结构图

1.1.6　蛋白质高级结构

在蛋白质分子结构中，规则二级结构、无规则卷曲和超二级结构可以进一步继续组合，形成紧密的、近似球形的结构，这种相对独立的三维结构称为结构域。一般来说，分子质量较小的蛋白质只能折叠为一个结构域，则此时的结构域就是蛋白质的三级结构。而对于分子质量较大的蛋白质，可能会折叠为两个或多个结构域，结构域之间用结构较为松散的肽链连接，从而形成蛋白质的三级结构（图 1.11）。蛋白质三级结构即为蛋白质分子的空间结构。蛋白质三级结构主要是靠氨基酸侧链之间的疏水相互作用、氢键、范德华力和盐键维持，因此，每个残基的构象符合热力学要求，具有最低的自由能；构象符合反平行原则和邻位相关原则，每个蛋白质分子都有疏水内核和亲水表面，趋向于形成最多的氢键。

在生物体内有许多蛋白质含有两条或两条以上多肽链，每一条多肽链都有完整的三级结构，这些多肽链通过非共价键相互连接而形成特定空间排布的聚合体结构，通常把这种结构称为蛋白质的四级结构。构成蛋白质四级结构的多肽链被称为亚基，所以蛋白质的四级结构就是亚基与亚基之间通过非共价键相链接而形成的特定三维空间分布。蛋白质的活性与其四级结构密切相关。

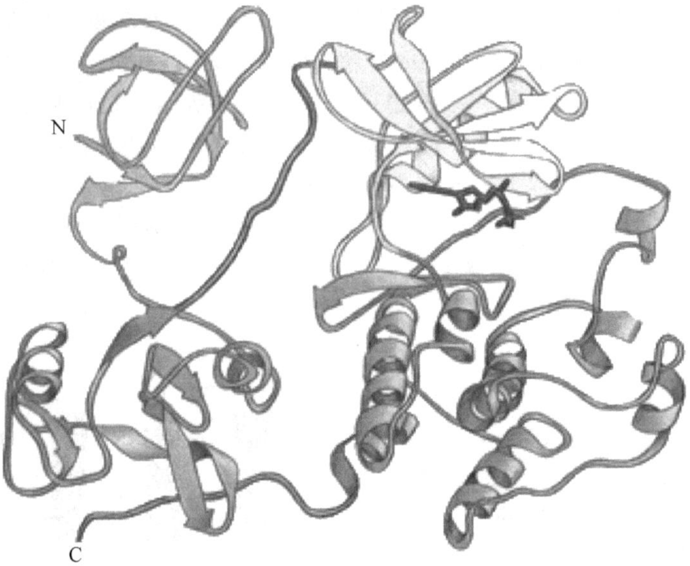

图 1.11　蛋白质三级结构

1.1.7　蛋白质变性和复性

蛋白质在非共价键的协同作用下折叠成最终的构象，通常采取自由能最低的方式。天然蛋白因受物理或化学因素影响，高级结构遭到破坏，致使其理化性质和生物功能发生改变，但并不导致一级结构的改变，这种现象称为变性。当去除引起变性的因素，有的蛋白质可自发重新折叠成原有形状，即复性。

蛋白质的进一步折叠由非共价键作用，包括氢键、离子键、范德华力和疏水相互作用，它们的协同作用决定折叠形状。决定蛋白质形状的重要因素是极性和非极性氨基酸的排布。其中，疏水相互作用是决定因素，因为非极性氨基酸倾向于聚集在分子内部，极性的氨基酸则相反，埋藏在分子内部的极性氨基酸彼此之间易形成氢键。

历史上著名的尿素使蛋白质变性与复性实验的过程如图 1.12 所示。实验原

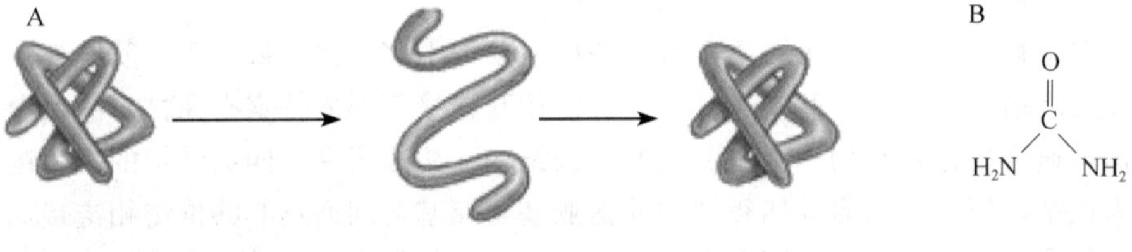

图 1.12

A. 蛋白质的尿素变性与复性实验示意图；B. 尿素的结构式（Alberts et al.，2007）

理是：因为变性剂的亲水性大于蛋白质亲水性，所以加入大量变性剂后，夺走了蛋白质表面的水分子，破坏了水膜，暴露出蛋白质的疏水区域，同时又中和了电荷，破坏了亲水胶体，蛋白质分子即去折叠而变性，而通过一定的实验手段去除变性因素，此种蛋白质又恢复了变性前的构象。此实验表明，蛋白质的构象只决定于它的氨基酸序列。

1.1.8　蛋白质工程

蛋白质在生物体的生命活动中起着重要的作用。生物体中的蛋白质种类繁多，分布广泛，结构和功能多样，在生物的生命过程中起着关键的作用。由于天然的蛋白质存在不稳定、活性低、含量少等缺点，人们期望通过对天然蛋白质的性质进行改造，创造出比天然蛋白质更优越的新蛋白质。蛋白质工程就是以自然界中存在的天然蛋白质为基础，对其加以改造，构造出比现有蛋白质更符合人类要求的新蛋白质，用于工业、农业及医药卫生等领域。改造蛋白质的方法一般是先运用基因工程技术改造目的基因，或者通过人工合成新基因，然后再通过载体引入到合适的宿主系统中表达获得的基因，最终得到具有特定功能的“突变型”蛋白质。

蛋白质的功能与其空间结构密切相关，而其空间结构又决定于氨基酸序列的排列顺序，所以改变氨基酸序列中关键位置的氨基酸就可能会改变蛋白质的结构，从而改变其性质。由于氨基酸是由三联体密码子决定的，因此，只要改变构成遗传密码中的一个或两个碱基就能达到改造蛋白质的目的。要实现对现有蛋白质的改造，首先需要确定蛋白质结构与功能之间的关系，明确哪些结构特征决定蛋白质的功能，为蛋白质的改造提供理论依据，设计改造方案，这一方案将提供改变了氨基酸后的新蛋白质可能具有的新特性。然后按照改造方案，利用分子生物学技术，合成相应的基因模板，再通过克隆和表达，得到新蛋白质的产物。蛋白质改造的过程往往需要经历多次重复，不断改进，才能够实现。

蛋白质工程中常用到的技术是基因定位突变技术。限制性内切核酸酶（简称限制酶）可特异地结合于 DNA 序列位点上（称为限制酶识别序列，亦称酶切位点），并在此切割双链 DNA。绝大多数限制性内切核酸酶识别长度为 4、5 或 6 个核苷酸且呈二重对称的特异序列。表 1.2 所示为常用的限制酶名称、来源、限制性位点和得到的末端形式，识别位点字母中间的空格为酶切位点。DNA 连接酶是一种封闭 DNA 链上缺口的酶，借助 ATP 水解提供的能量催化 DNA 链的 5′-PO_4 与另一 DNA 链的 3′-OH 生成磷酸二酯键。重组 DNA 片段只有通过载体（vector）才能进入宿主细胞（host cell）进行表达。

表 1.2 常用的限制酶

Source Microorganism	Enzyme	Recognition Site	Ends Produced
Arthrobacter luteus	*Alu*I	AG CT	Blunt（平末端）
Bacillus amyloliquefaciens H	*Bam*HI	G GATCC	Sticky（黏性末端）
Escherichia coli	*Eco*RI	G AATTC	Sticky
Haemophilus influenzae	*Hind*III	A AGCTT	Sticky
Nocardia otitiscaviaruns	*Not*I	GC GGCCGC	Sticky
Staphylococcus aureus 3A	*Sau*3AI	GATC	Sticky

基因定位突变的基本过程如下：由三联体密码子的性质，只要改变目的蛋白关键氨基酸的一个或两个碱基即可使其突变。合成一个 12～15bp 的寡核苷酸为引物，除准备突变的碱基外，该引物其余部分和载体的序列完全互补。利用聚合酶链反应技术（PCR）可扩增目的突变基因。

1.2 核酸分子的结构

核酸分子是生物体内另一类重要的生物大分子，是由众多称为核苷酸的基本单位聚合而成的生物多聚物。核酸包括脱氧核糖核酸（DNA）和核糖核酸（RNA）两大类，是遗传信息的载体和生命活动的重要物质基础。人们对核酸结构与功能的认识经历了一个漫长的过程。1868 年米歇尔提取到一种富含磷元素的酸性化合物，其后，又有科学家从动植物组织和酵母中提取到不含蛋白质的制品，并开始使用核酸这个名字。1944 年埃弗里从一种有荚膜、具致病性的肺炎球菌中提取到核酸 DNA，并通过一系列实验，确立了核酸是遗传物质的重要地位。1953 年沃森和克里克创立的 DNA 双螺旋结构模型，不仅阐明了 DNA 分子的结构特征，而且提出了 DNA 作为执行生物遗传功能的分子，从亲代到子代的 DNA 复制过程中，遗传信息的传递方式及高度保真性，为遗传学进入分子水平奠定了基础，成为现代分子生物学发展史上最为辉煌的里程碑。后来的研究又发现了另一类核酸——RNA，RNA 在遗传信息的传递中也起着重要的作用。

1.2.1 核苷酸的结构

核酸是由多个核苷酸聚合而成的生物多聚物。核苷酸是核酸分子的结构单元。每一个核苷酸的基本结构包括三种基本的亚单位：一个磷酸基团、一个戊糖环（或脱氧戊糖环）和一个含氮碱基（图 1.13）。核苷酸单体通过共价的磷酸二酯键相互连接为长链多聚物。由于构成核苷酸的糖环不同，由核苷酸组成的核酸可分为核糖核酸（RNA）与脱氧核糖核酸（DNA）。相邻两个核苷酸之间，一个核苷酸分子戊糖的 3′羟基与另一个核苷酸分子戊糖的 5′磷酸通过脱水缩合形成

3′,5′磷酸二酯键，如图 1.14 所示。多个核苷酸以这样的方式连接而成的链式分子就是核酸（多聚核苷酸）。多聚核苷酸链有两个末端，戊糖 5′位有一个游离磷酸基，称为 5′端；而戊糖 3′位有一个有游离羟基，称为 3′端。

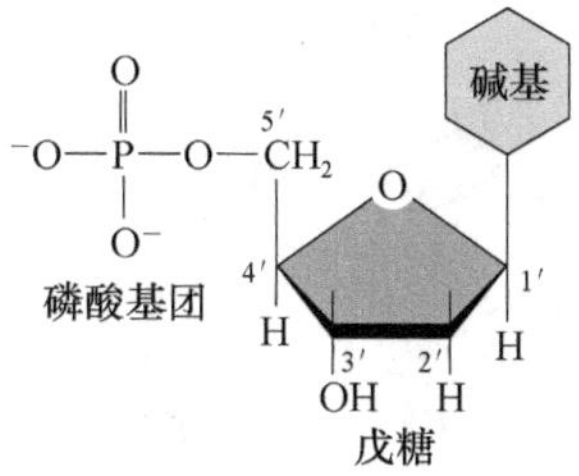

图 1.13　核苷酸基本结构（Alberts et al.，2007）

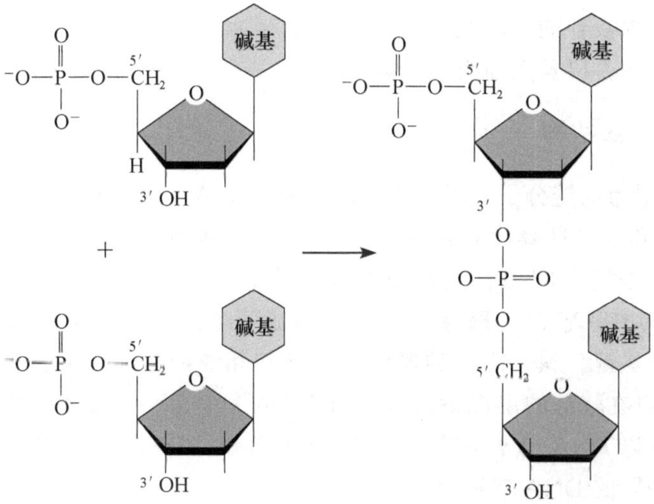

图 1.14　两个核苷酸通过磷酸二酯键连接成多聚核苷酸

核酸的碱基分为嘌呤和嘧啶两类，其中，嘌呤分为腺嘌呤（A）和鸟嘌呤（G）；嘧啶分为胞嘧啶（C）、胸腺嘧啶（T）和尿嘧啶（U）。在 DNA 中含有腺嘌呤、鸟嘌呤、胞嘧啶和胸腺嘧啶；而在 RNA 中含有腺嘌呤、鸟嘌呤、胞嘧啶和尿嘧啶。图 1.15 为 5 种碱基的分子结构图。

无论是核糖核酸（RNA）还是脱氧核糖核酸（DNA），其基本结构都是由许多核糖核苷酸或脱氧核糖核苷酸通过磷酸二酯键连接起来的多聚核苷酸。在结构上，RNA 分子一般以单链的形式存在，而 DNA 分子则以双链的形式出现。

DNA 分子是许多脱氧核糖核苷酸通过磷酸二酯键连接而成的多聚核苷酸，由于核苷酸的差异主要体现在碱基的不同，因此核酸序列也称为碱基序列。按照

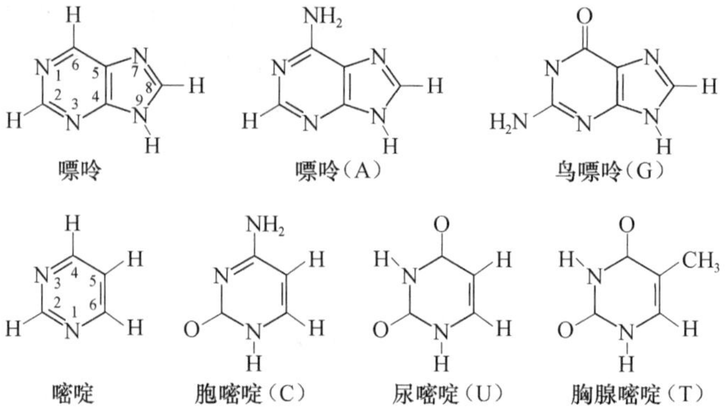

图 1.15 嘌呤和嘧啶的结构（Alberts et al.，2007）

形成多聚核苷酸的方式，书写 DNA 时按照从 5′到 3′的方向从左至右进行。DNA 分子中脱氧核糖核苷酸（碱基）的排列顺序称为 DNA 的一级结构。DNA 还可以形成二级结构，以及更高级的三级结构。

1.2.2 DNA 二级结构

DNA 分子为双链分子，每条链均由 4 种单体 A（腺嘌呤）、T（胸腺嘧啶）、C（胞嘧啶）和 G（鸟嘌呤）聚合而成。DNA 的两条链通过碱基之间的氢键连接在一起。两条链之间的碱基按照碱基互补配对原则形成沃森-克里克碱基对（图 1.16），其中碱基 A 与碱基 T 配对，形成两个氢键；而碱基 G 与碱基 C 配对，形成三个氢键。碱基之间的氢键弱于糖基和磷酸基团之间的共价键，所以 DNA 双链可以在较低的温度下打开。由于 DNA 中每一碱基对的两个碱基称为互补碱基，所以 DNA 分子中的两条链称为互补链，DNA 的单链可以作为模板，合成新的、相同的 DNA 双链分子。

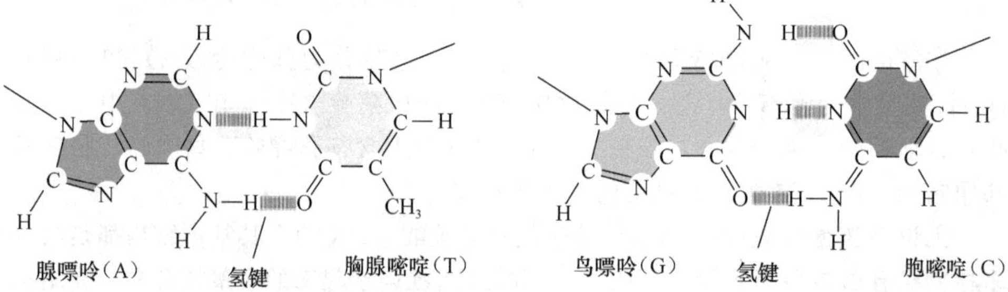

图 1.16 沃森-克里克碱基对（Alberts et al.，2007）

两条平行的 DNA 链彼此相互缠绕，围绕着同一个中心轴形成右手双螺旋结构。两条 DNA 链的行走方向相反，一条链的走向为从 5′→3′，另一条链的走向为从 3′→5′。双链 DNA 的磷酸基和脱氧核糖基构成 DNA 链的骨架，位于双螺旋的外侧；而碱基则位于双螺旋的内侧，且碱基平面与中心轴垂直。DNA 双螺旋的直径为 2nm，每一圈螺旋含 10 个碱基对，每个碱基平面间的轴向距离为 0.34nm，因此一个螺旋的螺距为 3.4nm，一个碱基对的旋转角度为 36°。把具有这种结构特征的 DNA 称为 B-DNA（B 型螺旋）。DNA 双螺旋的表面存在一个大沟和一个小沟，蛋白质分子通过这两个沟与碱基相识别。DNA 双螺旋结构比较稳定，其结构的稳定性主要靠碱基对之间的氢键以及碱基的堆积力来维持。图 1.17 为 DNA 双螺旋的结构图。

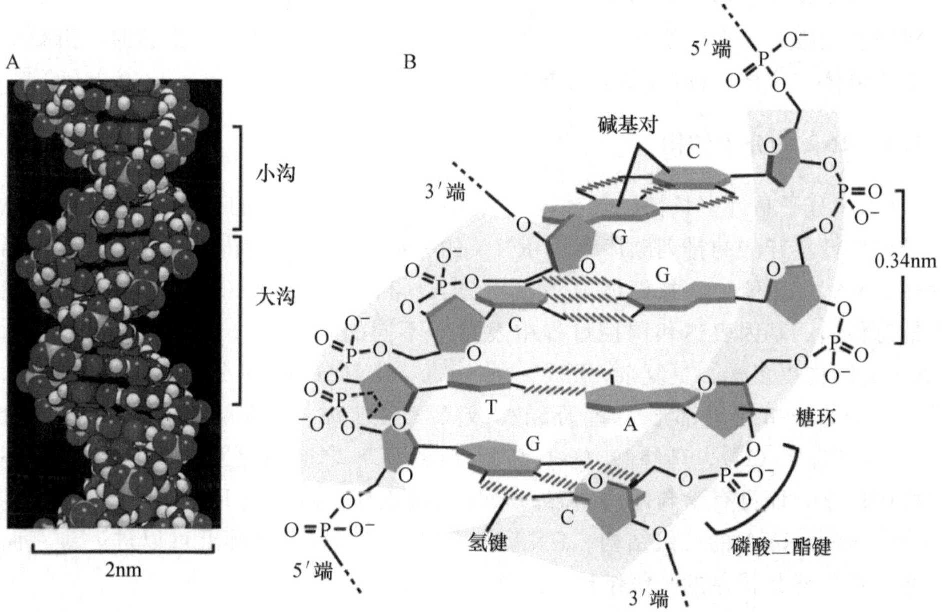

图 1.17 DNA 双螺旋的结构图（Alberts et al.，2007）

除了 B-DNA 外，常见的右手双螺旋结构还有 A 型螺旋（A-DNA）。A-DNA 每圈螺旋含有 11 个碱基对，碱基平面与螺旋轴有约 20°的倾斜，每个残基沿轴上升约 0.26nm。从结构上看，A-DNA 比 B-DNA 拧得更紧一些。在生理条件下，DNA 双螺旋大多以 B 型形式存在；当 DNA 与一些蛋白质相互作用时，有时会取 A-DNA 构象。此外还发现左手双螺旋 Z 型 DNA（Z-DNA），Z-DNA 只能存在于有嘧啶-嘌呤交替序列结构的 DNA 片段中，而且只有在高盐浓度下结构才比较稳定。

除此以外，DNA 二级结构还存在三股螺旋 DNA 结构，三股螺旋 DNA 中通常是一条同型寡核苷酸与寡嘧啶核苷酸-寡嘌呤核苷酸双螺旋的大沟结合，三股螺旋中的第三股可以来自分子间，也可以来自分子内。三股螺旋 DNA 存在于基因调控区和其他重要区域，因此具有重要生理意义。

1.2.3 DNA 三级结构

DNA 双螺旋进一步盘曲形成更加复杂的结构，称为 DNA 的三级结构。绝大部分原核生物的 DNA 都是共价封闭的环状双螺旋分子，这种双螺旋分子还需再次螺旋化形成超螺旋结构。超螺旋方向与双螺旋方向相反，使螺旋变松者，叫做负超螺旋；超螺旋方向与双螺旋方向相同，使螺旋变紧者，叫做正超螺旋。

真核生物的染色质中，DNA 的三级结构与蛋白质的结合有关。构成染色质的基本单位是核小体。核小体由核小体核心和连接区组成。核小体彼此相连成串珠状染色质细丝，染色质细丝螺旋化形成染色质纤维，后者进一步卷曲、折叠形成染色单体。这样，DNA 的长度被压缩近万倍。

1.2.4 RNA 的分子结构

RNA 分子是许多核糖核苷酸通过磷酸二酯键连接而成的多聚核苷酸，RNA 分子中核糖核苷酸的排列顺序称为 RNA 的一级结构。细胞内的 RNA 主要包括信使 RNA（mRNA）、核糖体 RNA（rRNA）和转运 RNA（tRNA），它们在遗传信息传递、基因表达和调控过程中发挥着不同的功能。与 DNA 的结构相比，RNA 的结构更多样、更复杂。除了一些病毒，大部分 RNA 分子都是单链结构，通过自身的回折在局部形成茎-环结构或者发夹结构。在茎-环结构中，腺嘌呤（A）与尿嘧啶（U）、鸟嘌呤（G）与胞嘧啶（C）之间通过互补配对形成茎-环结构中的茎；而没有参与配对的游离碱基则构成环。通常把 RNA 分子的这种茎-环结构称为 RNA 的二级结构。RNA 分子在二级结构的基础上可以进一步弯曲折叠，形成各具特色的三级结构。

不同 RNA 分子在分子质量、结构和功能方面有很大差异，如 RNA 的分子质量一般在数百至数百万之间。mRNA 通过三联体密码子携带 DNA 的遗传信息；tRNA 能够与其相对应的氨基酸结合，并将氨基酸运往生长肽链的末端；rRNA 和一些蛋白质一起形成核糖体。

1. tRNA 的结构特点

tRNA 含 70～100 个核苷酸残基，是分子质量最小的 RNA，占 RNA 总量的 16%，现已发现有 100 多种。tRNA 的主要生物学功能是转运活化了的氨基酸，参与蛋白质的生物合成。tRNA 的核苷酸序列通过自身的回折形成二级结构，配对的区域成为茎，未配对的区域形成环。虽然各种 tRNA 的序列各不相同，但它们回折后形成的二级结构都呈三叶草形，含有 4 个螺旋区、3 个环和 1 个附加叉。4 个螺旋区构成 4 个臂，其中含有 3′端的螺旋区称为氨基酸臂，因为此臂的

3′端都是C-C-A-OH序列，可与氨基酸连接。三个环分别用Ⅰ、Ⅱ、Ⅲ表示。环Ⅰ含有5，6二氢尿嘧啶，称为二氢尿嘧啶环（DHU环）。环Ⅱ顶端含有由三个碱基组成的反密码子，称为反密码子环；反密码子可识别mRNA分子上的密码子，在蛋白质生物合成中起重要的翻译作用。环Ⅲ含有胸苷（T）、假尿苷（Ψ）、胞苷（C），称为TΨC环。tRNA在二级结构的基础上进一步折叠成为倒"L"字母形的三级结构（图1.18）。

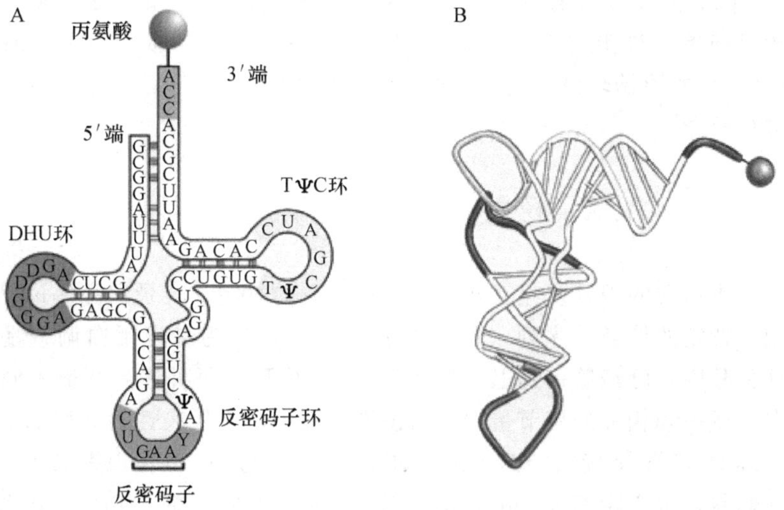

图1.18 tRNA的二级结构和空间结构（Alberts et al.，2007）

2. rRNA的结构特点

rRNA是细胞中含量最多的RNA，约占RNA总量的82%。rRNA单独存在时不执行功能，它与多种蛋白质结合成核糖体，作为蛋白质生物合成的"装配机"。

rRNA的分子质量较大，结构相当复杂，目前虽已测出不少rRNA分子的一级结构，但对其二级、三级结构及其功能的研究还需进一步的深入。原核生物的rRNA分3类：5S rRNA、16S rRNA和23S rRNA。真核生物的rRNA分为4类：5S rRNA、5.8S rRNA、18S rRNA和28S rRNA。S为大分子物质在超速离心沉降中的一个物理学单位，可间接反映分子量的大小。原核生物和真核生物的核糖体均由大、小两种亚基组成。

过去认为，大亚基的蛋白质具有酶的活性，促使肽键形成，故称为转肽酶。20世纪90年代初，诺勒等证明大肠杆菌的23S rRNA能够催化肽键的形成，才证明核糖体是一种核酶，从而根本改变了传统的观点。核糖体催化肽键合成的是rRNA，蛋白质只是维持rRNA构象，起辅助的作用。

3. mRNA 的结构特点

原核生物 mRNA 与真核生物的 mRNA 在一级结构组成上有显著的差别。原核生物 mRNA 一般 5′端有一段非翻译区（前导序列），3′端也有一段非翻译区，中间是蛋白质的编码区，一般携带几种蛋白质的遗传信息，可以作为几种蛋白质的合成模板，并且在转录的过程中就进行翻译。真核生物 mRNA 一般由 5′端帽子结构、5′端非翻译区、翻译区（编码区）、3′端非翻译区和 3′端聚腺苷酸尾构成，一般只携带一种蛋白质的编码信息，且 mRNA 通常都有相应的前体（从 DNA 转录产生的原始转录产物），被加工为成熟的 mRNA 后才能作为蛋白质合成模板进行翻译。

1.3 核酸和蛋白质的相互作用

核酸和蛋白质的识别及相互作用是遗传密码的复制、转录和翻译过程可能的分子机制。特定的核苷酸序列（通常小于 20bp）可作为特定蛋白调节基因的识别位点开关基因。已经鉴别到上千种此类 DNA 序列，每种序列都被不同的基因调节蛋白（或一套相关的调节蛋白）所识别。其中，有代表性的类型如下。

（1）螺旋-转角-螺旋（helix-turn-helix）结构：参与 DNA 识别的是一对 α 螺旋，彼此倾斜，中心距离 3.4nm，恰好转过一周 DNA 螺旋，如图 1.19 所示。

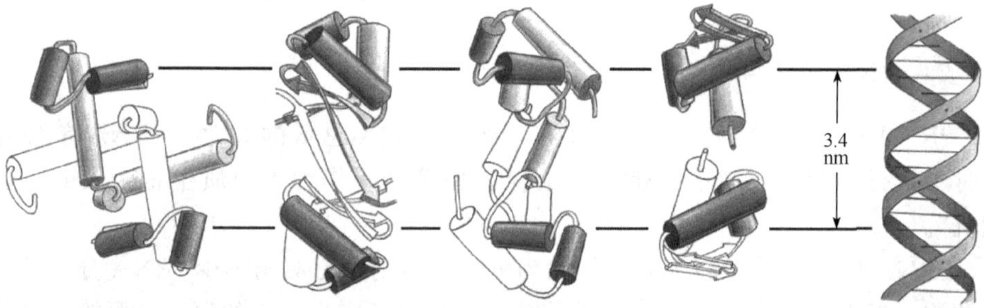

图 1.19 螺旋-转角-螺旋（helix-turn-helix）结构（Alberts et al.，2007）

（2）锌指（zinc finger）结构：锌配合的 DNA 结合模体都叫做锌指。

第一类锌指结构是在激活真核 rRNA 基因的蛋白质中发现的，如图 1.20 所示。它是一个简单结构，由一个 α 螺旋和 β 片层结构通过锌原子连接在一起形成。它通常一个接一个排列，以便每个锌指的 α 螺旋能与 DNA 大沟接触，沿着大沟形成一串几乎连续的螺旋。其特点是可通过改变锌指重复的数量来调整 DNA 和蛋白质之间互作的键能。其他 DNA 结合模体难以想象会形成重复的链。

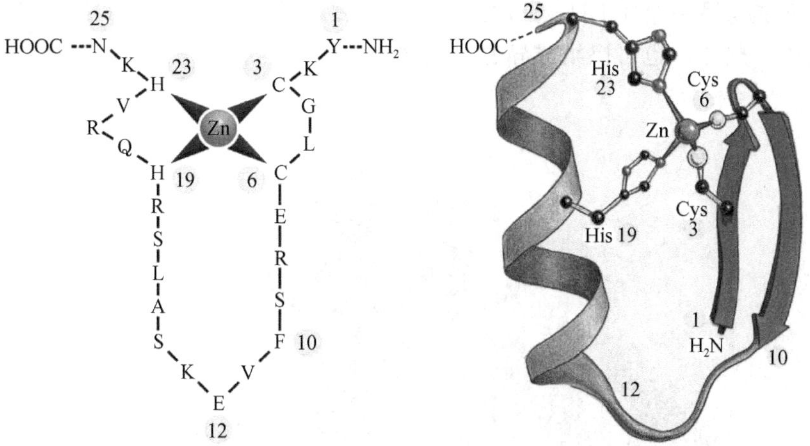

图 1.20　第一类锌指结构（Alberts et al.，2007）

第二类锌指结构发现于一大类胞内蛋白受体中。它的结构是两个螺旋被锌原子包装在一起，它们通常形成二聚体，其中的一个亚单位与蛋白质的大沟相互作用，如图 1.21 所示。

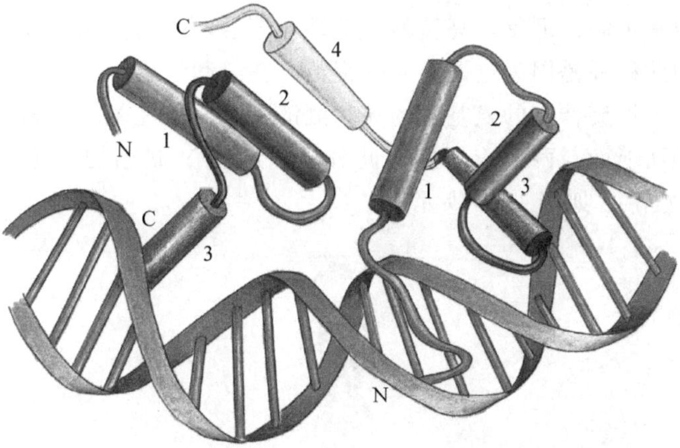

图 1.21　第二类锌指结构与 DNA 双链结合模式图（Alberts et al.，2007）

尽管两类锌指结构不同，但都有两个共同特征：都以锌作为结构元素，都用一个 α 螺旋识别 DNA 的大沟。

（3）螺旋-环-螺旋（helix-loop-helix，HLH）结构：另一种重要的 DNA 结合模体与亮氨酸拉链有关，是螺旋-环-螺旋模体，应与螺旋-转角-螺旋区别开。HLH 模体是由一段短的螺旋通过一段环与另一段长的螺旋连接而成的。环的灵活性允许一段螺旋相对于另一段螺旋折叠和包装。这种二螺旋结构既能与 DNA

结合，又能与另一个 HLH 蛋白结合，如图 1.22 所示。这两个 HLH 蛋白可以组成同源二聚体，也可以组成异源二聚体。

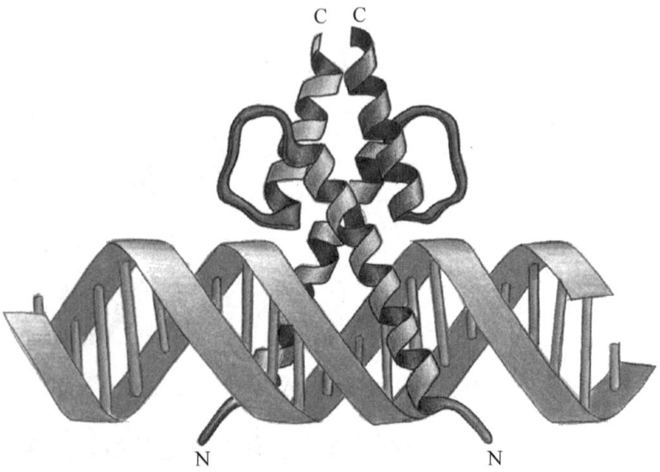

图 1.22 螺旋-环-螺旋结构（Alberts et al.，2007）

（4）亮氨酸拉链（leucine zipper）结构蛋白负责二聚化的部分与负责 DNA 结合的部分通常不同。但是，亮氨酸拉链结构把这两种功能以优雅而经济的方式结合起来。如此称呼是因为这两个 α 螺旋结合在一起形成一段短的卷曲螺旋。二聚体被从每一个螺旋伸出的氨基酸的疏水侧链（通常是亮氨酸）聚集在一起。在二聚体的接触面上面，两个 α 螺旋彼此分开，形成 Y 状结构，允许它们的侧链与 DNA 大沟接触，如图 1.23 所示。

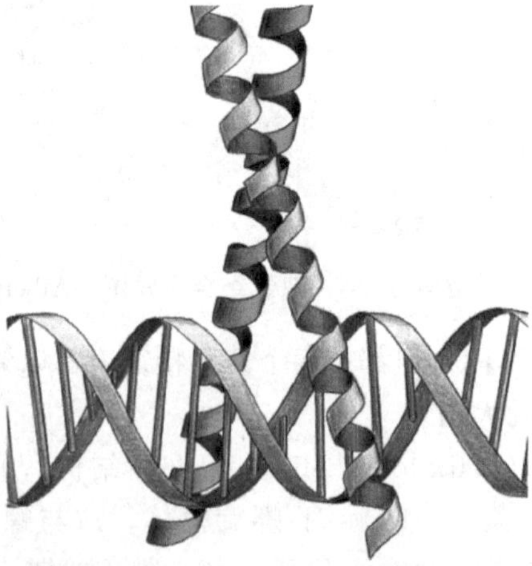

图 1.23 亮氨酸拉链结构与 DNA 结合的模式图（Alberts et al.，2007）

1.4　分子动力学

1.4.1　分子动力学基础

分子动力学是一门结合物理、数学和化学的综合技术。分子动力学可以对溶液中的蛋白质等大分子的构象进行模拟，从而研究蛋白质构象随时间变化的过程。在分子动力学中，主要是依靠牛顿力学来模拟分子体系的运动。

在分子动力学模拟中，把每个原子看作一个粒子。考虑一个由 N 个粒子构成的体系，第 i 个粒子的运动将满足牛顿第二定律，即

$$\boldsymbol{F}_i = m_i \ddot{\boldsymbol{r}}_i = m_i \boldsymbol{a}_i \tag{1.1}$$

式中，$\boldsymbol{F}_i$ 是所有其他粒子作用在第 i 个粒子上的合力；$\boldsymbol{r}_i$ 是粒子的位置矢量；m_i 是粒子的质量。另外，如果能够给出势能函数，则可能通过计算势能函数的负梯度得到第 i 个粒子的受力

$$\boldsymbol{F}_i = -\nabla_i \boldsymbol{V} \tag{1.2}$$

通过求解体系中粒子的牛顿运动方程，则可以获得粒子的运动轨迹，从而得到系统内原子的位置与速度如何随时间而发生变化。

在分子动力学模拟中，采用有限差分法来求解牛顿运动方程，即将积分分成很多小步，每一小步的时间固定为 δt。在 t 时刻，粒子 i 的位置矢量为 $\boldsymbol{r}(t)$，将粒子的位置用泰勒级数展开为

$$\boldsymbol{r}(t+\delta t) = \boldsymbol{r}(t) + \frac{\mathrm{d}\boldsymbol{r}(t)}{\mathrm{d}t}\delta t + \frac{1}{2!}\frac{\mathrm{d}^2\boldsymbol{r}(t)}{\mathrm{d}t^2}(\delta t)^2 + \cdots \tag{1.3}$$

同理，将 δt 替换为 $-\delta t$，可得

$$\boldsymbol{r}(t-\delta t) = \boldsymbol{r}(t) - \frac{\mathrm{d}\boldsymbol{r}(t)}{\mathrm{d}t}\delta t + \frac{1}{2!}\frac{\mathrm{d}^2\boldsymbol{r}(t)}{\mathrm{d}t^2}(\delta t)^2 - \cdots \tag{1.4}$$

在分子动力学模拟中，通常用 Verlet 所发展的数值解法来快速求得上述方程的近似解。将上述（1.3）式与（1.4）式分别相加和相减，并略去高阶小量，得

$$\boldsymbol{r}(t+\delta t) = 2\boldsymbol{r}(t) - \boldsymbol{r}(t-\delta t) + \frac{\mathrm{d}^2\boldsymbol{r}(t)}{\mathrm{d}t^2}(\delta t)^2 \tag{1.5}$$

$$\boldsymbol{v}(t) = [\boldsymbol{r}(t+\delta t) - \boldsymbol{r}(t-\delta t)]/2\delta t \tag{1.6}$$

式中，$\frac{\mathrm{d}^2\boldsymbol{r}(t)}{\mathrm{d}t^2}$为加速度 $\boldsymbol{a}(t)$。

利用（1.5）式，如果已知粒子在 t 时刻和（$t-\delta t$）时刻的位置，则可以计算出粒子在（$t+\delta t$）时刻的位置，由（1.6）式，则可以根据粒子在（$t+\delta t$）时刻和（$t-\delta t$）时刻的位置来计算出粒子在 t 时刻的速度，从而通过不断的迭代，

可以计算出粒子在任意时刻的位置和速度。

Verlet 方法虽然简单，但存在明显的缺点：一方面，由（1.6）式计算的速度为两个大数相减，且公式中包含有 δt，计算结果很容易产生较大的误差；另一方面，粒子的位置不是由速度计算出来的，即在位置一定时，不可能同时计算动能对总能量的贡献。因此，Verlet 发展出 Verlet 蛙跳法来克服上述的缺点。在 Verlet 蛙跳法中，速度与位置的公式分别为

$$\boldsymbol{v}\left(t+\frac{1}{2}\delta t\right)=\boldsymbol{v}\left(t-\frac{1}{2}\delta t\right)+\boldsymbol{a}_t\delta t \tag{1.7}$$

$$\boldsymbol{r}(t+\delta t)=\boldsymbol{r}(t)+\boldsymbol{v}\left(t+\frac{1}{2}\delta t\right)\delta t \tag{1.8}$$

$$\boldsymbol{v}(t)=\frac{1}{2}\left[\boldsymbol{v}\left(t-\frac{1}{2}\delta t\right)+\boldsymbol{v}\left(t+\frac{1}{2}\delta t\right)\right] \tag{1.9}$$

如果已知 t 时刻的位置 $\boldsymbol{r}(t)$ 与（$t-\delta t$）时的速度 $\boldsymbol{v}\left(t-\frac{1}{2}\delta t\right)$，则可由粒子 t 时刻的位置计算粒子所受的力和加速度，进而计算出与 $\left(t+\frac{1}{2}\delta t\right)$ 时的速度 $\boldsymbol{v}\left(t+\frac{1}{2}\delta t\right)$，利用（1.9）式计算出 t 时刻的速度。

需要注意的是，时间步长 δt 在积分算法中是一个非常重要的参数。为加快计算往往希望取较大的时间步长，但如果时间步长 δt 太大，则会造成积分过程的不稳定性和不精确性。时间步长 δt 的设置同时依赖于所选用的算法和实际的模型。模型本身给时间步长 δt 带来的最大的限制就是最高频率的运动。对蛋白质系统来讲，C—H 键的伸缩振动，其振动周期的数量级为 10^{-14} s。这样，时间步长 δt 应该选择为 10^{-15} s，即选择飞秒（fs）量级。

1.4.2 势能函数

生物大分子是一个结构复杂的体系。质点的运动可看作是质点在势能面上的运动。由于每个分子体系的势能面比较复杂，很难精确描述，因此，通常选用与原子坐标相关的函数对势能面进行拟合，把分子势能表示为几何坐标的函数。通常把势能函数称为力场。在分子动力学模拟中，已经发展起来多种力场，这些力场在形式上基本相似，但在势能函数各项的选取和参量化方面有一些差别。常用的力场有 AMBER、CHARMM、GROMOS 等。

对于复杂的分子，总的势能将包含多种类型势能之和。一个典型的势能函数包括键长畸变能、键角畸变能、二面角畸变能、静电能、氢键能以及范德华作用势能等，即

$$V(r)=\sum_{\text{bonds}}\frac{1}{2}k_b(b-b_0)^2+\sum_{\text{angles}}\frac{1}{2}k_\theta(\theta-\theta_0)^2+\sum_{\text{dihedrals}}\frac{1}{2}k_\phi[1+\cos(n\phi-\delta)]^2$$

$$+\sum_{\text{torsions}}\frac{1}{2}k_{\xi}(\xi-\xi_0)^2+\sum_{\text{pairs}(i,j)}\left[\frac{C_{12}}{r_{ij}^{12}}-\frac{C_6}{r_{ij}^6}+\frac{q_iq_j}{4\pi\varepsilon_0\varepsilon_r r_{ij}}\right] \tag{1.10}$$

式中，第一项是键长畸变能，k_b 为弹性强度系数，b_0 为成键原子间的平衡距离；第二项是键角畸变能，k_θ 为键角畸变的强度系数，θ_0 为平衡键角；第三项为二面角畸变所具有的势能，由于势能变化具有周期性，一般使用余弦表示，k_ϕ 为力常数，n 为周期，δ 为参考角；第四项表示共平面原子偏离平面的程度，k_ξ 为力常数，ξ_0 为平衡位置；最后一项为范德华相互作用和库仑相互作用，C_{12} 与 C_6 为范德华相互作用势中的系数，q_i 和 q_j 分别为第 i 和第 j 个原子的电荷，ε_0 和 ε_r 分别为真空电容率与相对电容率。

在势能函数中，体现非键作用的范德华项和静电项对维持蛋白质结构的稳定起非常重要的作用。

1.4.3　自由能计算

分子动力学计算可以获得（蛋白质）系统内所有原子（或基团）在每一步的坐标和速度，这些随时间变化的原子坐标反映了系统中原子运动的轨迹。进而基于统计力学可以求出体系的各种热力学性质，如熵、焓及自由能等。下面简单介绍关于自由能的计算。

根据统计热力学，对于给定系综，自由能

$$A=-k_BT\ln Z \tag{1.11}$$

式中，Z 为配分函数，则自由能的变化为

$$\Delta A=-k_BT\ln\frac{Z_2}{Z_1} \tag{1.12}$$

式中，1 与 2 分别表示两个状态（起始状态和终结状态）。

在分子动力学中，计算自由能时，采用统计微扰论来计算自由能，即两个状态之间的自由能差值，可以通过两个状态的势能差的系综平均获得。考虑两个紧密相关的状态 a，b，其势能分别为 V_a 和 V_b，则自由能变化为

$$\Delta A=-k_BT\ln\langle\exp[-(V_b-V_a)/k_BT]\rangle_a \tag{1.13}$$

式中，〈〉括号表示对系综的平均。

上式在 a，b 两个状态非常相近时成立。当考虑任意两个状态，状态 1 与状态 2 之间的自由能变化时，可以认为两个状态之间存在多个中间态，即两态之间的差别由一系列渐变的中间态偶联。当 $\lambda=0$ 时，对应于状态 1；而当 $\lambda=1$ 时，对应于状态 2，中间态与 λ 相关，且 λ 的范围为从 0 到 1，则两态之间的自由能差值可通过计算热力学积分的方法得到

$$\Delta A=A(\lambda=1)-A(\lambda=0)=\int_0^1\frac{\partial A(\lambda)}{\partial\lambda}\mathrm{d}\lambda \tag{1.14}$$

如果将连续的λ近似为若干个λ_i点，则λ_i点与其邻域的（$\lambda_i \pm \delta\lambda$）点之间的自由能变化可以由（1.13）式给出

$$\Delta A_i = A(\lambda_i \pm \delta\lambda) - A(\lambda_i) = -k_B T \ln\langle \exp[-(V(\lambda_i \pm \delta\lambda) - V(\lambda_i))/k_B T]\rangle_i \tag{1.15}$$

在实际计算中，选取0→1范围内n个λ值，则两状态（状态1与状态2）之间自由能的变化为

$$\Delta A = -k_B T \sum_{i=1}^{n} \frac{\ln\langle \exp[-(V(\lambda_i \pm \delta\lambda) - V(\lambda_i))/k_B T]\rangle_i}{\delta\lambda} \Delta\lambda_i \tag{1.16}$$

（1.15）式与（1.16）式中的“±”分别表示微扰向正向和逆向进行，在实际的计算中，一般需要分别计算λ_i的正向扰动和逆向扰动，并适当选取扰动幅度$\delta\lambda$，使由此计算出的ΔA_i值基本相同。

1.4.4 分子模拟软件简介

目前，广泛应用于生物大分子领域的分子模拟软件为Insight Ⅱ软件，此软件为美国Accelrys公司基于Linux系统开发的商品化软件。Insight Ⅱ是一个三维图形环境软件包，集成了从生物分子结构功能研究到基于靶点药物设计的全套工具。Insight Ⅱ针对生命科学应用，提供了生物分子及有机小分子建模和显示工具、结构改造工具、功能分析工具、动力学模拟工具等。Insight Ⅱ在揭示蛋白质结构功能关系、生物分子结构模拟与动力学计算、基于靶点药物设计、抗体设计、酶工程、生物分子间的相互作用（包括蛋白质与蛋白质、蛋白质与肽、蛋白质与核酸、蛋白质与有机小分子）、生物分子核磁共振、功能基因组以及蛋白质组等方面有着广泛的应用。鉴于Insight Ⅱ在生物大分子研究中的广泛使用，现对其功能模块做简单介绍。

Biopolymer、Homology和Modeler模块是与大分子结构建模和性质分析相关的程序模块。Biopolymer模块可用来构建和调整生物大分子（包括蛋白质、多肽、核酸及糖类）的结构；Homology模块根据蛋白质氨基酸序列搜索其已知结构的同源蛋白质，并构建其三维结构模型。Modeler模块则可以快速、自动地生成一个蛋白质的精确的同系物模型。

Discover是分子力学计算的工具，包含了一系列经过严格测试的分子力场，用于进行分子力学及分子动力学模拟、能量优化，以及构象搜索的计算，可以用来预测化合物和生物体系的结构、能量和特性等。CFF力场可用于优化DNA、RNA、蛋白质、脂类化合物和小分子的模型，力场中的参数是通过对大量不同分子的计算得到的，适合于研究复合物体系的相互作用。CHARMM是哈佛大学开发的一个分子动力学模拟程序，用于生物大分子的模拟（包括能量最小化、分子动力学和蒙特卡罗模拟等）。

在动力学模拟中，除了使用商品化软件外，一些免费或部分免费的动力学模拟软件也得到了广泛的使用，如用于模拟大分子体系的 NAMD 软件。NAMD 是由美国伊利诺伊大学理论与计算生物物理研究组开发的免费使用的分子动力学模拟软件，主要针对与生物和化学软材料体系。NAMD 软件比较适用于计算生物大分子。与其他动力学模拟软件相比，NAMD 并行计算效率更高，且能够兼容多种输入和输出文件格式。NAMD 可以使用 AMBER、CHARMM、X-PLOR、GROMACS、OPLS 等多种力场，而且可以兼容 AMBER、CHARMM 的文件格式。NAMD 软件本身虽然不能建模和数据分析，但其辅助分析软件 VMD 可以很好地填补这方面的缺憾。此外，NAMD 软件还提供了交互式分子动力学模拟（IMD）和可控式分子动力学模拟（SMD），方便不同需求下的应用。

习　题

1. 什么是蛋白质的一级结构、二级结构和高级结构？
2. 蛋白质二级结构有哪些？在结构上有什么特点？
3. 什么是蛋白质的变性和复性？尿素使蛋白质变性与复性实验的意义？
4. 不同氨基酸形成蛋白质二级结构的倾向性是否相同？通过查阅相关文献了解 Chou-Fasman 方法。
5. 核酸的基本结构是什么？
6. 什么是 DNA 的一级结构、二级结构？
7. RNA 的二级结构有什么特点？
8. 利用分子动力学的方法可以模拟溶液中生物大分子的构象变化，从而了解构象随时间变化的动态过程。请参阅相关文献了解一种常用的分子动力学模拟软件（如 NAMD 软件，http://www.ks.uiuc.edu/Research/namd/），并了解动力学模拟过程。

参 考 文 献

陈正隆，徐为人，汤立达．2007．分子模拟的理论与实践．北京：化学工业出版社
丘冠英，彭银祥．2001．生物物理学．武汉：武汉大学出版社
沈同，王镜岩．1990．生物化学．2 版．北京：高等教育出版社
阎隆飞，孙之荣．1999．蛋白质分子结构．北京：清华大学出版社
朱玉贤，李毅．2002．现代分子生物学．2 版．北京：高等教育出版社
Alberts B，et al．2007．Molecular Biology of the Cell．5th ed．New York：Garland science

第2章

自由基生物学

自由基生物学是一门新兴的前沿和交叉学科，是一门具有重要理论意义和广泛应用前景并且与人类健康密切相关的学科。1900 年，冈伯格（M. Gomberg）用氯化三苯甲基制备六苯乙烷时，第一次制备了稳定的三苯甲基自由基，首次确定了自由基的概念；1929 年，冈伯格又制得了寿命更短的甲基自由基和乙基自由基，进一步确认了自由基的存在；1937 年，卡拉施（M. S. Kharasch）等发现了“过氧化物效应”，即自由基可作为一类化学实体参加化学反应，自此创立了化学的一个新的分支——自由基化学。自由基化学的发展为自由基生物学的建立奠定了坚实的基础。生命过程中的许多重要反应，如多种酶参与催化的氧化还原反应、光合作用、生物发光现象等多与自由基有关，后来的研究又发现癌症等多种疾病、生命的衰老现象也与自由基反应密切相关。1969 年美国科学家弗里多维奇（I. Fridovich）和他的研究生麦科德（J. M. McCord）发现了超氧化物歧化酶的重要的生物学作用，这是自由基生物学发展史上的里程碑事件。自由基生物学在过去几十年得以迅速发展。1998 年，一氧化氮自由基研究获得诺贝尔生理学或医学奖。随着生物和医学领域的自由基反应理论及实验方法的发展，自由基生物学已经发展成为一门内容丰富、体系完整的学科。本章将简单介绍自由基的基本物理、化学性质，它在生物体中的存在形式和清除途径，它与癌症和衰老的关系，以及自由基生物学实验方法的原理。

2.1 自由基的基本性质

两个分子或原子通过一对共用电子形成共价键，若二者分别用 A、B 表示，则共价键可用 A∶B 来表示。共价键受到外界的光、热、射线和化学能的作用时，可能发生断裂。若构成共价键的一对电子完全转移给 A 或 B 某一方，这种断裂方式称为异裂，用式 $A:B \rightarrow A^- + B^+$ 表示，此时产生带正、负电荷的两种离子；若共用电子对平均分配给 A 和 B，则称为键的均裂，用式 $A:B \rightarrow A^{\cdot} + B^{\cdot}$ 表示，此时产生自由基，所形成的碎片有一个未成对电子，如 $H^{\cdot}$、$CH_3^{\cdot}$、$Cl^{\cdot}$ 等，这样具有不配对电子的原子、原子团、离子、基团和分子称为自由基（free radical）。自由基的化学式常在其右上角加一个黑点作为标记，表示不配对电子，如甲基自由基（$CH_3^{\cdot}$）。产生自由基的方式还包括电子俘获，带有成对电子的化合物从外界获得一个电子，就可成为自由基，如 $CHCl_2 + e^- \longrightarrow CHCl_2^{\cdot} + Cl^-$。大多数生物所能适应的温度范围较为狭窄，所以生物分子在体内主要通过共价键均裂和电子俘获等方式产生自由基，这种反应可由辐射（如紫外照射）或局部的温度升高等因素引发。

由于不配对电子的存在，自由基的化学性质非常活泼，通常无法分离得到。不过，在许多反应中，自由基以中间体的形式存在，但浓度较低，并且半衰期很短。因为自由基含有不配对电子，内部自旋磁矩不能互相抵消，所以具有顺磁性。

2.1.1　自由基的生成反应

1. 加热反应

很多化合物加热时可发生热均裂反应，称为热解。例如，烹调食物时，当温度超过 50℃，就可以检测到自由基的产生，而当食物温度升高到 200℃以上，脂肪酸断裂成脂类自由基，反应式为：$R_1OOR_2 \longrightarrow R_1O^{\cdot} + R_2O^{\cdot}$，其中 R_1、R_2 表示烷基或芳香基，O 表示氧原子。

2. 电磁辐射反应

可见光和紫外线照射引起的共价键均裂称为光解，如 $Cl_2 \xrightarrow{485.7nm} 2Cl^{\cdot}$。X 射线、γ 射线和由加速器产生的高速粒子都属于电磁辐射，能轰击遇到的物质，生成自由基。当电磁波辐射到水分子后，使水分子发生电离，产生羟基自由基（$^{\cdot}OH$）和氢自由基（$H^{\cdot}$）。在生物体中，蛋白质和核酸容易在光线照射下产生自由基，从而引起其结构和功能的破坏。

3. 氧化还原反应

一般地，当有机过氧化物和过渡金属离子发生单电子氧化还原反应时，可能产生自由基，如：$M^{n+} + R_1OOR_2 \longrightarrow M^{n+1} + R_1O^{\cdot} + R_2O^-$，其中，M 表示金属离子。

4. 加入自由基引发剂

处于稳定态的分子加入自由基引发剂，可分解成自由原子或自由基等活性传递物，所需的活化能相当于所断裂键的键能。链引发所产生的活性传递物与另一稳定分子作用，在形成产物的同时又生成新的活性传递物，使反应如链条一样不断发展下去。两个活性传递物相碰形成稳定分子，失去传递活性；或与器壁相碰，形成稳定分子，放出的能量被器壁吸收，造成反应停止。以上也称自由基的链式反应，包括链引发、链传递和链终止三个基本过程，如下所示。

链引发：

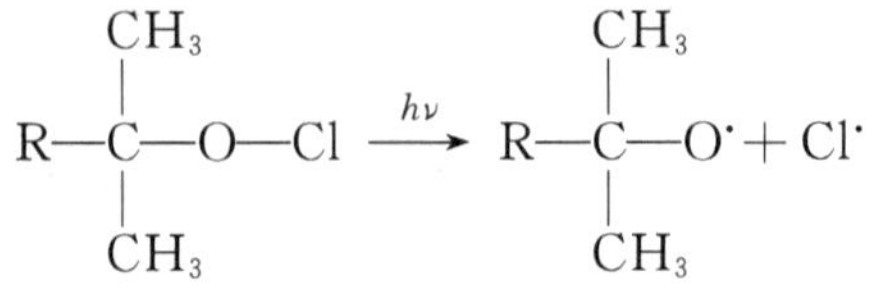

链传递：

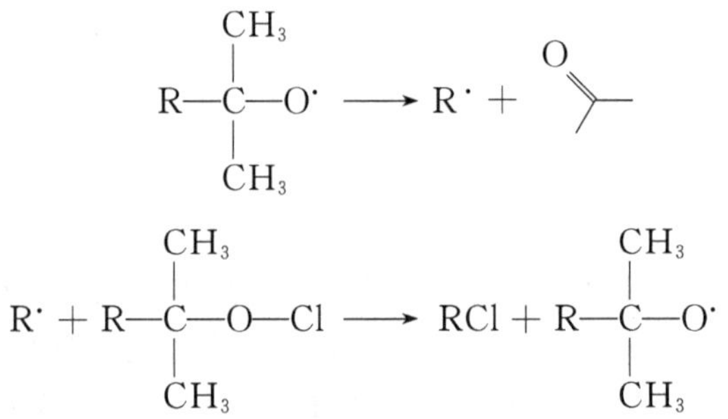

链终止：

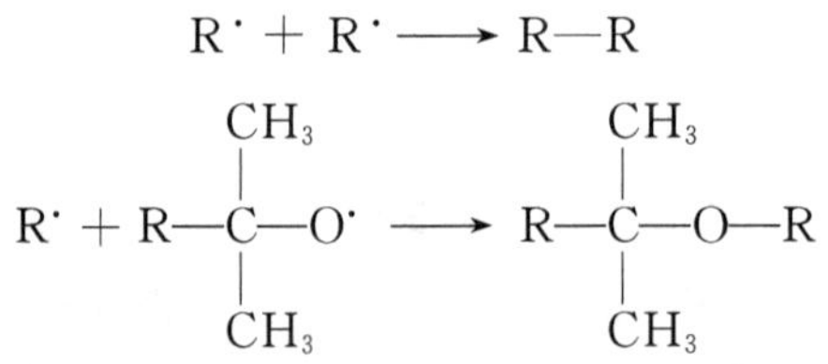

2.1.2 自由基的化学反应

自由基参与的化学反应主要包括以下三类。

1. 单分子自由基反应

自由基本身发生的化学反应，包括碎裂和重排两种主要类型。碎裂反应是指自由基碎裂生成一个稳定的分子和一个新的自由基的反应，如苯基自由基和乙醛在 80℃反应生成乙酰自由基，后者继续发生碎裂反应，生成甲基自由基和一氧化碳：$C_6H_5\cdot + CH_3CHO \xrightarrow{80℃} C_6H_6 + CH_3CO\cdot$，$CH_3CO\cdot \longrightarrow CH_3\cdot + CO$。

重排反应通常有以下两种情况。

(1) 在环状体系中，通常是邻近氧的碳碳单键断裂生成羰基和一个异构的自由基。例如，甲基自由基和四氢呋喃反应生成 α-四氢呋喃自由基，后者再发生重排反应，生成 4-氧丁基自由基，如下反应式：

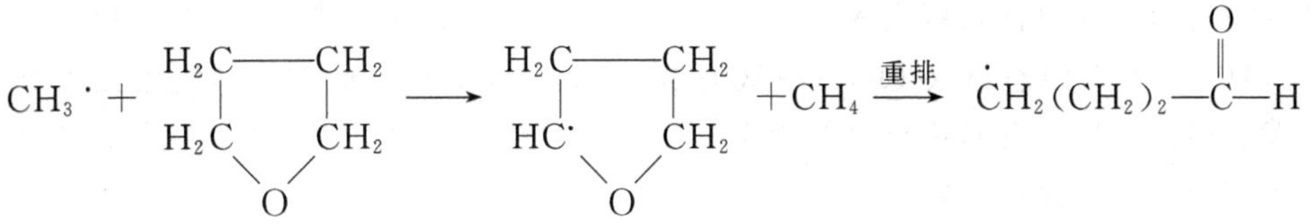

(2) 发生 1,2 或 1,5-氢原子或氯原子的转移反应。例如，三氯甲基自由基和 1,1,1-三氯丙烯发生加成反应，生成 1,1,1,4,4,4-六氯-2-丁基自由基，再发生 1,2-氯转移，生成新的自由基，如下反应式：

$$\cdot CCl_3 + CH_2{=}CH{-}CCl_3 \longrightarrow Cl_3CCH_2\dot{C}HCCl_3 \xrightarrow{1,2\text{-氯转移}} Cl_3CCH_2CHCl\dot{C}Cl_2$$

2. 自由基-分子相互作用

自由基-分子相互作用的类型包括加成、取代或夺取、与氧化剂反应。

(1) 加成反应。对不饱和体系的加成反应，生成一个新的饱和自由基。例如，三氯甲基自由基对辛烯的加成，生成 1,1,1-三氯-3-壬基自由基。

$$\cdot CCl_3 + CH_3(CH_2)_5CH{=}CH_2 \longrightarrow CH_3(CH_2)_5{-}\dot{C}H{-}CH_2CCl_3$$

(2) 取代或夺取反应。例如，$ph^{\cdot} + Br{-}CCl_3 \longrightarrow phBr + {}^{\cdot}CCl_3$，以及 $ph^{\cdot} + BuSH \longrightarrow BuS^{\cdot} + phH$。

(3) 自由基与氧化剂反应。例如，苯基自由基被亚铜离子氧化生成正离子：

$$ph^{\cdot} + Cu^{+} \longrightarrow ph^{+} + Cu$$

3. 自由基-自由基相互作用

自由基-自由基相互作用的类型包括二聚/偶联和歧化。

(1) 二聚/偶联反应

$$phCH_2^{\cdot} + {}^{\cdot}CH_2ph \xrightarrow{\text{二聚}} phCH_2CH_2ph$$（两个相同的自由基结合）

$$CH_3CH_2^{\cdot} + CH_3^{\cdot} \xrightarrow{\text{偶联或化合}} CH_3CH_2CH_3$$（两个不同的自由基结合）

(2) 歧化反应

$$2R_2CH_2{-}\dot{C}HR_2 \longrightarrow R_2CH_2CH_2R_2 + R_2CH{=}CHR_2$$

2.1.3 自由基的类型

通过对多种动植物的组织、器官做电子顺磁共振波谱分析，发现自由基在生物体内是普遍存在的，生物体内的自由基按其化学结构分类有下列几种类型。

1. 活性氧

活性氧（reactive oxygen species，ROS）是指由氧形成并在分子组成上有氧原子，且化学性质非常活泼的一类物质的总称。氧自由基是由活性氧衍生而来的一类自由基，包括超氧阴离子自由基（$O_2^{-\cdot}$）、羟基自由基（$\cdot OH$）、过氧化氢（H_2O_2）、单线态氧（$^1O_2$）、三线态氧（$^3O_2$）等形式。通常它们的性质非常活泼、寿命极短，有非特异性的化学发光，难于直接检测。它们对细胞膜、脂肪组织和蛋白质都会产生影响。

2. 脂类自由基和脂类过氧化物

在活性氧的作用下，组织细胞会因脂质过氧化而产生脂类自由基，如脂自由基（$L^\cdot$）、烷自由基（$R^\cdot$）、脂氧基（$LO^\cdot$）、烷过氧基（$ROO^\cdot$）、脂氢过氧化物（LOOH）等。它们的性质稳定且寿命长，可发生连锁反应，造成机体更严重的损伤。

3. 半醌类自由基

半醌类自由基通常是指黄素类蛋白、辅酶Q（coenzyme Q，CoQ）的单电子还原形式或氧化形式。CoQ是一种广泛分布于生物体中的醌的衍生物，所以也称为泛醌。在呼吸链中CoQ可以以自由基的形式进行电子传递。半醌类自由基一般由苯醌和苯酚类化合物发生氧化还原反应而产生，广泛产生于许多生命过程之中，这两类化合物在电子传导中起重要作用。此类自由基是线粒体中呼吸链电子传递功能的主要执行者。

2.2 活 性 氧

氧是所有需氧动物、植物、微生物和人类必须的生存条件。氧的浓度低于正常水平，即缺氧环境会对机体产生损伤，以致导致生物体死亡。但是，氧的浓度高于正常水平，即高氧到纯氧环境也可严重地损伤机体，这就是氧损伤，也称氧中毒。实验已经证明，植物组织在高氧条件下叶绿体功能受到抑制，种子和根的发育及生长能力下降，细胞膜受损，最终导致枯萎乃至死亡。动物的多种器官（包括心脏、肾脏、肝脏、睾丸和骨髓等）和组织在高氧条件会发生线粒体损伤、内质网增生和异常等多种损伤。通过多年的研究，科学家发现了氧损伤的机理，是因为高氧环境诱发了活性氧的大量产生，从而对机体产生一系列有害作用。例如，进攻不饱和脂肪酸类可引起脂质过氧化，从而改变生物膜结构和功能；亦可损伤氨基酸上的巯基和氨基，导致蛋白质交联、变性，使酶的活性丧失，有的还可损伤DNA而导致基因突变，从而诱发癌症。

2.2.1 体内活性氧的类型

生物体内自由基最主要的类型是活性氧，包括氧中心自由基 $O_2^{-\cdot}$ 和 $\cdot OH$、氧的非自由基衍生物 H_2O_2、单线态氧 $^1O_2$ 和次氯酸（HOCl）、过氧化物、氢过氧化物、内源性脂质及外源化学物的环氧代谢物。分子氧的反应活性很低，氧的活性可以通过使其两个外层电子中的一个电子改变自旋方向或依次单电子还原为自由基而增加，如图 2.1 所示。

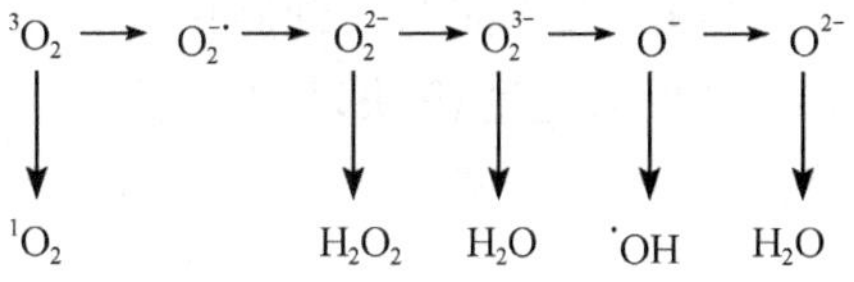

图 2.1　氧分子依次单电子还原流程图

1. 单线态氧（$^1O_2$）

单线态氧具有较高的反应性，能迅速与不饱和键作用生成过氧化物。$^1O_2$ 在膜内疏水区的寿命大于其在水溶液中的寿命。当有致敏剂时，照射不饱和脂肪酸后生成的$^1O_2$ 能迅速过氧化，这些致敏剂包括叶绿素、玫瑰红、胆红素等。

2. 超氧阴离子自由基（$O_2^{-\cdot}$）

$O_2^{-\cdot}$ 由双原子氧经单电子还原而形成，其化学特性主要取决于溶液环境：水溶液中，它是弱氧化剂，能氧化某些分子或基团，如维生素 C 和巯基；而在其他环境中，它也可作为强还原剂，能还原几种含铁复合物，如细胞色素 c 和 Fe^{2+}-EDTA。

在水溶液中，$O_2^{-\cdot}$ 通过歧化反应产生 H_2O_2 和 O_2。$O_2^{-\cdot}$ 的质子化所形成的氢过氧自由基 $HO_2^{\cdot}$ 与 $O_2^{-\cdot}$ 本身相比，是更强有力的氧化剂和还原剂。$O_2^{-\cdot}$ 的还原性比氧化性更强些，所以不能单纯地将活性氧看作氧化剂。

3. 过氧化氢（H_2O_2）

产生 $O_2^{-\cdot}$ 的系统都可经单电子还原产生 H_2O_2，许多酶可通过直接转移 2 个电子给氧而产生 H_2O_2。它是一种弱氧化剂和弱还原剂，在缺乏过渡金属离子时是相对稳定的。它能迅速与水混合，在生物体内迅速通过细胞膜扩散并被处理为水分子。

4. 羟基自由基（$^{\cdot}OH$）

$^{\cdot}OH$ 是分子氧 3 个电子还原的产物，是一种化学活性极强的自由基，能与任何生物分子起反应。$^{\cdot}OH$ 的半衰期不到 1μs，作用直径很短（3nm）。

$^{\cdot}OH$ 主要来源于金属催化的 Haber-Weiss 反应或称 Fenton 型 Haber Weiss 反应。Fe^{3+}-络合物能加快反应速度。

$$Fe^{3+} + O_2^{-\cdot} \longrightarrow Fe^{2+} + O_2$$

$$Fe^{2+} + H_2O_2 \longrightarrow Fe^{3+} + {}^{\cdot}OH + OH^- \quad \text{(Fenton 反应)}$$

$$O_2^{-\cdot} + H_2O_2 \longrightarrow {}^{\cdot}OH + OH^- + O_2 \quad \text{(Haber-Weiss 反应)}$$

$\cdot OH$ 几乎能与活细胞中任何分子——糖、氨基酸、磷脂、核苷酸等发生反应，且反应速度极快。它的反应可以分成三类，包括夺氢、加成和电子转移反应。

5. 臭氧（O_3）

O_3 是一种有毒的氧化污染物。在污染的城市空气中存在 O_3，它同时也可由科学仪器和某些光复印机中的强光源产生。O_3 可损害肺，能迅速氧化蛋白质、DNA 和脂质，也能产生脂质过氧化损伤。

6. 氮的氧化物

NO 和 NO_2 分子含奇数电子，属于自由基。NO 可能与 $O_2^{-\cdot}$ 反应产生活性中间产物过氧亚硝基（$ONOO^-$），损害许多生物分子，并能在酸性 pH 条件下降解，释放出少量 $\cdot OH$。$ONOO^-$ 与 CO_2 反应产生亚硝基过氧碳酸盐（$ONOOCO^-$），它可自发地发生共价键均裂，生成二氧化氮（$NO_2^{\cdot}$）和碳酸阴离子自由基（$CO_3^{-\cdot}$）。

7. 次氯酸（HOCl）

次氯酸属于强氧化剂，由免疫系统中活化的中性粒细胞形成。吞噬细胞胞浆中的含血红素的酶（髓过氧化物酶）催化 H_2O_2 和氯离子形成 HOCl。HOCl 可通过依赖或不依赖铁的反应而形成 $\cdot OH$。

2.2.2 生物系统中产生的活性氧

1. 电离辐射产生的自由基与其作用

在本书的“辐射生物学”一章将会介绍电离辐射对生物体的作用，既有能量转移的直接作用，也有辐射产生自由基的间接作用。在生物体中，水的含量约占生物体重量的 80%，因此可以认为，间接作用自由基的产生主要来自于辐射对水的作用。水经过辐解作用产生自由基有两种机理：一是水分子的电离，二是水分子的激发。水分子电离生成自由基大致又可以分两步。

首先，水分子电离生成自由基 $H_2O^{\cdot +}$ 和电子 e^-，$H_2O^{\cdot +}$ 极不稳定，很快分解为羟自由基 $\cdot OH$ 和带正电的质子。

然后，在辐解作用下水分子中的电子可从逃逸成为游离电子，游离电子通过与其他水分子的碰撞逐渐消耗动能，最后被水分子“俘获”形成水合电子 e_{aq}^-，水合电子的还原性极强，被认为是一种自由基，接近水合电子的水分子受其影响分解为 $\cdot OH$ 和 $H\cdot$ 自由基，即 $2e_{aq}^- + H_2O \longrightarrow \cdot OH + H\cdot$。

水分子在辐解作用下激发生成自由基的过程比较复杂。理论上认为水分子受辐射激发后生成激发态水分子（H_2O^*），H_2O^* 较基态水分子具有更高的能量，能够使 H—O 单键断裂生成 $\cdot OH$ 和 $H\cdot$ 自由基，即 $H_2O \longrightarrow H_2O^* \longrightarrow \cdot OH + H\cdot$

水在辐解反应过程中生成的三种自由基的氧化或还原性质极强，可以引发出各种反应，其中少量的自由基又重新组合成水分子，大多数的自由基则形成新的分子或其他类型的自由基。

形成新分子的反应主要有：

$$\cdot OH + \cdot OH \longrightarrow H_2O_2$$

$$H\cdot + H\cdot \longrightarrow H_2$$

在有氧存在的条件下，$H\cdot$ 与 e_{aq}^-、$\cdot OH$ 均可与氧反应，生成 $HO_2\cdot$ 和 $O_2^-\cdot$ 自由基：

$$H\cdot + O_2 \longrightarrow HO_2\cdot$$

$$e_{aq}^- + O_2 \longrightarrow O_2^-\cdot$$

水经辐解反应产生的自由基在辐射的间接作用中起着十分重要的作用，它参与生物分子和分子之间可发生的可导致生物分子结构变化的各种反应，引起生物分子的损伤，进而导致后期多种生物效应。

2. 生物体中其他活性氧的产生

1）胞浆中的小分子

细胞浆中的儿茶酚胺类、黄素类、四氢蝶呤类、醌类和巯基类等可溶性小分子的自氧化过程可促使 O_2 的还原而产生活性氧。

2）胞浆蛋白质

胞浆酶可通过酶促循环直接还原分子氧自由基、过氧化氢，可能还有羟基自由基；而胞浆中其他的氧化酶，如多巴胺-β-羟化酶（dopamine-β-hydroxylase）、D-氨基酸氧化酶（D-amino acid oxidase）、尿酸氧化酶（urate oxidase）和脂肪酰 CoA 氧化酶（fatty acyl CoA oxidase）也能生成氧自由基等活性自由基。

3）膜蛋白

膜上的蛋白质脂肪氧合酶（hpoxygenase）和环加氧酶（cyclooxygenase）催化可产生氧自由基。

4）吞噬细胞的吞噬过程及“呼吸暴发”（respiratory burst）

生物体中 $O_2^-\cdot$ 的主要来源之一是吞噬细胞的吞噬过程及“呼吸暴发”。当吞噬细胞被活化并准备吞噬时，会出现氧耗的增高。还原型烟酰胺-腺嘌呤二核苷酸磷酸（NADPH）氧化酶催化氧分子还原为超氧阴离子自由基。

5）过氧化酶体

刺激过氧化酶体生物合成的化学物能诱导 H_2O_2 的过量生成。过氧化酶体含有高浓度的氧化酶，如乙醇酸氧化酶（glycollate oxidase）或 D-氨基酸氧化酶

(D-amino acid oxidase)，能催化二价分子氧还原形成 H_2O_2。

6）线粒体

线粒体在生物体内或离体系统都能产生 ROS，主要是 $O_2^{-}\cdot$，涉及的酶类包括 NADH-辅酶 Q（复合物Ⅰ）、琥珀酸-辅酶 Q（复合物Ⅱ）、辅酶 QH_2-细胞色素 c 还原酶（复合物Ⅲ）和非血红素铁-硫蛋白等。

2.2.3 体内自由基的清除

1. 抗氧化酶类

1）超氧化物歧化酶（superoxide dismutase，SOD）

1968 年，科学家发现血红细胞中的含铜的蓝绿色蛋白质能够催化清除 $O_2^{-}\cdot$，并将其命名为超氧化物歧化酶（SOD）。进一步的研究表明，酵母菌、动植物以及所有真核生物细胞中都含有 CuZnSOD，分子质量大约为 32 000Da，含有两个亚基，每个亚基含有一个铜离子和一个锌离子的活性位点，并且所有 CuZnSOD 都催化歧化 $O_2^{-}\cdot$。在歧化反应中，铜离子经历氧化还原改变。

$$\text{酶-}Cu^{2+} + O_2^{-}\cdot \longrightarrow \text{酶-}Cu^{+} + O_2$$

$$\text{酶-}Cu^{+} + O_2^{-}\cdot + 2H^{+} \longrightarrow \text{酶-}Cu^{2+} + H_2O_2$$

$$\overline{\qquad\qquad\qquad\qquad\qquad\qquad\qquad\qquad}$$

$$O_2^{-}\cdot + O_2^{-}\cdot + 2H^{+} \longrightarrow H_2O_2 + O_2 \quad \text{（净反应）}$$

另外，活性位点为锰离子和铁离子的 SOD 也有类似的作用。

2）过氧化氢酶（catalase，CAT）和过氧化物酶（peroxide，POD）

细胞可以通过抑制过氧化氢的积累来防止羟基自由基的损伤。细胞中存在两种清除过氧化氢的酶类，即过氧化氢酶和过氧化物酶。过氧化氢发生酶促反应生成了处于基态的分子氧和水，式中的 SH_2 是氧化底物。

$$2H_2O_2 \xrightarrow{CAT} 2H_2O + O_2$$

$$H_2O_2 + SH_2 \xrightarrow{POD} S + 2H_2O$$

3）谷胱甘肽过氧化物酶

谷胱甘肽过氧化物酶是 1957 年在动物组织中发现的，在高等植物和细菌中并不普遍，它的底物是低分子质量的含硫化合物谷胱甘肽。体内的谷胱甘肽大部分是以还原形式存在的，是一个三肽（gly-cys-glu)，简写为 GSH。氧化形式的 GSH 为两个单体通过二硫键相连，简写成 GSSG。细胞中有约 1/3 的谷胱甘肽巯基和其他分子的巯基形成混合二硫键，这些分子包括半胱氨酸、辅酶 A 和一些蛋白质的半胱氨酸残基。

4）非特异性过氧化物酶

植物和细菌中常存在包含血红素的非特异性过氧化物酶，在有过氧化氢存在时，底物被氧化成有颜色的产物。非特异性过氧化物酶具有广泛的底物，常用的包括邻甲氧基苯酚、联苯胺和联苯茴香胺等。牛奶和唾液中发现了乳过氧化氢酶，它可以把其中的硫氰酸氧化成对细菌毒性很大的次硫氰酸。吞噬细胞中含有髓过氧化物酶，在炎症反应起重要作用。在生物实验室广泛应用的辣根过氧化物酶是从辣根植物的根部分离得到的，能够对联苯三酚、邻甲基苯酚、硫氰酸根和植物激素等底物发生氧化反应。

2. 小分子活性氧清除剂

1）抗坏血酸（维生素 C）

人体自身不能合成维生素 C，但体内需要其作为多种酶类的辅助因子，所以需要从食物中摄取维生素 C。缺乏维生素 C 易患坏血病，临床表现为伤口难愈合、血管脆性高。一般地，维生素 C 的水溶液是稳定的，但金属离子能催化维生素 C 产生过氧化氢和羟基自由基，其中铜离子是最好的催化剂，所以不要用铜制容器烹调蔬菜类食物。抗坏血酸和氧自由基反应可以给出一个电子生成半脱氢的抗坏血酸自由基，也可经过歧化反应进一步生成脱氢抗坏血酸。

维生素 C 可以快速地与 $O_2^{-\cdot}$、$\cdot OH$ 反应生成半脱氢的抗坏血酸自由基，也能清除单线态氧，能与次氯酸快速反应，所以它是体内抗氧化损伤的重要还原剂。但也应当注意，不能摄入过量的维生素 C，因为它可将 Fe（Ⅲ）还原成 Fe（Ⅱ），在有过氧化氢存在时，可以通过 Fenton 反应产生羟基自由基，对机体产生损伤，反应式为 $H_2O_2 + Fe^{2+} \longrightarrow \cdot OH + OH^- + Fe^{3+}$。在一定条件下，维生素 C 还可能刺激与铁相关的脂质过氧化。

2）含硫化合物

含硫化合物包括谷胱甘肽、硫辛酸、辅酶 A 和半胱氨酸等含有巯基或二硫键的物质，它们清除自由基的机制如下：

$$R_1{-}SH + R_2^{\cdot} \longrightarrow R_1S^{\cdot} + R_2H$$

$$R{-}S{-}S{-}R + {}^{\cdot}OH \longrightarrow RS^{\cdot}(OH)SR \longrightarrow RSO_3H + RS^{\cdot}$$

3）尿酸

人体内积累的尿酸是尿代谢的终产物，正常人血浆中尿酸的浓度为 0.25～0.45mmol/L。尿酸能清除单线态氧、过氧自由基、羟基自由基、臭氧和次氯酸，也能抑制脂质过氧化。

2.2.4 自由基对人体的伤害

自由基虽然有很多生物功能，但如果产生过多就会对细胞造成损伤，引起一系列严重疾病。自由基破坏细胞中的 DNA，可能导致癌症的发生；自由基破坏蛋白质，会使体内的酶被破坏，从而导致炎症和老化；自由基破坏脂肪，便会发生脂质过氧化，导致动脉粥样硬化，最后发生中风或心脏病；自由基破坏碳水化合物，便会使体内的透明质酸降解，发生关节炎。

一氧化氮和氧自由基在诱导细胞凋亡和导致这些疾病作用的分子机理及信号通路中都起到重要的作用。神经系统疾病，如老年痴呆症、帕金森综合征等的发生都有自由基的参与；在循环系统中，动脉粥样硬化、血栓的形成、心肌缺血再灌注损伤的发病过程中氧自由基都起着重要作用；肝炎和糖尿病与氧自由基密切相关；癌症形成的每一步都有氧自由基的产生和参与。

在转染外源基因的细胞和动物模型中，将电子自旋共振和基因沉默（RNAi）等技术相结合研究自由基诱导细胞凋亡及导致疾病规律，发现一氧化氮（NO）和氧自由基（ROS）及铁、铜等金属离子在心脏缺血再灌注损伤、中风、老年痴呆症、帕金森综合征等神经退行性疾病中均起着重要作用，并且参与了与淀粉样蛋白、细胞色素 c 释放、丝裂原活化蛋白激酶（MAPK）有关的信号通路中的作用。

2.3 自由基与癌症

肿瘤是一种严重危害人类健康及生命安全的疾病，对肿瘤的发生机理、发展规律和诊断以及防治措施已经成为当前医学、生物学领域非常重要的研究课题。致癌物在体外经过电、光、电离辐射和燃烧可活化生成自由基，进而与靶细胞相互作用使机体癌变。自由基既可直接损伤细胞组成，也可间接干扰细胞的氧化还原状态，最终引起癌变。典型的致癌物包括多环芳烃类（如苯并芘）、芳胺类和偶氮苯类，以及硝基和亚硝基类化合物。

2.3.1 肿瘤发生的多阶段假说

正常细胞的致癌过程是一个复杂的多阶段过程。20 世纪 40 年代，科学家提出正常细胞发生癌变必须经历两个阶段，即诱发期和促进期。诱发期只需使用一次致癌剂，作用不可逆；而促进期需促癌剂的多次作用，是可逆的，此学说称为两步致癌学说。诱发期的特点是阈下剂量的致癌剂只需使用一次，一旦与 DNA 结合就不再分离，即过程不可逆。诱发期是致癌的必要条件，但不充分，如停留在此时期尚不足成癌。促进期的特点是促癌剂本身不一定致癌，但如果多次重复作用可以能发生癌变，此过程可逆。

目前较新的观点认为癌症发生包括启动、促癌和进展三个阶段。启动阶段，启动剂在细胞内经过代谢过程生成的致癌物能与 DNA 结合形成加合物，造成细胞发生不可逆转的改变。促癌过程是一个较为长期的过程，在一定范围内是可逆的并可被某些抗癌剂阻断，此时细胞的增殖速度超过正常细胞，并可见明显的乳头状瘤。进展阶段细胞逐渐出现恶性特征，原先的良性病变转化为出现高速生长的恶性肿瘤。

2.3.2　自由基对生物大分子的促癌作用

目前认为，自由基主要是活性氧在促癌过程中起重要作用。事实上，许多促癌剂都能通过直接或间接的方式产生活性氧，通过对生物大分子如 DNA、蛋白质和其他信号分子的作用而促进癌症发生。

1. 基因损伤

致癌物和促癌物都可造成基因损伤，主要表现为 DNA 单链或双链的断裂、重排或碱基修饰。化学致癌物可能作用于 DNA 的单核苷酸而激活原癌基因突变，癌基因发生的 DNA 重排可能造成细胞的恶性转化，成为启动癌症发生的细胞。

2. 蛋白质分子的损伤

活性氧可以通过修饰蛋白质分子或多肽造成细胞选择性的生长和改变基因表达。体内的修饰包括甲基化、磷酸化及对巯基和氨基酸的修饰。这些作用可能影响许多重要蛋白质合成的精细调控。例如，活性氧可损伤蛋白质中的甲硫氨酸，而甲硫氨酸是肽类激素 α1-抗蛋白激酶等激素活性部位的重要氨基酸，它在需要甲硫氨酸转运 RNA 的蛋白质合成启动中也起着重要作用，这种损伤作用最终可导致变异的表型。

3. 其他作用

活性氧可以作用于多肽分子（如生长因子和激素），激活信号转导网络，如过氧化氢可以刺激小鼠上皮细胞 JB6 核蛋白体亚基 S6 磷酸化，而后者与蛋白质合成和促进生长有关。

活性氧可以造成线粒体内钙离子的迁移、激活质膜钙泵导致细胞内游离钙离子的增加，细胞内钙离子增多可使微管解聚，细胞内信号交流减少，增加促癌效应。

2.3.3　抗癌药物及其作用机理

肿瘤的化学治疗（简称化疗）的目的是在尽量减少正常细胞损伤的前提下杀灭肿瘤细胞。许多药物的作用是阻断 DNA、RNA 或蛋白质的合成，抑制细胞增殖。治疗肿瘤的药物主要是一些烷化剂，如甲氨蝶呤，它能抑制二氢叶酸还原酶，阻止某些生物合成中的甲基转移，如DNA的脱氢胸腺嘧啶核苷合成中的甲基转移；5-氟尿嘧啶能抑制胸苷酸合成酶，从而阻止DNA的合成。

治疗肿瘤的药物中还有一类抗肿瘤抗生素，它们的作用是结合DNA，干扰转录或（和）翻译过程造成DNA链的断裂。按照其化学结构类型可以分为：蒽环类和其他含醌类的药物，如丝裂霉素、链黑霉素、道诺霉素和亚德里亚霉素等；金属螯合剂类药物，如博莱霉素等；蛋白质抗肿瘤抗生素，如大分子霉菌素和新制癌菌素。以上抗生素中有些是通过自由基反应而发挥作用的。

1. 醌类抗肿瘤抗生素

该类药物可能是通过氧化还原反应或半醌和巯基的反应而产生抗肿瘤效应的，氧化还原过程产生的超氧阴离子和过氧化氢可能造成DNA损伤，超氧阴离子或半醌阴离子与三价铁离子反应生成的二价铁离子可产生自由基。

在杀灭肿瘤细胞的体外实验中，氧浓度降低可导致以上药物效应下降，表明活性氧在治疗中也起到一定的作用。它产生的超氧阴离子和羟基自由基可能造成DNA链断裂或链内交联。超氧阴离子可对细胞膜造成损伤，影响离子转运过程，这可能是造成其毒副作用——心肌损伤的原因。

2. 博莱霉素

博莱霉素主要是与DNA的鸟嘌呤结合发挥作用，造成单链和某些双链断裂。博莱霉素也是一种强的过渡金属离子螯合剂，在体内主要是和铁离子作用，在二价铁盐和生物还原剂的存在下，博莱霉素能降解DNA。博莱霉素和二价铁盐保温，可产生超氧阴离子和羟基自由基，产物迅速与DNA结合造成损伤，所以一些抗氧化剂和自由基清除剂防止博莱霉素对DNA损伤的效果不明显。

博莱霉素的主要毒副作用是造成肺损伤，其原因是肺组织中缺乏降解博莱霉素的水解酶，其损伤机理也是自由基的作用。

3. 蛋白质类抗肿瘤药物

（1）新制癌菌素（neocarzinostatin）　一种由放线菌制癌链霉菌分泌的含有109个氨基酸的蛋白质，实际上起作用的是结合于该蛋白质上的一个荧光小分子，它易于从蛋白质上脱落并结合于靶细胞的DNA促使脱氧核糖损伤导致DNA链的损伤，体内在硫醇化合物作用下还原为自由基形式的荧光分子能抽取脱氧核糖第五位碳原子上氢原子使其成为自由基。脱氧核糖自由基能与氧气反应生成自由基而造成DNA链的断裂。

（2）大分子霉素　从大分子霉素链霉菌中提取的含有112个氨基酸的蛋白质，其氨基酸序列和作用机理与新制癌菌素类似。

2.3.4 通过减轻氧化胁迫防癌

1. 食用抗氧化剂防癌

研究发现 66 种蔬菜汁清除自由基能力与抗癌能力呈强正相关性，包括莴苣、紫苏、胡萝卜、青椒、菜花、香菜、生菜、芹菜等。豆类中的黄豆、黑豆、赤豆、绿豆等也有类似作用。63 种蔬菜的热浸取液抗氧化能力强于冷浸取液，只有大蒜、青椒和蘑菇的冷浸取液抗氧化能力较强。流行病学调查报告都证明多吃蔬菜、水果，不吸烟，不饮酒，少吃脂肪能降低多种癌症的发病率。叶酸是一种抗氧化剂，膳食中缺乏叶酸与食管、胃、结肠、宫颈和乳腺等诸多癌症的发生相关。

癌症患者对维生素 C 的消耗增加，所以其器官中维生素 C 的含量减少，尤其是血液和白细胞中维生素 C 缺乏已成为癌症的诊断标志。进食富含维生素 C 的食物能降低咽癌、食道癌和胰腺癌的发病率。

2. 限食和运动防癌

限食意味着热量摄入减少，所以应该在保证满足基本营养需要的前提下采取限食措施。通过对 82 个研究报告的结果总结表明，其中 23 个实验既限制热量也限制脂肪，患癌率 34%；19 个实验只限制热量，患癌率 23%；18 个只限制脂肪，患癌率 52%；22 个实验热量和脂肪均不限制，患癌率 54%。从以上结果可以看出，限制热量更加重要，而且限制热量程度与患癌率相关，摄入热量越少，患癌率越低。

限食加强了细胞对 DNA 的修复能力，降低了自由基的生成，增加了抗氧化酶过氧化物酶和超氧化物歧化酶的活性。总之，限食使细胞处于还原状态，缓解了氧化胁迫。

2.4 自由基与衰老的分子机制

有关衰老的学说众说纷纭，但至今还没有一种学说能独立完满地解释衰老的根本原因。自从 20 世纪 50 年代哈曼（D. Harman）提出衰老的自由基学说，它就开始成为衰老机制研究中最为活跃的领域之一。有人认为自由基氧化是导致衰老、细胞损伤和退行性变的主要原因。自由基学说与衰老的许多学说都有着直接的和间接的关系，并受到众多的实验支持。近年来，国际上研究衰老机理的许多学者认为，线粒体 DNA 损伤缺失是细胞衰老与死亡的分子基础。损伤的线粒体 DNA 又缺乏修复能力，故线粒体 DNA（mtDNA）的突变率比细胞核 DNA 高

10～100 倍，而且老年人常见的阿尔茨海默病脑组织线粒体中 DNA 损伤亦甚为多见。可见，衰老时线粒体 DNA 的氧化损伤是相当突出的问题。线粒体 DNA 的损伤可以影响能量（ATP）产生，进而影响细胞的能量供给，导致所在器官功能的衰竭，由此可知，线粒体 DNA 氧化损伤与年龄的增长关系密切，这从分子水平支持了衰老的自由基学说。

2.4.1 氧化性损伤学说

氧化性损伤学说是在 20 世纪 50 年代首先由哈曼（D. Harman）提出，认为生物在代谢过程中，可产生少量的 ROS，包括超氧阴离子、羟基自由基和过氧化氢，这些自由基有很高的氧化活性，可引起脂类、蛋白质和核酸氧化性损伤，从而导致细胞结构损伤和破坏。

实验发现一种转基因果蝇的寿命比正常果蝇延长了 34%，因为该果蝇转入并高效表达了 CuZnSOD 和过氧化氢酶的外源基因。有人将人的 SOD1 基因转入成年果蝇神经细胞中，发现它的寿命延长了 40%。最新研究认为，人体表皮的细胞衰老是由于葡萄糖代谢产生自由基，它在细胞内发生反应导致细胞因子受损，细胞衰老死亡出现斑块，自由基进入核与基因发生反应使基因改变，导致细胞发生癌变。有人将小鼠的谷胱甘肽过氧化物酶基因及 SOD1、SOD2 和 SOD3 基因中的一种剔除，并未发现引起细胞衰老。

植物衰老的规律与动物类似，但植物实验材料有自身的优点，同一植株的叶和茎的年龄自顶部向根部逐渐变大，可以自身比较。烟草叶片从顶部到根部，膜通透性和脂质过氧化产物丙二醛（MDA）都依次增大，而抗氧化酶 SOD 和过氧化氢酶（CAT）活性却逐渐下降。有趣的是，靠近根部的烟叶老黄后，切掉上部茎一周时间后，根部黄叶的叶绿素和蛋白质都增多，这是返老还童现象，此时 MDA 减少，SOD 和 CAT 上升。实验还发现幼叶 ROS 产生的少，而防御 ROS 的能力却较强，待幼叶成熟时 ROS 增多，防御 ROS 的能力下降。

线粒体是 ROS 的产生主要部位，所以很多研究报告报道线粒体与衰老的关系。线粒体随着年龄的变化如下。

（1）氧化胁迫加剧，如 $O_2^{-\cdot}$、H_2O_2 增加，线粒体中的 DNA（mtDNA）损伤、丢失和突变，以及蛋白质、脂质和 DNA 氧化损伤加剧。

（2）防御氧化胁迫能力下降，如膜电位、膜流动性、呼吸链复合物的含量、氧化磷酸化效率均有相应变化。提高人成纤维细胞线粒体的活性或数量，都可使 ROS 增多、GSH 减少、细胞早衰。小鼠各组织线粒体电子传递链活性随年龄下降，这意味着 ROS 随着年龄的增加而增多。

总之，衰老使线粒体产生 ROS，ROS 攻击并损伤生物大分子，改变基因表达，降低防御能力，反过来又加剧 ROS 生成，形成一个恶性循环。

2.4.2　端粒酶长度决定的衰老学说

真核细胞的线性染色体两端都有一个特殊的结构称为端粒（telomere），脊椎动物端粒的 DNA 序列由 5′-TTAGGG-3′的 n 个简单重复组成，人的 $n=450$，总长 5～15kb。体细胞每分裂一次，端粒就缩短一段。当端粒长度缩短到 4kb 时，细胞就完全丧失了分裂的能力，在形态和功能上都表现出衰老，所以端粒长度成为判断衰老的标志。

人成纤维细胞在正常氧分压（21%）下能传 44～45 代。氧分压稍微增高，细胞就停止分裂，形态显老，老年色素堆积，端粒从正常时每代缩短 100bp 加速到每代缩短 500bp，即氧化胁迫使得端粒缩短加快了 5 倍。正常氧分压下细胞每分裂一次，端粒缩短 15 个碱基重复序列，在高压氧下则缩短 80 个重复序列。SOD 减慢端粒缩短、延缓衰老，反之，敲除 SOD 基因则引起衰老。人端粒 $(TTAGGG)_{81}$中的后 4 个碱基（AGGG）对羟基自由基特别敏感，最易断裂。

1998 年 Wright 等将人的端粒酶反转录酶亚基的基因引入正常人的二倍体细胞，发现转染细胞的端粒长度明显增加，分裂旺盛，同时作为细胞衰老标志的β-半乳糖苷酶的活性明显降低，细胞寿命较正常细胞增加了至少 20 代，这一证据说明端粒长度与细胞衰老有着密切的关系。然而，也有研究结果与这一观点相反，1998 年 Garman 等研究认为叙利亚仓鼠胚细胞在复制分裂各阶段始终表达端粒酶，端粒长度并没变短，经过 20～30 代分裂后，细胞依旧衰老。有人将去除端粒酶基因的小鼠传了 5 代，最后仍未发现寿命比一般小鼠要短。故此端粒钟学说还需有更多的实验依据。

2.4.3　抗衰老的有效措施

1. 外加抗衰老剂

1986 年，哈曼让小鼠从断奶起就喂食含抗氧化剂 2-巯基乙胺的饲料，1%含量的巯基乙胺足以使小鼠寿命增加 30%，即从 24.5 个月增加到 31.6 个月。后来陆续有实验报道维生素 E、乙氧喹和 GSH 等抗氧化剂也可使鼠类或蝇类延长寿命。我国清朝宫廷医案记载的寿桃粉剂延年益寿方及各单味药的水提液能抑制肝脏部位脂质过氧化，并清除超氧阴离子和羟基自由基，其中酸枣仁和当归的作用最强，人参、生地次之。实验报道，用含有维生素 E、维生素 C、黄酮、多酚、胡萝卜素等 13 种成分的饲料饲养速老小鼠，8～10 个月后肝、肾、心、脑、肌肉中半胱氨酸含量增多，血浆和线粒体氧化还原状态明显改善，表明合理膳食的重要性。

2. 保护线粒体

线粒体电子传递链是机体产生 ROS 的源头，ROS 对多数酶的活性有损失作用，能造成细胞膜流动性和抗氧化能力下降，进而可能引发退行性疾病，如老年痴呆症、帕金森综合征、Ⅱ型糖尿病和肿瘤等，所以保护线粒体是抗衰老的重要措施。线粒体营养素包括：硫胺素、核黄素、烟酸和叶酸等B族维生素；维生素A、C、E，辅酶Q，硫辛酸，*N*-乙酰半胱氨酸等抗氧化剂；肉毒碱、肌酸、丙酮酸盐、琥珀酸等能量加强剂；铁、铜、锌、锰等微量元素。恰当地使用线粒体营养素能延缓衰老和改善记忆能力，反之，膳食中缺少蔬菜、水果和其他营养素会加速线粒体衰老并导致认知功能降低。

3. 合理锻炼

1986年，实验发现了一个有趣的结果：去除翅膀或卡在抑制小管中生活的苍蝇比可自由飞翔的苍蝇寿命长2倍！小运动量不仅延长了实验昆虫的平均寿命，还明显延长了最大寿命。另外，实验发现，7种哺乳动物耗氧量越少，生成的ROS就越少，最大寿命越长。运动后耗氧量必然激增，肌肉和肝脏中自由基含量增加2～3倍，脂质过氧化物和尿中的8-羟基脱氧鸟苷酸都比运动前明显增多。

以上结果表明，耗氧量越多，生成ROS就越多，寿命似乎应该越短，那么，应该相信生命在于“运动”还是“静止”呢？请看下面的实验结果：机体在适量ROS的刺激下，总抗氧化能力会诱导性地增强，当耗氧量适中时，人骨骼肌中SOD、CAT都比休息时高，所以运动适量是有益的。实验发现，让大鼠以每天11.5m/min的速度蹬轮10min，这组平均寿命为605天，而不运动组只有474天。

以上结果表明，合理、恰当地进行身体锻炼能够增强体质，提高抗衰老能力，反之，如果违反自然规律运动过度或运动不当，对人的身体会造成伤害。

4. 限食缓解氧化胁迫而延寿

日本冲绳岛居民世代习惯于低热高质饮食。1946年日本厚生省调查该岛学龄儿童的糖和谷类消耗量分别低于其他地区学龄儿童的25%和75%，蔬菜却多3倍，以鱼为主的水产品多2倍，蛋白质和脂肪相同。当地居民摄取热量只有政府推荐的62%，百岁老人数量是其他地区的40倍，居民平均身高和体重都低于其他地方，心、脑血管病和癌症的发病率分别为日本全国平均水平的59%和69%，调查时间以前的10年以来该岛60～64岁的死亡率为1280/100 000人，而其他地方为2181/100 000人。20世纪末美国为了研究人类登上其他星球以后怎样生存的问题，人工制造了一个包含空气、水和食物的全封闭系统，称为生物圈2号计划。由于系统内生态环境不尽如人意，食物供应不足，老年医学专家Walford正好是这个计划的医生，他在保证系统内8名科学家营养需求的前提下，被迫限制了热量的摄取。当这项研究计划结束时，他们的血压、血糖和血清胆固醇都降低了。

许多衰老学说都无法解释限食能延长寿命的原因，只有自由基致衰学说提供了有力的实验证据，证明控制热量摄入有利于全面减轻氧化胁迫，如减少 ROS、线粒体过氧化氢、细胞和生物大分子损伤、增加抗氧化酶活性、抑制癌基因表达。

2.5　一氧化氮自由基（NO）

2.5.1　NO 的基本性质

NO（nitric oxide）是双原子自由基分子，天然状态为气态，是由 Humphrey 在 1935 年发现的。氮原子的最外层有一个不配对电子，所以它的反应活性很强。NO 是脂溶性的分子，体积小，可在不同细胞膜之间穿过。它的存在寿命极短，通常在 3～5s 内就完全降解。

NO 最先被发现是作为外周血管平滑肌的松弛剂，后来发现它是人体重要的细胞信号转导分子——内皮细胞舒张因子（endothelium-derived relaxing factor，EDRF），在身体的不同系统中起着不同的作用，可以作为神经递质、血管扩张剂和杀菌剂。

1992 年，NO 被美国 *Science* 杂志评为年度明星分子（molecule of the year）。同时 *Science* 以“Just say NO”为封面，并以“NO News is Good News”为题目发表专论，高度评价了 NO 的发现及其生物学作用。1996 年，因 R. F. Furchgott、F. Murad 和 L. J. Ignarro 在 NO 的发现中所作出的贡献，他们分享了诺贝尔生理学或医学奖。

NO 生物合成的天然原料是 L-精氨酸，反应过程如图 2.2 所示，是被一氧化氮合酶（NOS）催化的。

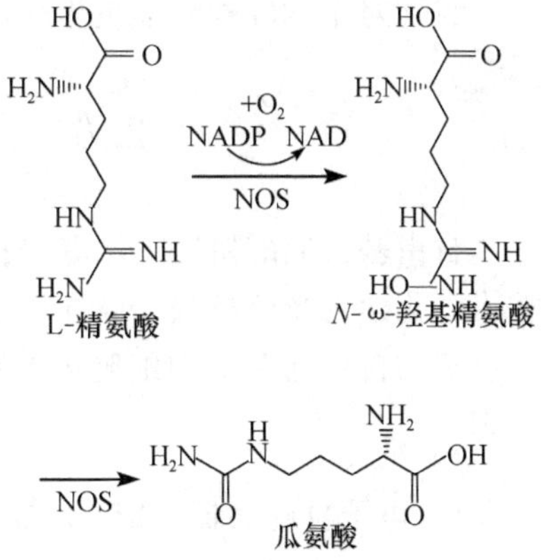

图 2.2　NO 的合成过程

NOS 分为三种类型。

（1）NOS Ⅰ存在于中枢和外周神经细胞，是钙离子依赖性的，用于神经信号转导。

（2）NOS Ⅱ存在于免疫系统中的多数有核细胞，特别是巨噬细胞中，它起作用不依赖于细胞内钙离子，在炎症因子存在的条件下可被诱导产生。

（3）NOS Ⅲ存在于循环系统中，如血管内皮细胞中，它是钙离子依赖性的，有助于血管扩张的调节。

2.5.2　NO 在人体中的作用

1. NO 在神经系统中的作用

NO 作为神经递质可抑制平滑肌收缩、松弛和血管舒张，另外，NO 在长时记忆中有重要作用，它的合成机制要求钙离子/钙调蛋白活化 NOS Ⅰ，这将启动一个 NO 驱动的神经动作电位循环。

2. NO 在循环系统中的作用

NO 作为血管舒张剂，响应于高血流速度和一些信号分子，如乙酰胆碱和缓激肽等释放于生物体中。反之，如果 NO 的合成受阻，血压将突然暴涨。

NO 有助于血红蛋白和细胞的气体交换，当氧气分子结合到血红蛋白上时，NO 可扩张局部血管以协助气体交换。多余的 NO 将被带有二氧化碳分子的血红蛋白带走。

3. NO 在免疫系统中的作用

NOS Ⅱ 合成的 NO 分子用于生物体的免疫反应，特别是在巨噬细胞等有核细胞中。NO 还是可能的病毒复制抑制物。在咀嚼食物时，齿龈附近的硝酸盐可产生 NO，这可起到杀灭口腔细菌的作用。

4. NO 在消化系统中的作用

NO 在肌肉性松弛中起作用。当胃部被食物充满后，与肌肉伸展有关的受体刺激平滑肌，通过 NO 释放促进腹部平滑肌松弛。

目前对于 NO 在癌症发生中的作用还有争议，有待更多的研究成果证实。

2.6　自由基的实验方法

自由基反应的研究方法取得重大进展，尤其是电子自旋共振技术、自旋捕集技术、化学发光分析法、脉冲辐解法等，使得科学家能从分子水平上认识到半衰期极短的自由基在生物细胞内或体外的变化。本节将介绍一些主要实验方法的原理。

2.6.1　电子自旋共振（ESR）技术

电子自旋共振（electron spin resonance，ESR），又称电子顺磁共振（electron paramagnetic resonance，EPR)，是检测自由基最直接而有效的方法，自从1944年发现至今已经成为研究生物分子中未成对电子的重要工具。电子在化学键中或轨道中成对时，两个电子的自旋相反，磁矩互相抵消；但单个不成对电子在自旋时必然产生磁场。ESR 原理的论述需要量子力学的理论基础，本节将简要介绍 ESR 的基本原理。

组成物质的原子核以及核外电子都具有质量、电荷、自旋角动量（$\boldsymbol{S}$）和自旋磁矩（$\boldsymbol{\mu}$），它们之间有以下关系：

$$\boldsymbol{\mu} = -g\beta\boldsymbol{S} \tag{2.1}$$

式中，g 为无量纲量，称为 g 因子，也称光谱分裂因子，是未成对电子自旋角动量和轨道角动量耦合强度的量度；β 是电子的玻尔磁子，$\beta = e\hbar/2mc = -0.9273 \times 10^{-20}$ erg/Gauss，此式中 e 和 m 为电子的电荷和质量，c 为光速。在无外加磁场时，原子或分子中未成对电子的自旋磁矩是随机取向的，并且处于同一平均能态。当外加磁场 $\boldsymbol{H}$ 以后，电子磁体将排列起来，电子的自旋 $\boldsymbol{S}$ 相对于 $\boldsymbol{H}$ 发生了两种取向，一是和 $\boldsymbol{H}$ 平行，它们产生的磁矩方向与 $\boldsymbol{H}$ 一致，电子能量减少；另外一种是与磁场 $\boldsymbol{H}$ 反平行，这些未成对电子产生的磁矩与磁场 $\boldsymbol{H}$ 的方向相反，此时电子能量增加。

使电子的自旋磁矩与 $\boldsymbol{H}$ 反平行需要做的功为

$$E = -\boldsymbol{\mu} \cdot \boldsymbol{H} = -\mu H \cos(\mu, H) \tag{2.2}$$

当电子自旋磁矩与磁场方向平行时，将（2.1）式代入（2.2）式中，得

$$E = g\beta SH \tag{2.3}$$

由于电子自旋有两个取向，即 $S = \pm\frac{1}{2}$，此时

$$E = \pm\frac{1}{2}g\beta S$$

可见，未成对电子在外磁场作用下发生两种不同取向的磁矩，被分为两个能级，能量分别为 $+\frac{1}{2}g\beta S$ 和 $-\frac{1}{2}g\beta S$，两个能级的能量差为 $\Delta E = g\beta H$，如图 2.3 所示。

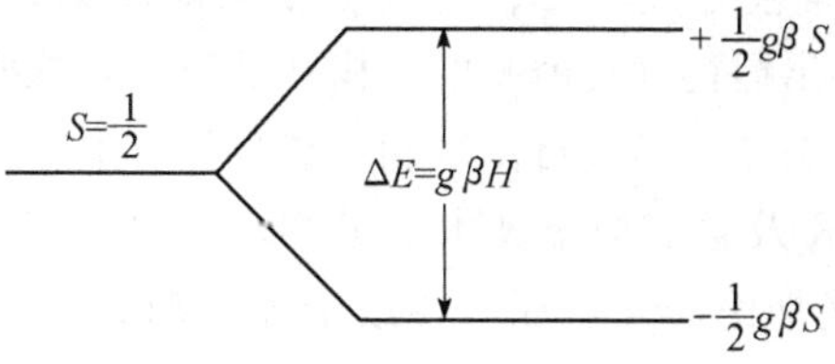

图 2.3　在磁场中能级的分裂

当在外加磁场 H 的垂直方向上，再加一频率为 ν 的高频磁场，并满足下式：

$$h\nu = g\beta H \tag{2.4}$$

式中，h 为普朗克常量，也就是使得高频磁场的量子能量等于平行和反平行的电子磁矩间的能量差 ΔE，这样使低能级的未成对电子从高频场吸收能量跃迁至高能级，同时一些高能级的电子则从高能级返回到平行状态，向电磁场释放出同样大小的能量。这就产生电子能与辐射场共振。由于在量子化的能级之间做热力学分布的粒子大部分处于较稳定的状态，因此，发生共振时平行的电子比反平行的多，引起系统向电磁场做能量的净吸收，对于净吸收的能量进行检测，放大而成为 ESR 信号。技术上是采用固定 ν 而改变 H 的方法进行实验的。

ESR 可用于研究细胞膜液晶相与凝胶相之间的转变、细胞膜的流动性等重要生理特征，还可以研究膜蛋白质的结构和动力学特性等。通过以上微观机制的分析，ESR 在心脏病，神经退行性疾病，如帕金森氏综合征、阿尔茨海默病、中风、辐射损伤等疾病的研究中具有重要作用。

2.6.2 自旋捕集技术

虽然 ESR 是研究自由基最直接、最有效的技术，但其灵敏度通常为 10^{-8}mol/L，如果自由基浓度低于此灵敏度就不能用 ESR 仪测出。并且，生物体系和化学反应中产生的自由基大部分是不稳定的，自由基本身就具有活泼和反应性强的特点，所以即使有些体系自由基浓度达到 10^{-8}mol/L，但由于自旋弛豫时间太短，常规 ESR 仪器无法检测。自旋捕集技术（spin trapping）可以克服上述两个问题。所谓自旋捕集技术，就是将一种逆磁性物质（即自旋捕集剂，spin trap）加入要研究的反应体系，使其与短寿命自由基发生加成反应，生成寿命较长的自旋加合物（spin trap），而自旋加合物的 ESR 波谱具有特征信号，由此鉴定出短寿命自由基的方法。这是目前生物和医学体系研究活泼自由基的有效方法。自旋捕集剂分为两类：亚硝基类和硝酮类。现在已经合成上百种自旋捕集剂，最常用的自旋捕集剂有 tNB（nitrosotert-butane）、DMPO（5,5-dimethyl-1-pyrroline-1-oxide）、PBN（phenyl-tert-butynitrone），它们和自由基反应都可以生成氮氧自由基，所得 ESR 波谱的一级分裂都是氮原子引起的三重分裂。但是自旋加合物的 ESR 波谱常常被分裂为二、三级更复杂的图谱，由二、三级分裂峰值的数目和强度可以推导出捕捉到自由基的结构和性质。自旋捕集技术可对超氧阴离子、羟基自由基、单线态氧、脂类自由基和一氧化氮自由基进行捕集和检测。

下面举例说明 ESR 及自旋捕集技术在吸烟产生自由基及相关疾病中的应用。

目前我国有 3.5 亿烟民，并且还有继续增加的趋势。流行病学调查表明，吸烟不仅引起支气管和肺部损伤，而且可能导致癌症和心血管疾病。传统认为吸烟对人的毒害来自尼古丁的观点是片面的。吸烟是一个复杂的燃烧过程，吸烟过程产生大量自由基、焦油和一氧化碳，其中亚硝胺和苯并芘是焦油中致癌性最强的物质，它们可以通过直接或间接的方式攻击细胞成分，继而可能引起各类相关疾病。中国科学院生物物理研究所的赵保路研究员建立和发展了 ESR 技术检测吸烟过程产生自由基的方法。对于焦油中的自由基，由于其稳定性，可直接用 ESR 进行测定，而气相中的自由基较为活泼，则采用自旋捕集技术测定。

吸烟产生的焦油是烟气中颗粒直径大于 0.1μm 的物质，每支烟焦油中含有大约 6×10^{14} 个自由基，其中几种特别稳定的自由基可以用 ESR 直接观察到。通过 ESR 波谱分析，发现焦油主要包括醌/半醌自由基、多环芳烃自由基、碳和磷自由基。多环芳烃自由基是直接致癌物，其 ESR 信号不易饱和，但在室温下不宜观察到。焦油中的主要成分是醌/半醌自由基，大约占 85%，其 ESR 信号容易饱和，在低温下容易观察到，也能发生自氧化反应产生氧自由基，从而导致一系列毒理反应。

吸烟产生的烟气气相中的自由基多是不稳定自由基，不能用 ESR 仪直接观察，需要用自旋捕集技术。赵保路等用自旋捕集剂 PBN 和 DMPO 捕捉到了吸烟气相的自由基，主要成分是烷氧基（$RO^{\cdot}$）、烷类（$R^{\cdot}$）自由基、NO、NO_2。这些自由基是吸烟过程燃烧形成的气流在流动过程中不断形成的，首先含氮物质燃烧时氧化形成大量 NO，遇到氧气生成反应性更强的 NO_2 自由基，它可以和吸烟燃烧生成的烯类物质反应生成 $R^{\cdot}$，$R^{\cdot}$ 再和氧气反应生成烷过氧自由基（$ROO^{\cdot}$），$ROO^{\cdot}$ 又可以和 NO 反应生成 $RO^{\cdot}$。这些自由基遇到细胞成分，如细胞膜、蛋白质、核酸等物质就会发生反应，它们能与细胞膜发生脂质过氧化反应，还可以氧化蛋白质和核酸。自由基的高反应活性以及对细胞成分的损伤作用是吸烟引起各类疾病的重要原因。

2.6.3 化学发光分析法

化学发光（chemiluminescence，CL）分析法是分子发光光谱分析法中的一类，主要是依据化学检测体系中待测物浓度与体系的化学发光强度在一定条件下呈线性关系的原理，利用仪器对体系化学发光强度的检测，确定待测物含量的微量分析方法。化学发光是某种物质分子吸收化学能而产生的光辐射。任何一个化学发光反应都包括两个关键步骤，即化学激发和发光。因此，一个化学反应要成为发光反应，必须满足两个条件：第一，反应必须提供足够的能量（170～300kJ/mol）；第二，这些化学能必须能被某种物质分子吸收而产生电子激发态，并且有足够的荧光量子产率。常用的发光剂包括鲁米诺及其衍生物、光泽精、洛粉碱、过氧化草酸酯类、吖啶酯类等。

化学发光分析法常用来研究自由基反应，尤其是脂类过氧化过程中的自由基反应，其原理可以概括为以下几点。

(1) 脂类过氧化作用中产生的脂类过氧化物自由基进行复合反应时可产生

$^1O_2$（反应 1），也可产生激发态羰基（反应 2），当它们衰变成基态时，$^1O_2$ 可发出 634nm 和 703nm 的光（反应 3），激发态羰基可发出 420nm 的光（反应 4），具体反应方程式如下：

$$2 \, {>}CH_2OO^{\cdot} \longrightarrow {>}C{=}O + {>}CHOH + {}^1O_2 \quad （反应 1）$$

$$2 \, {>}CHOO^{\cdot} \longrightarrow {>}C{=}O^* + {>}CHOH + O_2 \quad （反应 2）$$

$${>}C{=}O^* \longrightarrow {>}C{=}O + h\nu(420nm) \quad （反应 3）$$

$${}^1O_2 + O_2 \longrightarrow 2\,{}^3O_2 + h\nu(634、703nm) \quad （反应 4）$$

（2）生物系统中有机氢过氧化物自由基（如氢过氧化叔丁基）进行复合反应时也能产生$^1O_2$（反应 5）。

$$2t-BuOO^{\cdot} \longrightarrow t-BuOOBu-t+{}^1O_2 \quad （反应 5）$$

（3）$^1O_2$ 能与不饱和脂肪酸发生反应生成二氧烷中间体，继续分解产生激发态羰基（反应 6）。

$${>}C{=}C{<} + {}^1O_2 \longrightarrow {>}C{=}O^* + {>}C{=}O \quad （反应 6）$$

化学发光分析法的优点是灵敏、快速、操作简单、价格低廉，目前广泛应用于活性氧的检测和研究；缺点是特异性差，容易受到氧化剂的干扰，造成实验结果的误差和错误。

2.6.4 脉冲辐解法

脉冲辐解（pulse radiolysis）是测量短寿命自由基反应速率的有效方法。利用脉冲辐射源直接辐照样品，可在微秒或更长的时间内产生自由基。通过选择适当条件，可以产生某些特定的自由基。由于许多自由基吸收光谱和原来的化合物不同，所以可以用吸收光谱来检测，利用示波器可以显示自由基反应动力学特性。脉冲辐解作为辐射源可以提供 1～30MeV 的脉冲电子，暴露于这样高能量的水分在 10^{-6}s 内被离解和激发。

$$2H_2O \longrightarrow H_2O^+ + e + H_2O^*$$

激发的水分子能在 10^{-14}～10^{-13}s 内均裂产生羟基自由基和氢自由基。

$$H_2O^* \longrightarrow H^{\cdot} + {}^{\cdot}OH$$

电子在 10^{-12}～10^{-11}s 内被水分子包围形成水和电子 e_{aq}^-、羟基自由基和氢自由基。改变 pH 和加入各种特殊化合物如 Na_2O，可以选择其中一种自由基进行研究。如在脉冲辐解前，用 Na_2O 饱和水，e_{aq}^- 就可以被清除并产生羟基自由基。

$$e_{aq}^- + Na_2O \longrightarrow 2Na + O^-$$

$$O^- + H^+ \longrightarrow {}^{\cdot}OH$$

反之，如果用甲酸钠的氧气饱和溶液，就可以生成超氧阴离子。

$$e_{aq}^- + O_2 \longrightarrow O_2^{-\cdot}$$

$$H^+ + HCOO^- \longrightarrow H_2 + CO_2$$

$${}^{\cdot}OH + HCOO^- \longrightarrow H_2O + COO^-$$

$$COO^- + O_2 \longrightarrow CO_2 + O_2^{-\cdot}$$

常用此种方法产生较纯的羟基自由基和超氧阴离子，利用它们测试体系的各种反应速率。这种技术在研究羟基自由基和超氧阴离子同生物分子的反应机理方面非常实用。

2.6.5　自由基清除酶系的检测

生物体内的自由基清除酶包括过氧化氢酶、谷胱甘肽过氧化物酶和超氧化物歧化酶等，见 2.2.3 节。

1. 过氧化氢酶（CAT）

CAT 可催化 H_2O_2 的分解反应，生成水和氧气。

$$2H_2O_2 \xrightarrow{CAT} 2H_2O + O_2$$

由于 H_2O_2 在 240nm 处有最大吸收峰，随着以上催化分解反应，其 240nm 处吸收值下降，因此单位时间内 240nm 吸收值的差值 ΔA_{240} 可表示 H_2O_2 的消耗量。以单位时间内单位质量底物所消耗的 H_2O_2 摩尔数［单位常用：μmol/(mg・min)］来表示 CAT 的活性。

实际操作中，要注意 H_2O_2 在室温极不稳定，生成的氧气容易跑掉，所以整个反应要在冰浴中操作。该酶催化 H_2O_2 分解反应属于一级动力学，仅在头几分钟呈线性关系，所以实验操作应尽量迅速，把握反应时间。

2. 谷胱甘肽过氧化物酶（GSH-Px）

GSH-Px 既可使有机过氧化物也可使 H_2O_2 还原成水。其中，GSH 为还原型谷胱甘肽，GSSG 为氧化性谷胱甘肽。

$$ROOH + 2GSH \xrightarrow{GSH\text{-}Px} GSSG + ROH + H_2O$$

$$2H_2O_2 + GSH \xrightarrow{GSH\text{-}Px} GSSG + 2H_2O + O_2$$

DTNB（5,5′-dithiobis-nitro-benzoic acid）是一种可被 GSH 还原的二硫化合物，还原后的 DTNB 呈黄色，于 412nm 处有最大吸收峰。可通过测 DTNB 被还原的量来估计 GSH 的消耗，以单位时间内单位质量底物所消耗的 GSH 的量［单位常用 nmol/(mg · min)］来表示 GSH-Px 的活性。

3. 超氧化物歧化酶（superoxide dismutase，SOD）

SOD 的总活性可以用氮蓝四唑（4-nitro blue tetrazolium chloride，NBT）法及化学发光法测定，也可用邻苯三酚自氧化法测定，其原理不清楚。由于有各种不同金属离子的 SOD，所以加以区别需要一些特殊的办法。如根据受 1～3mmol/L 氰化钾抑制，而 MnSOD 不受抑制，所以采用氰化钾处理样品，即可测出 CuZnSOD 活性。

习　题

1. 简述单分子自由基反应的类型。
2. 简述线粒体电子传递链产生超氧阴离子的过程。
3. 总结活性氧对 DNA 的损伤类型。
4. 清除人体产生的自由基的主要途径有哪些？
5. 总结自由基与抗衰老和防治癌症的共同点。
6. 简述自由基在吸烟对人体伤害中所起的作用。
7. 实验检测自由基的方法主要有哪几种？各种方法的原理和适用条件是什么？

参考文献

陈瑗，周玫．1991．自由基医学．北京：人民军医出版社
李培峰，方允中．1994．活性氧对蛋白质的损伤作用．生命的化学，6：1-3
刘树铮．1998．医学放射生物学．北京：原子能出版社：22-36
穆光照．1985．自由基反应．北京：高等教育出版社
邱冠英，彭银祥．2000．生物物理学．武汉：武汉大学出版社
孙存普．1999．自由基生物学导论．合肥：中国科学技术大学出版社
赵保路．2005．氧自由基和天然抗氧化剂．北京：科学出版社
赵保路．2010．电子自旋共振（ESR）技术在生物和医学中的应用．波谱学杂志，27：51-67
郑荣梁，Lesko S，Ts'o P．1998．活性氧引起哺乳动物细胞 DNA 损伤．中国科学（B），4：378-386
郑荣梁，黄中洋．2007a．自由基生物学．北京：高等教育出版社
郑荣梁，黄中洋．2007b．自由基医学与农学基础．北京：高等教育出版社；海德堡：施普林

格出版社

Fridovich I. 1975. Superoxide dismutase. Annu Rev Biochem，44：147-159

Fridovich I. 1983. Superoxide radical：an endogenous toxicant. Annu Rev Pharmacol，23：239-257

Gao J T，Tang H R，Zhao B L. 2001. The toxicological damagement of gas phase cigarette smoke on cells and protective effect of green tea polyphenols. Res Chem Intermed，27：269-280

Harman D，Miller R W. 1986. Effect of vitamin-e on the immune-response to influenza-virus vaccine and the incidence of infectious-disease in man. AGE，9（1）：21-23

Harman D. 1956. Aging：a theory based on free radical and radiation chemistry. J Gerontol，11：298-300

Mattson M，et al. 1993. Fibroblast growth factor and glutamate：opposing roles in the generation and degeneration of hippocampal neuroarchitecture. J Neurosci，9：3728-3740

Taylor W，Camalier R，Sanford K. 1978. Density-dependent effects of oxygen on the growth of mammalian fibroblasts in culture. J Cell Physiol，95：33-40

Yang F J，Zhao B L，Xin W J. 1992. Studies on toxicological mechanisms of gas-phase cigarette smoke and protective effect s of GTP. Res Chem Intermed，17：39-57

第3章

分子马达

生命是美丽的，美丽因生命而存在，生命因美丽而永恒。伟大的物理学家埃尔文·薛定谔在其著作《生命是什么》中指出："在有机体的生命周期里展开的任何事件，都显示出一种美妙的规律性和秩序性，我们碰到过的任何一种无生命物质都是无法与之相比的。"生命科学已经以其特有的魅力吸引越来越多的人参与到对它的研究中来，生命体现出来的微妙与秩序性也使得人们认识到应当向生命学习。这种研究中任何有价值的结果都将会推动人类社会科技的发展，并且人类从生命科学的研究中获得的认识也会大大深化我们对于生命本质的理解，因此向生命学习将是 21 世纪生命科学研究的特色。

一说起"马达"，大家就会想到隆隆作响的发动机。大多数发动机可谓"未见其人，先闻其声"。然而本章要介绍的马达，人们用肉眼看不到它，也听不到它发出的声音，那便是分子马达。生命体的一切活动，包括肌肉的收缩、细胞内部物质的运输、遗传物质（DNA）的复制、细胞的分裂等，追踪到分子水平，都是来源于具有马达功能的蛋白质大分子做功推动的结果，因此它们被称为分子马达或蛋白质马达。目前，已发现生物体内的分子马达有上百种，其中数十种分子马达已被确定，它们执行着各种各样的生物学功能。分子马达在细胞内就像出租车一样，它们利用三磷酸腺苷（ATP）水解释放的能量来运输细胞内的物质。分子马达的运输方向往往是确定的，即某种马达蛋白只向着一个方向运动。它们通常沿着相应的蛋白丝作定向运动，这些蛋白丝起着"轨道"的作用，且都具有正负极性。分子马达可高效地将储藏在 ATP 分子中的化学能直接转换为机械能，产生协调的定向运动而做功。

能量转化一直是人们关心的问题。长期以来，生物化学家虽然对细胞内的新陈代谢活动进行了详细的研究，但就细胞内化学能是如何转化为机械能这一基本问题仍然没有一个合理而科学的解释。但分子马达的发现及研究使这一问题逐渐地为研究者提供了一个很好的例子。ATP 的水解反应所释放的能量为分子马达系统提供了驱动力，使得它沿着轨道做定向运动。到目前为止，人类制造的任何一部宏观机器无论从运动的连续性、高效性还是运动中各个部分所表现出的协调性都无法与分子马达相比。因此对分子马达的研究，不仅有助于揭示蛋白质的运动机理，深入认识生命活动的本质，而且有助于搞清生物体内能量转化的过程，从新的角度去认识和利用这一能量转化机制。

分子马达独特的运动机理及能量转换机制已成为生物学、物理学、化学等诸多学科中最为引人注目的问题之一，并会在相当长时间内成为多学科所共同面对的一个极具挑战性的研究领域。

3.1　分子马达概述

分子马达是处在细胞液中，广泛分布于细胞内部或细胞表面的一类蛋白质。因为它的大小只有几纳米或几十纳米（1 纳米等于十亿分之一米），而且它可以像马达一样通过能量转化做功，所以用一个时髦的词来说分子马达就是纳米机器。一个细胞就像“一煲浓汤”，各种分子都在做随机热运动，包括溶质的扩散与渗透。但细胞内部的生命活动并不能完全依靠这种随机性的热运动，还需要能够实现定向机械运动的机制。例如，在真核细胞内，众多的“化学工厂”都需要通过沿着细胞骨架与微管系统进行物质输运来获得原料、发送“产品”等；而在 DNA 复制过程中，需要定向解链才能把遗传信息复制给新的 DNA 分子；在细胞有丝分裂期间，染色体的分离同样需要做精确的定向机械运动，这些都不是仅仅靠热运动来驱动就能够完成的。为此，大自然选择了分子马达来完成所有的这些定向机械运动，负责肌肉的运动，实现胞内及跨膜运输，驱使细胞蠕动，等等。

分子马达既具有酶的活性又具有运动活性，它负责细胞内的一部分物质或者整个细胞的运动，生物体内的各种组织、器官乃至整个生物体的运动最终都归结为分子马达沿着轨道（微管或微丝）在微观尺度上的运动。所有的分子马达都有一个共同特点，即运动过程中构象的变化与 ATP 的结合、水解、释放过程相耦合，从而高效地将 ATP 水解释放的化学能转化为机械能，产生协调的定向运动。因此，分子马达充当着能量转换器的角色。分子马达的协调运动最终实现它的宏观运动，从而可以执行多种特殊功能，如囊泡的定位输运、细胞的有丝分裂中纺锤体和染色体的分离、细胞核的移动等。沿着轨道运动的分子马达就像在高速路上行驶的汽车，它们到达不同的目的地，执行着各种不同的功能。分子马达是一种非同寻常的“机器”，其做功原理不同于人造机器。它可以将化学能直接转换为机械能而不经过中间的热能或电能等形式，虽然这种转换要经过若干中间步骤。

最近在人工制造分子马达方面取得新突破。以色列希伯来大学和美国加利福尼亚大学洛杉矶分校的研究人员研制成能够停止或暂停的分子马达。研究人员通过光或电的驱动，使分子按照控制模式围绕一个轴旋转，并且能够停止或暂停。这种运动类似于马达运动。这一成果有可能使纳米级“分子机械”在一些较大机械无法应用的工业和外科手术中大显身手。这项研究发表于《科学》杂志。

此外，《科学画报》杂志报道，美国加州大学洛杉矶分校的卡罗·蒙特马哥研究小组利用蛋白质-ATP（三磷酸腺苷）合酶驱动一个超微螺旋推进器。这种蛋白质有一个轮子状的旋转头，位于嵌在细胞膜中的一个旋转轴上。当旋转头转动时，ATP 合酶就把 ADP（二磷酸腺苷）分子转换成 ATP 分子。

3.2 分子马达运动的轨道——细胞骨架

细胞骨架是真核细胞中主要分布于细胞质中的一种蛋白纤维状结构系统。细胞骨架有狭义和广义之分。狭义的细胞骨架主要包括三种不同类型的纤维，即微管、微丝和中间纤维。这些纤维是由不同的蛋白质亚单位（骨架蛋白）以特定的方式聚合形成的。细胞骨架在细胞内形成网络系统，以维持细胞结构的稳定性和完整性。细胞骨架使得复杂的细胞内结构井然有序，并能控制细胞内部细胞器的运动（翟中和等，2000）。

细胞骨架的一个最大特征是它的动力学可变性。这种动力学变化是适应于细胞内部的结构与功能而发生的，如有丝分裂期由微管组成的纺锤丝的延长与缩短。体外培养的成纤维细胞移动时，由细胞核至前进方向的微管不断延伸，相反方向的则不断缩短。这些变化是在短时间内进行的，其动力学变化的基础在于骨架蛋白不断聚合使纤维延长，或不断解聚使纤维缩短，甚至消失。因此，细胞骨架在细胞内处于不断的重组状态。

细胞骨架的另一重要特征是从细胞核到细胞膜的某些细胞器会与之发生联系，从而形成了以细胞骨架系统为主体的纤维网络，在其周围附着各种其他细胞结构和一些生物大分子的细胞质基质，这种基质决定细胞器及一些生物大分子的定位和运动，因而细胞骨架与细胞器及一些生物大分子的移动、运输、分泌等许多重要细胞学功能甚至整个细胞的代谢活动的调节都有密切关系。

根据其纤维丝的结构、所处的位置及功能的不同，广义的细胞骨架可分为以下几种类型：

- 细胞骨架
  - 细胞质骨架
    - 微管(microtuble)
    - 微丝(microfilament)
    - 中间纤维(intermediate filament)
  - 核骨架(karyskeleton or nuclear matrix)

细胞骨架是当前细胞生物学最为活跃的研究内容之一。近年来发现细胞骨架不仅在维持细胞形态、保持内部结构的有序性中起着重要作用，而且与细胞运动、物质输运、能量转换、信息传递、细胞分化等生命活动密切相关。各种细胞运动如肌肉收缩、鞭毛摆动、纤毛煽动、有丝分裂期的染色体移动等均依赖于细胞骨架。细胞骨架的研究使人们对生命活动的基本单位——细胞的结构和功能有了新的认识。我们在这里只介绍细胞质骨架中的微管和微丝。

3.2.1　微丝

微丝，又称肌动蛋白微丝（actin filament），它是由肌动蛋白（actin）单体聚合而成的骨架纤维。肌动蛋白纤维主要分布在细胞质膜的内侧（图 3.1）。

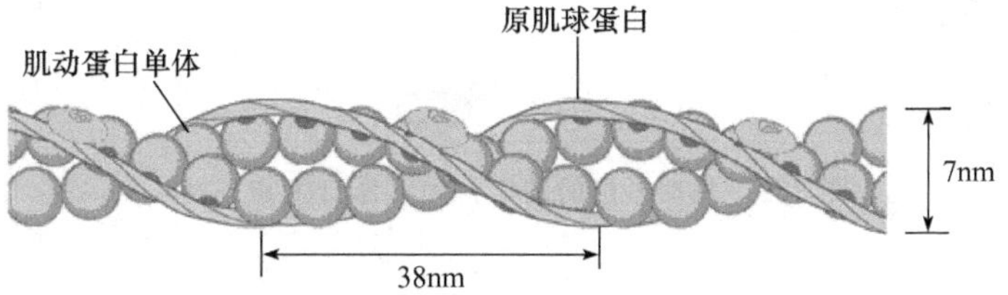

图 3.1　肌动蛋白微丝的结构示意图（译自生物谷网）

1. 组成

肌动蛋白单体是组成微丝的结构单元，外观呈哑铃状，分子质量为 43kDa。肌动蛋白存在于所有真核细胞中，并在真核细胞进化过程中高度保守。目前，在哺乳动物和鸟类细胞中至少已分离到 6 种肌动蛋白。

2. 形态

一般认为，微丝是由两条肌动蛋白单链呈右手双螺旋盘绕形成，周期长度为 36～38nm，其直径约 7nm。

3. 装配与去装配

微丝是由肌动蛋白单体形成的多聚体，肌动蛋白单体具有极性，装配时呈头尾相接，故微丝也具有极性，即有正极与负极之别。体外实验表明，微丝装配时正极与负极都能生长，生长快的一端为正极，生长慢的一端为负极；去装配时，负极比正极快。由于肌动蛋白单体在正极一端装配，负极一端去装配，从而表现为踏车行为（tread milling）（图 3.2）。

在进行体内装配时，微丝呈现出动态不稳定性，这时微丝是一种动态结构，持续进行组装和解聚，并与细胞形态维持及细胞运动有关。微丝动态变化与细胞生理功能变化相适应。在体内，有些微丝是永久性的结构，有些微丝是暂时性的结构。

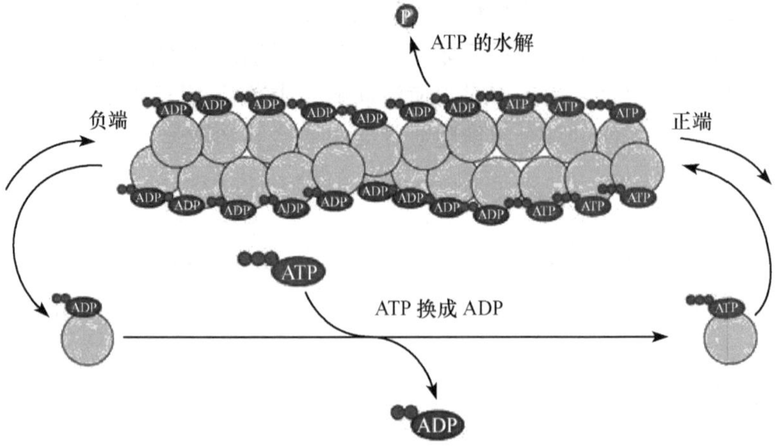

图 3.2　肌动蛋白的踏车行为（译自生物谷网）

4. 微丝的功能

真核细胞中，肌动蛋白在微丝结合蛋白的协同下，形成独特的微丝性骨架结构，它与细胞中许多重要的功能活动有关，如维持细胞形态、参与肌肉收缩、细胞运动、细胞分裂、细胞内运输、细胞内信号转导等。

整个细胞骨架系统的结构和功能在很大程度上受到不同的骨架结合蛋白的调节。微丝结合蛋白将微丝组织成以下三种主要形式：①微丝同向平行排列，主要发现于微绒毛与丝状伪足；②微丝反向平行排列，主要发现于应力纤维和有丝分裂收缩环；③微丝相互交错排列，主要发现于细胞皮层。

3.2.2　微管

微管（microtubule）是存在于所有真核细胞中的细胞器结构。它主要分布在细胞核周围，并呈放射状向胞质四周扩散。通过其亚单元的组装和去组装，微管的长度可改变。微管对低温、高压和秋水仙素等药物敏感。细胞内微管呈网状或束状分布，并能与其他蛋白质共同组装成纺锤体、基粒、中心粒、纤毛、鞭毛、轴突、神经管等结构，参与细胞形态的维持、细胞运动和细胞分裂。

1. 组成

微管由微管蛋白（tubulin）单体聚合而成。微管蛋白单体是由一个 α 微管蛋白和一个 β 微管蛋白组成的二聚体，长度为 8nm。α 微管蛋白含 450 个氨基酸残基，其分子质量为 50kDa，β 微管蛋白含 455 个氨基酸残基，α 和 β 微管蛋白均含酸性 C 端序列。微管蛋白二聚体按顺序排列构成一根原纤维，13 根原纤维

(protofilament) 构成管状的微管，如图 3.3 所示。除极少数例外，如人的红细胞，微管几乎存在于所有真核细胞胞质中，而所有原核生物中没有微管。微管蛋白分子在生物进化上可能是最稳定的蛋白分子之一。

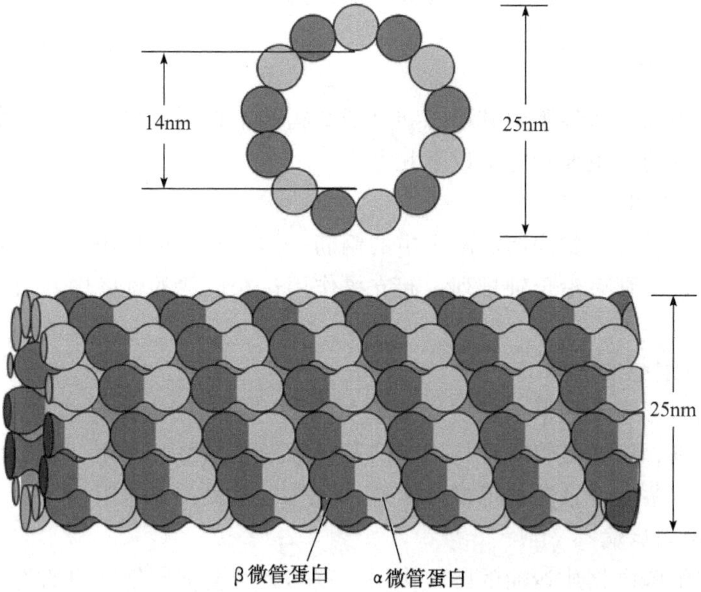

图 3.3　微管的结构示意图（译自生物谷网）

2. 形态

微管是由微管蛋白二聚体组装成的长管状细胞器结构，平均外径为 25nm，内径 14nm，微管壁由 13 根原纤维排列构成，在横切面上，微管呈中空状，如图 3.3 所示。微管可装配成单管、二联管（纤毛和鞭毛中）、三联管（中心粒和基体中）。

3. 装配与去装配

由于微管和微丝的单体本身都具有极性，导致了在其两端显示正极和负极之别。因此微管具有极性，正极（plus end）生长速度快，负极（minus end）生长速度慢，也就是说微管蛋白在正极的添加速度高于负极。正极的最外端是 β 球蛋白，负极的最外端是 α 球蛋白。微管和微丝一样具有踏车行为。

微管在体内的装配和去装配在时间和空间上是高度有序的。间期细胞中，细胞质微管与微管蛋白亚单元处于相对平衡状态；有丝分裂期中，胞质微管装配和去装配动态受细胞周期调控，发生显著改变，分裂前期，胞质微管网络中的微管去装配，游离的微管蛋白亚单位组装为纺锤体；分裂末期，发生逆向转变。此外，细胞中存在一些非常稳定的微管结构，如神经细胞轴突、纤毛和鞭毛中的微管纤维，这是由于微管结合蛋白的作用和酶修饰的原因。大多数微管纤维处于动态的装配和去装配状态，这是实现其功能所必需的过程（如纺锤体）。

4. 微管的功能

微管在不同类型细胞中其形态和分子结构基本相同，主要功能是负担细胞内各种形式的运动。主要功能有以下几方面。

1）支架作用

细胞中的微管就像房屋混凝土中的钢筋一样，起支撑作用。在神经细胞的轴突和树突中，微管束沿长轴排列，起支撑作用；在成熟的轴突中，微管是物质运输的路轨。

2）维持细胞的形态

维持细胞形态是最早被证实的微管功能。用秋水仙素处理细胞来破坏微管，导致细胞变圆，说明微管对维持细胞的不对称形状起重要作用。对于细胞突起部分，如纤毛、鞭毛、轴突的形成和维持，微管也起着关键作用。

3）细胞内运输

微管起细胞内物质运输的路轨作用，破坏微管会抑制细胞内的物质运输。通过与微管结合而起运输作用的马达蛋白有两大类：驱动蛋白（kinesin）和动力蛋白（dynein），如图 3.4 所示。

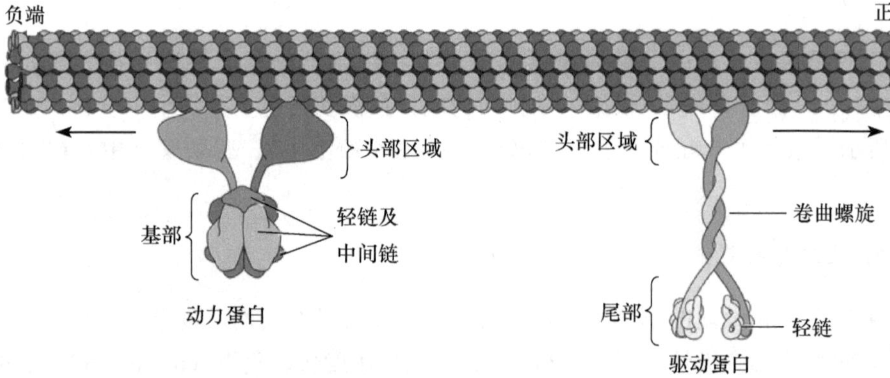

图 3.4　微管上运输物质的两类蛋白：驱动蛋白和动力蛋白（韩英荣，2007）

4）形成纺锤体

纺锤体是一种微管构成的动态结构，作用是在分裂细胞中牵引染色体到达分裂极。当细胞从间期进入分裂期时，间期细胞胞质微管网架崩解，微管解聚为微管蛋白，经重组装形成纺锤体，并牵引染色体的运动；分裂末期，纺锤体微管解聚为微管蛋白，经重组装形成胞质微管网。纺锤体微管可分类如下：①着丝点微管，连接着丝点与两极的微管；②极微管，从两极发出，在纺锤体中部互相交错重叠的微管；③星体微管，组成星体的微管。

5）构成纤毛、鞭毛和中心粒等细胞运动器官

纤毛和鞭毛的运动是依靠动力蛋白（dynein）水解 ATP，使相邻的二联微管相互滑动的结果，图 3.5 为鞭毛的横切图。

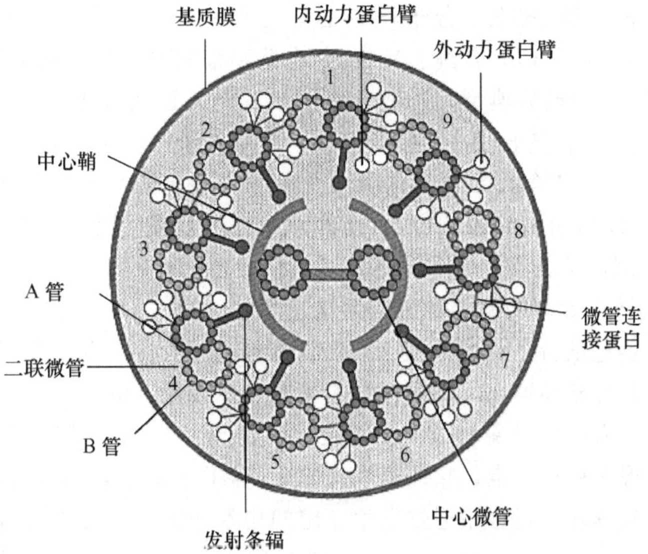

图 3.5　鞭毛的横切图（韩英荣，2007）

鞭毛和纤毛的杆状部是由 9 对三联微管和一对中央微管构成（9×2+2）的“轴丝”；鞭毛和纤毛的基体部则是由 9 对三联微管构成的（9×3）结构物。

鞭毛和纤毛运动是由“轴丝”中微管之间相互滑动所产生的力，加上基体附近存在的许多线粒体所合成的大量 ATP，被“轴丝”中的动力蛋白臂转化为机械能来实现的。

3.3　形形色色的分子马达

生命体在长期的进化过程中形成了一个非线性、多层次、复杂且又完备的体系，而分子马达通过进化与许多重要的生命过程都有着密切的联系。因此，在维持生物体高度有序性上，分子马达起了极其重要的作用。

3.3.1 分子马达的种类

分子马达广泛存在于肌肉纤维和真核细胞中，在生物体内参与肌肉收缩、胞质运输、DNA 复制、细胞分裂等一系列重要生命活动。

目前已经发现的分子马达已有上百种，它们的运动方式与它们的功能有关。分子马达根据运动形式不同，一般分为线性推进和旋转式推进两大类。其中线性推进分子马达是把化学能直接转化为机械能，从而使其自身能够沿着一条线性轨道做定向移动，这类分子马达中主要包括肌球蛋白、驱动蛋白、DNA 解旋酶和 RNA 聚合酶等。旋转式推进分子马达也是通过水解 ATP 把化学能直接转化为机械能，主要包括 F-ATP 合酶、V-ATP 合酶和细菌鞭毛等，其中以线粒体内膜上质子 F-ATP 合酶最为典型。不过它们的结构与马达名称更加贴切，因为它们像马达一样，由一个定子与一个转子组成，依靠定子和转子之间的旋转运动来完成工作任务。F-ATP 合酶参与氧化磷酸化过程，在跨膜质子势的推动下催化合成 ATP；它可以利用水解 ATP 的自由能而充当质子泵，把质子从线粒体基质中输送到内膜外侧，从而保持跨膜的质子浓度梯度。这种酶的大小只有十几个纳米，但其能量转化效率却高得惊人，几乎达到 100%！

那么线性推进的分子马达是如何沿着轨道移动的呢？一直以来存在两种模型，即一种观点认为分子马达像尺蠖一样沿着轨道平缓蠕动（inchworm），另一种观点认为分子马达像人一样沿着轨道大步行走（hand-over-hand）。许多实验结果表明，驱动蛋白正是像人一样行走，它的两个头部交替与微管结合，沿着微管前进，其步幅约为 8nm，在其步行过程中通过发生一定的构象变化，而实现把 ATP 化学能转变为蛋白分子自身的机械移动。交臂（hand-over-hand）模型目前被许多研究者支持。例如，对于驱动蛋白、动力蛋白和肌球蛋白 V 的运动机制均被视为符合此模型。驱动蛋白和动力蛋白运动的步幅均是 8nm，而肌球蛋白 V 的步幅为 36nm。

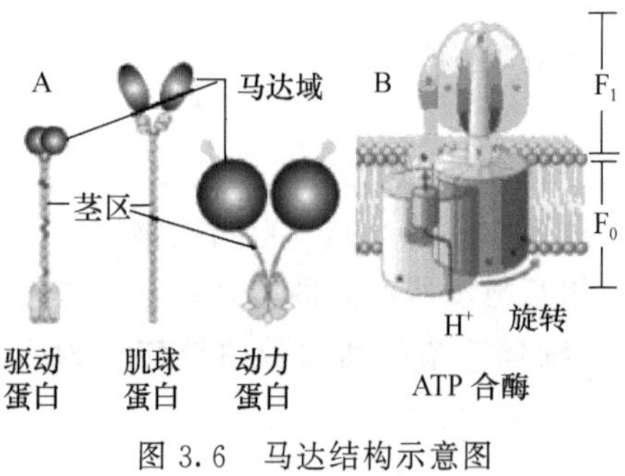

图 3.6 马达结构示意图
（A. Woehlke，2000；B. 自百度图片网）

分子马达在生物体内执行着各种各样的生物功能，其中研究比较深入的分子马达主要有 4 类，如图 3.6 所示。

3.3.2 驱动蛋白和动力蛋白家族

近年来，越来越多的证据表明，驱动蛋白和动力蛋白参与了许多重要的生命过程，因此，驱动蛋白和动力蛋白已引起了科学家越来越多的关注。实验表明，驱动蛋白和动力蛋白马达能够将储藏在 ATP 分子中的化学能高效地转化为机械能，沿微管产生定向运动，同时将细胞器和各种细胞内物质沿着微管从合成部位快速有效地运送到功能部位。

1. 驱动蛋白

驱动蛋白（kinesin）是美国加州大学的 Ronald D. Vale 等于 1985 年首次在鱿鱼的大轴突细胞中发现的一种发动机蛋白。驱动蛋白主要存在于真核细胞内，是细胞内大规模自组装的主要物质。它们以微管蛋白为轨道，沿微管（microtubule）从负极向正极运动，由此完成各种细胞内外传输的功能，如运送细胞器（如线粒体、溶酶体）和物质小泡（将细胞核的物质移向细胞膜），并参与细胞的有丝分裂（驱动蛋白使中心粒分开，导致纺锤体极性的形成）。这类系统完全不同于肌球蛋白系统，存在于很多细胞中，它可以为一系列运输过程提供动力，即它的作用是持续的，如有丝分裂的纺锤丝、原生生物的鞭毛及神经轴突等。

驱动蛋白是一个大的复合蛋白，由几个不同的结构域组成，包括两条重链和一条轻链（见图 3.7A），分子质量为 380kDa。驱动蛋白两条重链 N 端的 340 个氨基酸均折叠成球状，形成 Kinesin 的球形头部，这是马达与微管蛋白结合和催化 ATP 水解的部位，是产生动力的“电机”。其余部分的两条重链相互盘绕成双股 α 螺旋二聚体，在端头部分（C 端）结合有轻链，形成 Kinesin 扇形的尾

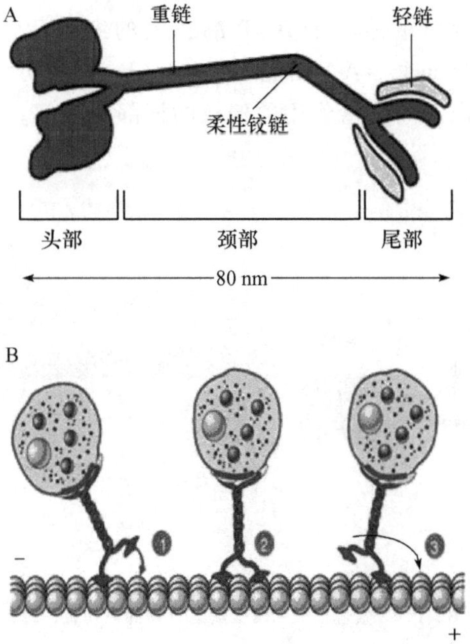

图 3.7

A. 驱动蛋白的结构示意图；B. 沿微管输运货物的驱动蛋白（Karp，2002）

部，它与货物结合，用来连接要运送的细胞器。华盛顿大学生物化学系的约纳顿·霍华德在研究牛脑细胞中驱动蛋白的分子机理时发现，当驱动蛋白行走时，每个分子能产生 6×3^{-9}N 的力，在纳米层次上这个力很大，足以把一根结实的微管折成两段。

驱动蛋白是一个超家族。在运动方式上，它的两个头部以交臂（hand-over-hand）的方式沿微管定向运动，并可拉动负载实现某些特殊的生物功能。运动时驱动蛋白的头部结合在微管上，尾部结合被运送的细胞器或物质小泡，伴随着催化 ATP 水解，头部沿微管正向运动。驱动蛋白的运动就像人走路一样，不过是用头部代替脚部。它沿微管一步一步地行走，每一步的平均步长为 8nm，并能连续走几十到几百步而不脱落。在运动过程中驱动蛋白的一个头保持与 β 微管蛋白结合，另一个头跨过 16nm 与下一个 β 微管蛋白结合，在这个过程中马达质心向前运动了 8nm（恰好是微管的周期），其运动速度约为 1μm/s，如图 3.7B 所示。驱动蛋白的移动速度与溶液中的 ATP 浓度密切相关。

2. 动力蛋白

动力蛋白（dynein）发现于 1963 年，因与鞭毛和纤毛的运动有关而得名。动力蛋白分子质量非常大（接近 1.5MDa），它由两条相同的重链和一些种类繁多的轻链以及结合蛋白构成（鞭毛二联微管外臂的动力蛋白具有三个重链），如图 3.8A 所示。动力蛋白重链属于 ATP 酶相关的细胞活性蛋白（AAA）大家族，每条重链头部具有 6 个 AAA 功能域（AAA1～6），可以结合 ATP。重链折叠形成球形的头部，以及与微管作用的伸长的杆部和茎部。

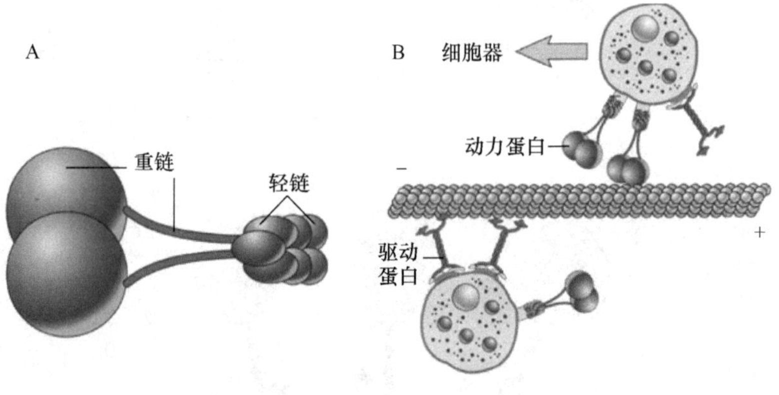

图 3.8

A. 动力蛋白的结构示意图；B. 沿微管正极和负极输运货物的驱动蛋白及动力蛋白（Karp，2002）

动力蛋白主要存在于真核细胞内以及鞭毛和纤毛中。与 Kinesin 相反，动力蛋白沿微管负向运动运送物质（图 3.8B），并在鞭毛和纤毛的运动中起重要作用。其作用主要有以下几个方面：在细胞分裂中推动染色体的分离、驱动鞭毛的运动、向着微管负极运输小泡将细胞膜的物质移向细胞核。在细胞分裂中，纺锤体的分离就是在类驱动蛋白马达和动力蛋白的共同作用下完成的。

动力蛋白与细胞鞭毛的运动和神经元轴突内蛋白质的输送有关。科学家们认为，动力蛋白变异可引起神经元大量死亡，神经元内的物质输送由此受到阻碍，最终导致了运动神经元的变性。根据得克萨斯大学西南医学中心的一项新研究表明，负责组装细胞纤毛（细胞伸出的发丝状结构的蛋白质）动力蛋白缺陷，可能会引起多囊肾，多囊肾是肾衰竭最常见的遗传起因。

研究人员发现驱动蛋白和动力蛋白在运输物质时并不发生竞争，虽然它们想要将货物向相反的方向运送。他们还发现多个马达能同时工作，并且产生十倍于个体马达的速率。这些发现公布在 2005 年 4 月 7 日的《科学》杂志上。

总之，驱动蛋白和动力蛋白都是把货物从细胞的一个位置运送到细胞的另一个位置：驱动蛋白将细胞核的物质移向细胞膜，而动力蛋白将细胞膜的物质移向细胞核。这种货物运送机制都是在微管的细丝上完成的。

3.3.3 肌球蛋白家族

肌球蛋白（myosin）是一种分子发动机，对肌球蛋白的研究可以追溯到 1864 年，目前人们已经发现 18 种肌球蛋白，它们广泛存在于动、植物中，与信号转导、肌肉收缩、细胞器运动等有关。肌球蛋白的运动依赖微丝，能把储存在 ATP 中的化学能转化为机械能。肌球蛋白分为两类：传统肌球蛋白（肌球蛋白Ⅱ）与非传统肌球蛋白。除肌球蛋白Ⅱ外，其余的都是非传统肌球蛋白。肌球蛋白成员有的能够通过集体的协同作用来完成宏观的机械运动，如肌球蛋白Ⅱ（myosin Ⅱ）；有的则能够单独地完成有被小泡或细胞色素等微粒的输运，如肌球蛋白Ⅴ（myosin Ⅴ）和肌球蛋白Ⅵ（myosin Ⅵ）。

肌球蛋白以肌动蛋白丝作为运动的轨道。实际上，肌球蛋白也通过 ATP 的水解导致构象的变化从而在肌动蛋白丝上移动。至今所研究的肌球蛋白在微丝上的移动方向一般是从负端移向正端，但肌球蛋白Ⅵ是沿微丝的负端移动，ATP 仍然是发动机蛋白运动的能源。

所有的肌球蛋白都是由一个重链和几个轻链组成，并组成三个结构和功能不同的结构域：头部结构域是最保守的结构域，它含有与肌动蛋白、ATP 结合的位点，负责产生力。与头部相邻的结构域是 α 螺旋的颈部（α-helical neck region），它通过同钙调素或类似钙调素的调节轻链亚基的结合来调节头部的活性。尾部结构域含有决定尾部是同膜结合还是同其他的尾部结合的位点，因此它决定是产生肌球蛋白二聚体还是产生肌球蛋白纤维。

一个肌球蛋白是否停留在肌动蛋白丝上不动，关键步骤是启动步，即看外界环境是不是存在足够浓度的 ATP，一旦有 ATP 结合到后腿上的空位，肌球蛋白就开始了向前迈一步的步骤，而如果外界 ATP 浓度比较低，则肌球蛋白Ⅴ将不得不一直等待 ATP 分子的到来。当然这个间隔时间也依赖于从第 3 状态回到第 1 状态时，后腿上的 ADP 是不是能够及时地脱落。

科学家们为了更加确切地证实这种步行方式，变换了很多方法来观测肌球蛋白分子马达的步行，例如，把肌球蛋白二聚体拆开，或者通过基因技术让肌球蛋白在它的“腿部”发生变异，变得更短等，从而获得了更多的关于肌球蛋白步行姿态的信息；同时在实验的观测技术方面，目前也达到了空间 1nm 分辨率和时间 500ms 分辨率的程度，并且能够连续“偷窥”一个分子马达的步行长达 30s 以上的时间。

下面分别来介绍肌球蛋白Ⅱ、肌球蛋白Ⅴ、肌球蛋白Ⅵ。

1. 肌球蛋白Ⅱ

肌球蛋白Ⅱ（myosin Ⅱ）是人们最早研究的分子马达之一，主要存在于肌肉纤维和真核细胞内。它们沿肌动蛋白微丝（microfilament）运动，执行细胞形态改变、肌肉收缩、细胞内物质输运等功能。

肌球蛋白Ⅱ的两个重链通过尾部区域的螺旋部分形成二聚体，螺旋部分长度和直径分别约为 150nm 和 2nm，形成细长的“丝”，这在马达行使生理功能时有着重要的意义，如图 3.9 所示。每个颈部有两个钙调蛋白；两个头部都具有 ATP 活性区域和肌动蛋白结合的活性区域。

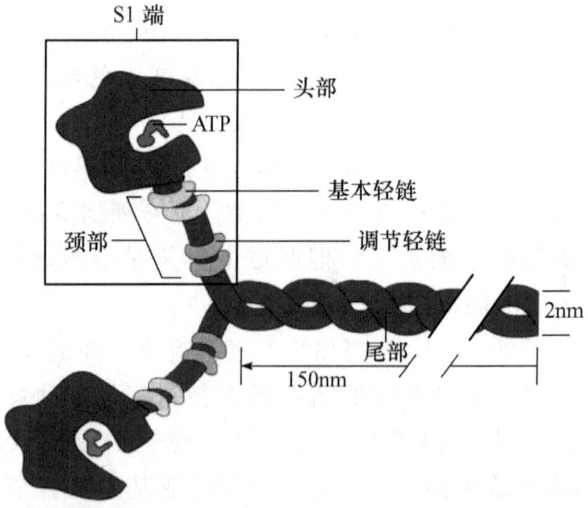

图 3.9 肌球蛋白Ⅱ的结构示意图（译自百度网）

肌球蛋白Ⅱ的主要功能是驱动肌肉的收缩。Huxley 早在 20 世纪 50 年代就提出了肌肉收缩的“肌纤丝滑动学说”：当肌肉收缩时，肌纤丝长度的变化完全是由于粗纤丝（由肌球蛋白的尾部组成）与细纤丝（由肌动蛋白组成）彼此相对滑动的结果。现在这一学说已被普遍接受，并在此基础上获得了很大的发展。

肌球蛋白Ⅱ的头部区域水解 ATP，使马达产生构象变化，ATP 水解的化学能转化为马达沿微丝运动的机械能，产生细丝与粗丝之间滑行，从而导致肌肉的收缩。一个肌球蛋白Ⅱ分子水解一个 ATP 所经过的过程如下：细丝与粗丝分离，马达头部处于 ADP 与 Pi 结合状态，微丝上的马达结合位点暴露后，头部和微丝结合，同时释放掉 Pi；此时，细丝与粗丝开始结合，即马达头部与微丝上的位点结合；头部释放掉 ADP，粗丝和细丝开始相对滑行，肌小节（图 3.10）(sarcomere) 收缩；马达头部再一次与 ATP 结合，从微丝上脱落下来，细丝与粗丝分离，完成一个循环过程。

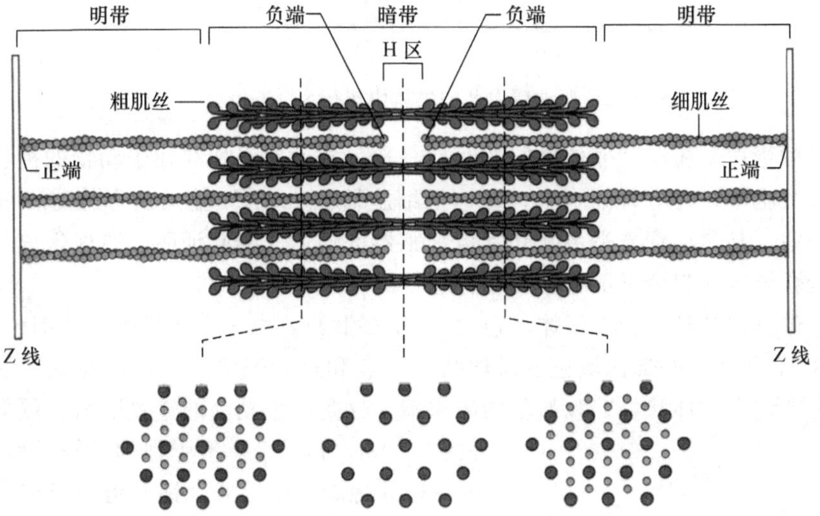

图 3.10　肌小节的组成（译自生物谷网）

与驱动蛋白的单独运动不同的是，肌球蛋白Ⅱ必须以集体协作的方式（图 3.11）来执行各项功能。在 ATP 的作用下每个肌球蛋白Ⅱ马达沿着肌动蛋白微丝做跳跃式的运动。它们与轨道的结合都只是瞬时的，只有大量的肌球蛋白Ⅱ马达在一起才能做连续的定向运动。形象地讲，驱动蛋白好比是单个的挑夫，而肌球蛋白Ⅱ则类似集体划船者。

2. 肌球蛋白Ⅴ

除了集体协调运动的肌球蛋白Ⅱ以外，肌球蛋白家族中还有能够利用 ATP 水解的化学能单独向微丝的正端连续运动的马达，以肌球蛋白Ⅴ最为典型。

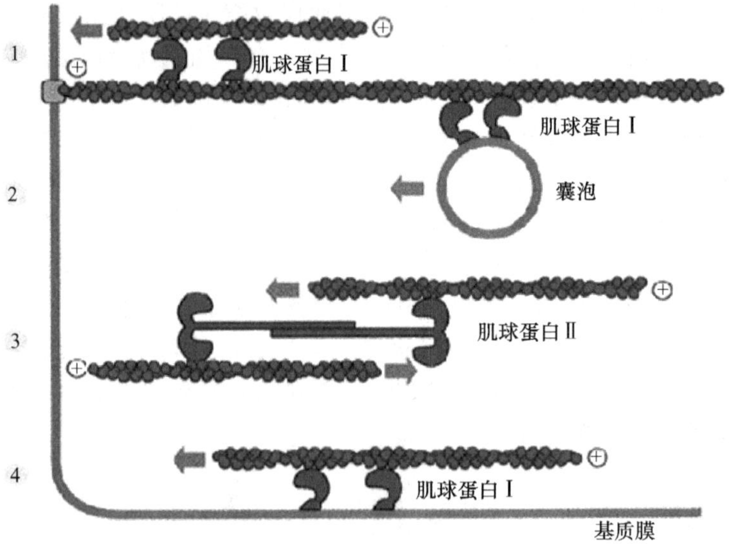

图 3.11 肌球蛋白Ⅱ的集体协作行为（Karp，2002）

肌球蛋白Ⅴ属于“非传统”的线性马达，它们广泛地存在于动物的神经细胞和酵母细胞中。在酵母细胞中，马达把细胞器和 mRNA 输运到母体中；而在动物细胞中，马达负责着黑色素和其他细胞器的输运。实验证明，肌球蛋白Ⅴ的损伤可能会导致细胞色素沉积和一些神经性的疾病。

肌球蛋白Ⅴ是一个二聚体，包括 16 个多肽链，由 3 个典型的功能部位组成，如图 3.12 所示。头部区域包含微丝结合位点和核苷酸活性位点，在这个区域的表面上有许多“环状物”和氨基酸的末端，这是产生动力的重要区域。颈部区域长约 24nm，是一个具有弹性的长杆对称区域，由一段 α 螺旋上附以 6 个钙调蛋白组成，这在马达的运动过程中起了极其重要的作用。尾部区域由两条卷曲的螺旋链组成，上面有 6 个钙调蛋白它们以螺旋的形式连接起来，保持马达的二聚作用，同时使马达的头部区域和颈部区域能够在很大的程度上改变自己的位置，保证马达以较大的步长连续运动。

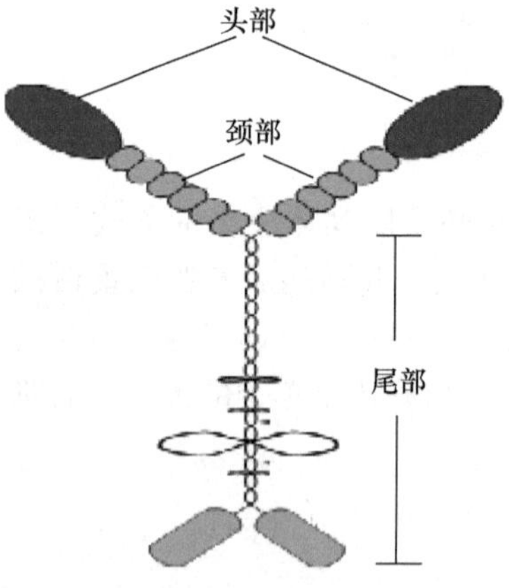

图 3.12 肌球蛋白Ⅴ的结构示意图（吴魏霞，2010）

关于肌球蛋白Ⅴ的运动模型历史上曾有两种不同的观点。其一称为“交臂模型”（hand-over-hand），马达的两个头在运动的过程中交替出现在前面，就像人行走一样；另一个称为“尺蠖模型”（inchworm），运动时的前面的头固定出现在前面，而后面的头也总是出现在后面，就像尺蠖爬行一样，如图 3.13 所示。

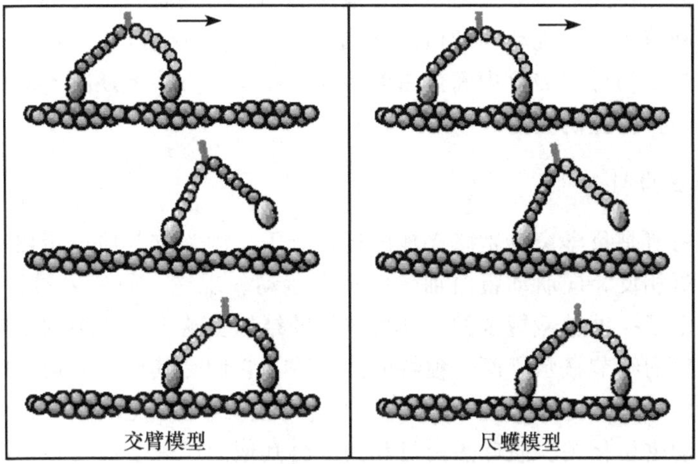

图 3.13 肌球蛋白Ⅴ的两种运动模型（韩英荣，2007）

Yildiz 等设计了一个很巧妙的实验，给“交臂模型”以有力的支持，排除了“尺蠖模型”的可能性。他们用荧光标定在肌球蛋白 V 颈部区域的一个钙调蛋白上，利用荧光纳米成像技术，直接观察荧光的运动情况，从而得到马达的运动情况，如图 3.14 所示。实验者将荧光标定到近头区域的钙调素上时，观测到荧光运动的步长分布为 74nm；而将荧光标定在颈部中间任意钙调素上，荧光运动两步的长度和为 74nm，这就暗示了马达是以“交臂”的方式运动，且运动一步的

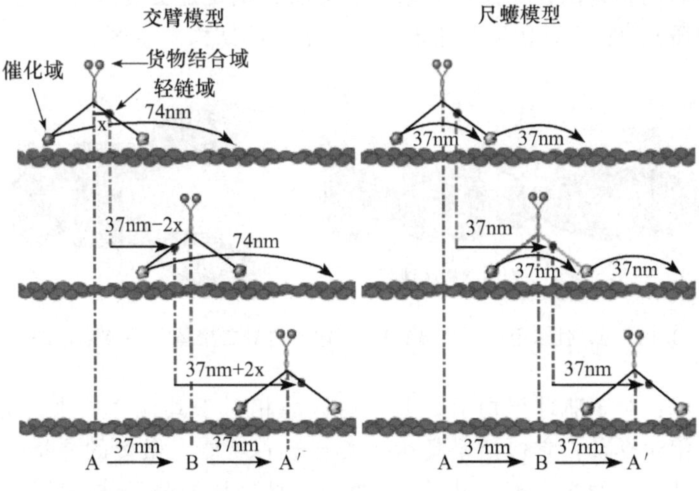

图 3.14 荧光纳米成像技术实验（Yildiz et al.，2003）

长度为 37nm。相反，如果马达以“尺蠖模型”运动，不论把荧光标定到什么位置，其运动长度均应为 37nm，这与实验观测结果不符。

到目前为止，关于肌球蛋白Ⅴ还有诸多的问题需要解决。比如，藻类的肌球蛋白Ⅴ的运动速率比哺乳动物的肌球蛋白Ⅴ速率大 120 倍，达到 60μm/s；马达尾部区域携带货物可能需要中间蛋白的参与；在运动方式上还有不对称的“交臂模型”得到不少实验的支持。

3. 肌球蛋白Ⅵ

肌球蛋白Ⅵ是科学家特别感兴趣的运动分子，因为它与肌球蛋白超级家族的多数其他成员相反，向肌动蛋白细丝的负端运动。现在，研究人员已经以 2.4Å 的分辨率确定了一种被截短了的肌球蛋白Ⅵ的结构。这个分子中的杠杆臂重新取向的原子尺度的细节显示了两个独特的插入物，它们是其反方向运动的关键。

肌球蛋白Ⅵ首先是在果蝇上被发现的，果蝇神经母细胞的不对称分裂与肌球蛋白Ⅵ的运动密切相关。肌球蛋白Ⅵ和大部分其他的肌球蛋白马达不同，它和肌球蛋白Ⅸ打破了一条规则，就是大部分的肌球蛋白马达都是向微丝的正端运动的。而肌球蛋白Ⅵ和肌球蛋白Ⅸ两者向微丝负端移动，这引起了人们极大的兴趣。

1）肌球蛋白Ⅵ马达的结构

如图 3.15A 所示为肌球蛋白Ⅵ分子马达的单体结构示意图，主要包括椭球形头部（head domain 或 motor domain）、IQ 模体、卷曲螺旋（coiled coils）域和球形的 C 端尾部区域。其中，头部有两个插入体；IQ 模体可以结合钙调蛋白，对分子马达的运动活性起一定的调节作用；卷曲的螺旋域的作用是使分子马达产生二聚化；而尾部区域在马达沿着微丝运动时，主要是负责携带货物（胞外或胞内所需的物质）。图 3.15B 是肌球蛋白Ⅵ二聚体的结构示意图。

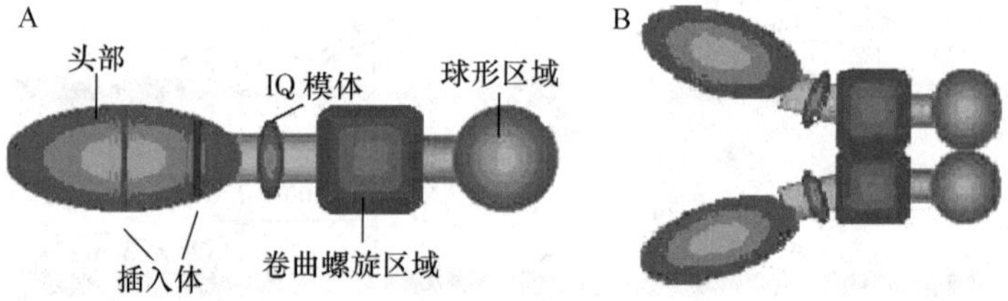

图 3.15 A. 肌球蛋白Ⅵ单体；B. 肌球蛋白Ⅵ二聚体（韩英荣，2007）

头部区域：对于肌球蛋白Ⅵ，此蛋白区域相对于其他区域来说分子质量很大，结构也相对复杂，它包括了马达的所有核心功能：微丝的连接，ATP 的连接和水解，马达力的产生等。最近有人在分析此区域的分子结构后提出，后边的插入体可能是引起肌球蛋白Ⅵ马达沿微丝负端运动的关键。

IQ 模体：IQ 模体是作为肌球蛋白轻链的连接部位。这些轻链是钙离子连接蛋白的数量。对于大多数的肌球蛋白来说，这些轻链是钙调蛋白（calmodulin 或钙调素）分子。IQ 模体是一个碱性（basic）的两性分子螺旋，通常马达含有 1～7 个这样的拷贝，对于肌球蛋白Ⅵ来说，只有一个 IQ 模体。这些 IQ 模体组成了肌球蛋白的调节区域。这些轻链发挥调节作用，也稳定螺旋，并很可能形成一个刚硬的杆臂（lever arm），这个杆臂可以扩大头部区域的构象变化。

卷曲螺旋区域（coiled coils）：α 螺旋的卷曲区域是在很多蛋白质中可以找到的一种结构模体。卷曲螺旋区域是由两个长的 α 螺旋组成，每个 α 螺旋都包含着重复的疏水侧链，这些侧链互锁（interlock）而形成一个超螺旋结构。卷曲螺旋区域最重要的功能就是使肌球蛋白单倍体产生二聚化。

C 端尾部区域：这个区域主要是负责携带货物，并且包含着细胞的肌球蛋白目标信息。

2）肌球蛋白Ⅵ的两个插入体的作用

插入体 1 调节核苷的连接与释放。插入体 2 改变杆臂的运动方向（即可能决定着肌球蛋白Ⅵ向微丝负端运动）。

3）肌球蛋白Ⅵ的胞内功能

胞内移动：由于肌球蛋白Ⅵ是一个向微丝负端运动的马达，它在胞内的功能与其他的肌球蛋白马达不同。在胞内很多情况下可能需要一个向微丝负端移动的肌球蛋白马达，这些情况就可能涉及肌球蛋白Ⅵ马达。肌球蛋白Ⅵ定位在运动细胞主要的边缘处、伸长的神经圆锥细胞的外围。如果一定数量的肌球蛋白Ⅵ马达分子被固定到细胞的支持点，它们和肌动蛋白丝相互作用（见图 3.16），这些肌球蛋白Ⅵ分子马达将趋向于推动肌动蛋白丝序列向外扩展，所以肌球蛋白Ⅵ可能在褶皱的突出（lamellae protrusion）中执行一定的功能。

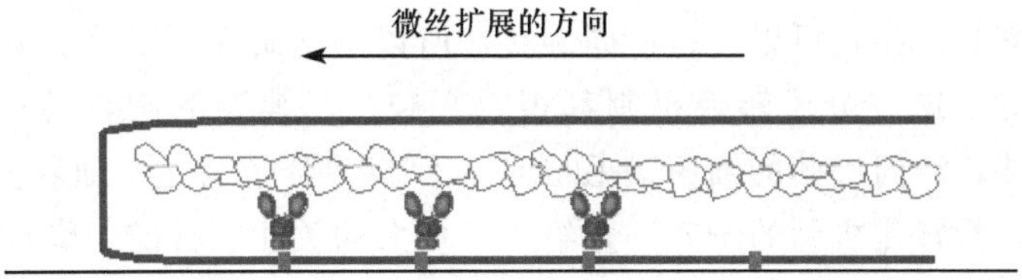

图 3.16　微丝从左向右扩展的褶皱的示意图（韩英荣，2007）

细胞内吞作用过程中肌球蛋白Ⅵ的功能（见图 3.17）：当微丝被连接到质膜上时，微丝的正端（the barbed ends）和细胞的皮层相连，向微丝负端移动的肌球蛋白Ⅵ被包括在内吞作用过程中。虽然有些报道称肌球蛋白Ⅵ可定位于囊泡（尤其是网格蛋白有被小泡）和质膜，但也有一些支持肌球蛋白Ⅵ在细胞内吞作用过程中发挥作用，如注意到肌球蛋白Ⅵ突变体可以引起动物的耳聋，因为在耳聋时通常内吞作用进行的效率很差。

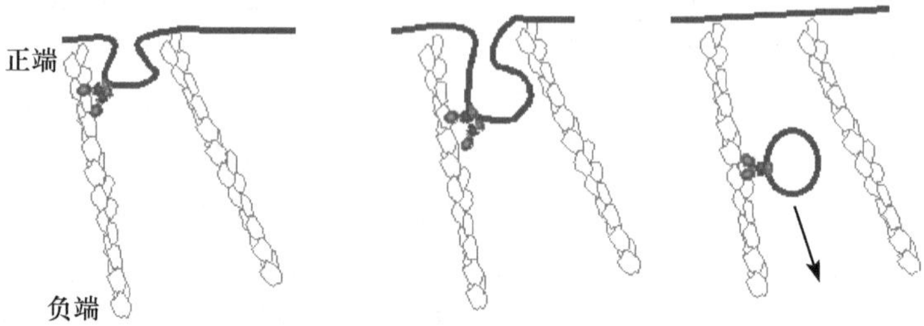

图 3.17 细胞的内吞作用（韩英荣，2007）

肌球蛋白Ⅵ能够将化学能转化成机械能，并能沿着肌动蛋白细丝移动和运输物质。新的研究表明，一定条件下，肌球蛋白Ⅵ分子可以自发地结成同行，同时行使运载物质的任务。研究者利用高精密度的测量技术来追踪小于 1.5nm 分子的移动情况。所利用的这种名为 FIONA（纳米级萤光成像技术）的技术能够在 1.5nm 的范围内检测萤光染料是否存在。研究发现，在足够高的浓度条件下，一些肌球蛋白分子会相互间携手同行形成二聚体，并且开始移动。

研究人员认为根据运送物质的不同，肌球蛋白Ⅵ会以二聚体或单体的形态进行运输工作，这要根据所携带的物质是否会促进二聚化作用即如果所带的物质会促进二聚化作用，则肌球蛋白Ⅵ就以二聚体形态运输物质，反之，则以单体形态运输物质。由于以上结果是离体实验的初步结果，因此研究人员还将会在活细胞中进行进一步研究确认。

3.3.4 旋转分子马达家族

旋转分子马达（rotary motor）是由生物大分子构成的。因为它体积小，能量的转化效率高，而且可以进行逆向旋转，所以马达研究领域及纳米技术领域的研究人员，对于这一分子转换机制都很感兴趣。较典型的旋转马达是 ATP 合酶，除它之外，沙门氏菌的细菌鞭毛也是一种旋转分子马达。随着实验的进展，人们对它的能量转化机制的研究一直给予了极大的关注。目前，旋转分子马达可能是自然界发现的最小的分子马达，其运转效率几乎接近 100%。Paul Boyer 在《我的 ATP 合酶研究之旅》中曾经指出生物体内所有的酶都是美丽的，但 ATP 合酶是其中最美丽、最不寻常、最重要的酶之一。它之所以美丽，就是因为它的三维结构是迄今为止已经解析出的、最大的非对称结构。因而有关它的研究，对于人们理解生命中的运动现象是非常重要和富有启发性的。

细胞生长代谢的整个过程需要能量，在绝大多数情况下能量由 ATP 水解释放的化学能而获得，而ATP又是由ATP合酶合成。F-ATP合酶是一个具有代表性的旋转分子马达，它是合成ATP的基本场所，也是生物体能量转化的核心酶。它广泛存在于线粒体内膜（见图3.18）、细菌的浆膜及叶绿体的类囊体膜之中。这种旋转分子马达参与氧化磷酸化和光合磷酸化过程，来自食物与日光的能源通过一系列生化反应储存为跨膜质子动力势，并在跨膜质子动力势的推动下催化合成ATP；同时它还是可逆的，也可利用ATP的能量实现H^+的跨膜输运，形成跨膜质子动力势。

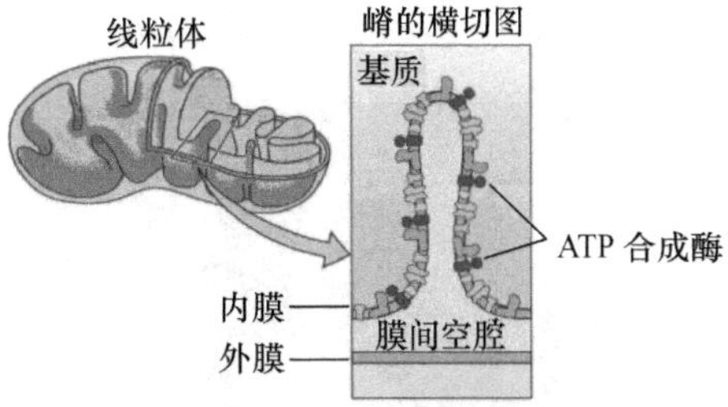

图3.18 ATP合酶在线粒体中的位置（韩英荣，2007）

ATP合酶主要包含两种：F-ATP合酶和V-ATP合酶。两者在结构和运行机制上稍有差别，但其功能是基本相同的。目前对线粒体质子F_0F_1-ATP合酶的研究较为成熟，下面主要介绍一下这种旋转马达。

1. F_0F_1-ATP合酶

线粒体质子F_0F_1-ATP合酶（F_0F_1-ATPase）可从两个方面来描述：根据位置的差异可分为F_0马达和F_1马达，图3.19为F_0F_1-ATP合酶的结构示意图。这种蛋白质包括两部分：可溶部分F_1及一个与膜结合部分F_0。不同来源的ATP合酶基本上都有相同的亚基组成和结构，它们都由多亚基组成。F_1部分由5种亚基组成，分别是α、β、γ、ε和δ亚基。F_0部分嵌在膜上，是一个疏水蛋白复合体，形成一个跨膜的离子通道，由a、b和c三种亚基组成。它还可以根据工作方式重新划分为转子（$\gamma\varepsilon c_{12}$）和定子（$ab_2\delta\alpha_3\beta_3$）两部分。

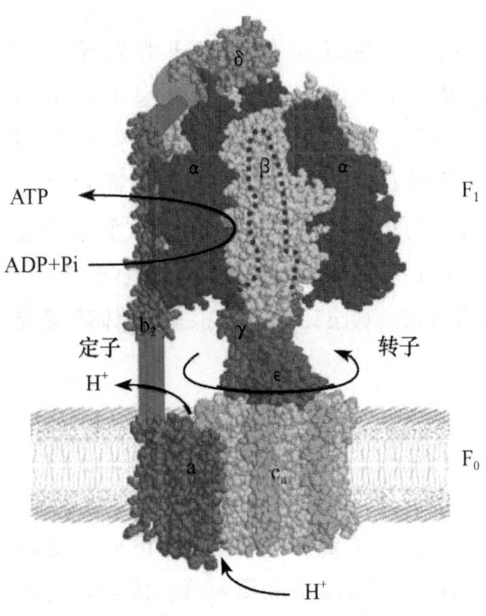

图3.19 ATP合酶的分子结构示意图（Gao et al.，2005）

ATP合酶的F_1部分是一个可逆的转动马达，它利用ATP水解的能量产生旋转的扭力矩。1994年Walker等发表了0.28nm分辨率的牛心线立体F_1马达的晶体结构。这是目前在原子分辨率解出的、最大的具有不对称结构的蛋白质。F_1马达由3α、3β、γ和ε这些亚基组成。各亚基分离时无酶活性，结合时

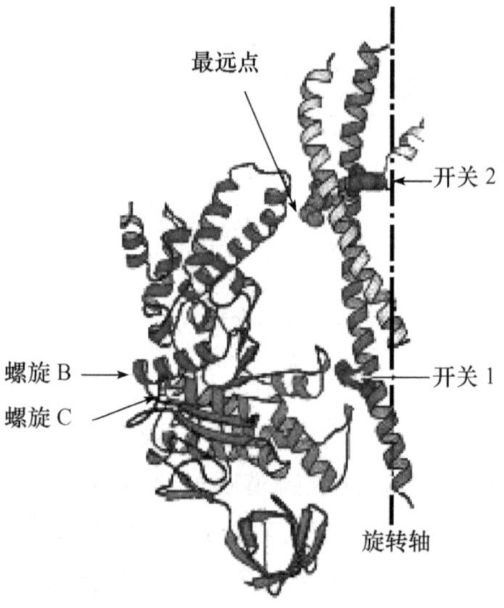

图 3.20 β和γ亚基的结构（韩英荣，2003）

有酶活性。根据 0.28nm 分辨率的 X 射线晶体衍射分析证实，3 个 α 亚基和 3 个β亚基形成交替排列的六聚物，形成一个“瓣状”圆球体结构（韩英荣等，2003）。

F_1 马达的旋转是由于水解循环中 α、β、γ 亚基的构象变化。伴随着 ATP 结合到催化区上，每一个 β 亚基（β 亚基由螺旋 B 和螺旋 C 两部分组成，如图 3.20 所示）有一个链接的弯曲运动，即上部分螺旋 B 相对于下部分螺旋 C 旋转弯曲 30°。三个 β 亚基连续的弯曲运动带动离心的 γ 轴旋转，同时，每个 β 亚基的每次弯曲运动使 γ 轴旋转 120°。而 α 亚基仅仅随 β 亚基的运动略微改变它们的构象。

旋转分子马达的 F_0 部分也是一个转动机器，但 F_0 马达与 F_1 马达有所不同，它的能量不是来自 ATP 水解，而是来自储存在横跨膜的离子运动势的化学能。F_1 马达通过质子的流动使膜内 F_0 的 c 亚基转动，而 F_0 的 c 亚基的转动继而又会带动 ATP 合酶 F_1 的 γ 和 ε 亚基转动而使 3 个 β 亚基交替发生构象变化，从而合成 ATP。

根据运动的差异，旋转分子马达 F_0F_1-ATP 合酶还可分为定子和转子两部分，如图 3.19 所示。定子部分由 1 个 a 亚基、1 个 b 亚基二聚体、1 个 δ 亚基、3 个 α 亚基和 3 个 β 亚基（$ab_2\delta3\alpha3\beta$）组成。定子上镶有一个重要的基础正电荷——Arg277，它通过静电排斥力防止线粒体膜间空腔中的离子通过连接两个亲水通道的亲水极性条向基质中泄漏。转子部分由 1 个 ε 亚基、1 个 γ 亚基和 1 个 c 亚基 12 聚体（$\varepsilon\gamma c_{12}$）组成。在转子的 c 亚基所组成的圆盘侧面有 12 个离子结合位点，每个位点有 3 个电荷组成（Glu65、Gln32、Ser66），总体表现负电性。

2. F_0F_1-ATP 合酶的运行机制

1）F_0 的运行机制

一方面，F_0 能把跨膜离子势转化为旋转力矩，从而推动 γ 亚基转动，这时 F_1 马达合成 ATP；另一方面，F_1 水解 ATP 释放的能量也能驱动 F_0 转动，这时 F_0 成为一离子泵，如图 3.21 所示。目前科学家建立了一种包含了大量关于已知 F_0 实验数据的模型，这种模型能够产生足够合适的力矩来催化、释放结合位点上的核苷酸；但由于研究没有达到分子结构水平，这种模型的构建也包括不少推测的成分（根据 a 亚基和 c 亚基的序列推测）。F_0 的运动机制是以其结构为基础的。当线粒体膜间空腔的 H^+ 浓度比基质中高时，在跨膜离子势的作用下 F_0 产生转动，进而推动 F_1 马达催化 ATP 合成。

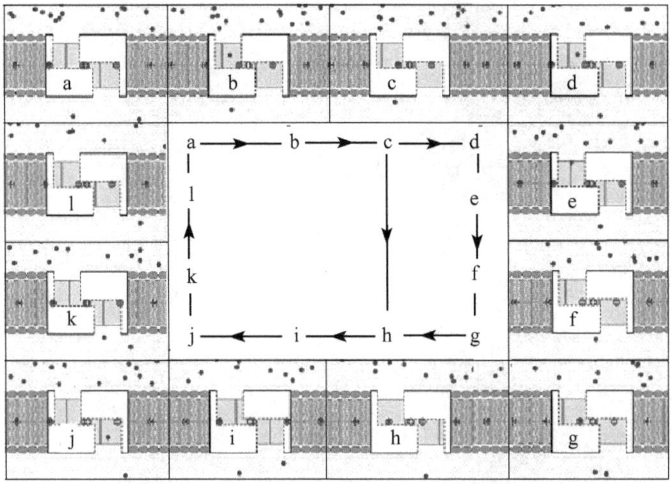

图 3.21　线粒体 F_0F_1-ATP 合酶 F_0 的运动机制（韩英荣，2007）

2）F_1 的运行机制

γ 轴上的开关 1 转过催化位点时，ATP 进入催化位点，绑定链（Binding Zipper）开始。在绑定过程的最后，系统的所有自由能都被释放掉，大约 $24K_BT$，此时 ATP 已经紧紧地绑到了催化位点上（处于一个深约 $24K_BT$ 的势阱中）。整个过程使绑定的能量降低了 $8\sim9K_BT$，从 $24K_BT$ 降到 $15\sim16K_BT$。

γ 轴上的开关 2 转过催化位点时，水解完后，这剩下的 $15\sim16K_BT$ 的能量被 ADP 和磷酸盐共同均分，所以水解产物都被一个 $7\sim8K_BT$ 的能量势阱所束缚。当阻碍释放水解产物的 Gate2（原子空间的阻碍）被打开时，热波动（来自于周围）足以使这两种产物从催化位点中迅速的释放出来（此时为 PS2）。产物释放后，新的循环即将开始。

三个亚基相配合的循环过程如图 3.22 所示。β_1、β_2、β_3 三个亚基分别处于空态、空态、结合 ADP 态；β_1 与 ATP 相互结合后（并未开始变进）产生了 PS1，此时 β_3 和开关 2 相互作用，引发磷酸盐的释放，并开始了 β_3 的 PS2；再看 β_1，ATP 与催化位点的结合从松到紧，产生了一个常力矩使 β_1 弯曲，β_1 开始推动不对称的 γ 轴的偏心杆，同时 β_3 拉动这个偏心杆。转动方向由开关 1 和最远点的相对角位置来决定。β_1 进行完了 PS1，此时，从弱到强的绑定转变已经完成，催化位点中的 ATP 已经水解成了 ADP 和 Pi。β_1 和开关 2 的相互作用使之释放磷酸盐，同时开始了 β_1 的 PS2，对于 γ 轴处于一种拉的状态，当 β_2 的开关 1 接纳一个 ATP 到 β_2 的催化位点时，β_1 的 PS2 和 β_2 的 PS1 协调作用，共同推动 γ 轴转动。

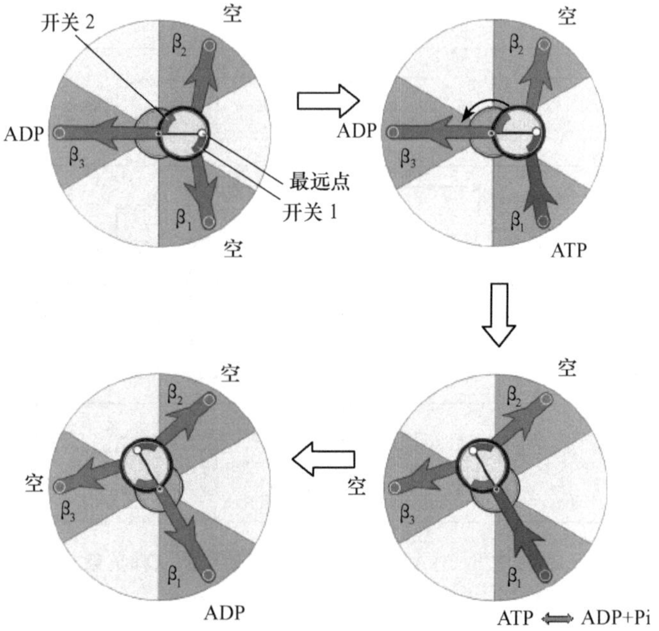

图 3.22 三个亚基相配合的循环过程（韩英荣，2007）

旋转分子马达运转的高效性一直是吸引众多科学家研究的热门问题，经过多年的研究，现已取得了很大的成绩。旋转分子马达之所以高效，原因有以下几方面：①机械和化学过程之间的耦合很紧密，这样就使得熵的损失很小；弯曲的 β 亚基紧紧地耦合在转动的 γ 轴上，支持 γ 轴的疏水套筒和轴几乎无摩擦；②要求水解循环产生一个近乎常数的力矩，实验证明力矩大小约为 44pN · nm；③在 ATP 合成过程中，有顺序的打开氢键也几乎是不损失能量的，因为没有很突然的弹性反冲；④开关 1 和开关 2 在机械和化学的循环中相互协调，并在合适的角度接受 ATP 或释放 Pi。

综上所述，F_1 马达既能水解 ATP 又能合成 ATP。F_0 马达既可作为离子涡轮机又可作为离子泵。F_0、F_1 马达谁产生的扭力矩大，谁就起主导作用。当 F_0 马达产生的扭力矩较大时，它利用横跨膜的电化学势在相反的方向上产生旋转的扭力矩（离子进入膜内），此时 F_1 合成 ATP。当 F_1 马达产生的扭力矩较大时，它利用 ATP 水解产生扭力矩，同时使 F_0 在电化学梯度下作为离子泵释放离子。旋转分子马达以两种不同的方式把化学能转化为机械能，所以它表现出了两种主要的能量转导途径。

ATP 合酶是各种蛋白质中唯一一类体现两种能量转化机制的大分子蛋白质，而且其转化效率约为 100%，所以其研究的意义重大，且进展迅速，已成为纳米科技进步的重要组成部分。目前所有发达国家的政府和企业都在对纳米科技的研发进行大量投入，试图抢占这一 21 世纪科技战略制高点。

3.4　朗之万输运理论

分子马达的运动具有三个基本特征（卓益忠等，2000；赵同军，2004）。第一，分子马达几何尺度很小，一般在 3nm 左右，分子质量在几万到几十万道尔顿。实验表明，分子马达与轨道之间的结合能具有热运动 kT 的量级（k 为玻尔兹曼常量，T 为热力学温度），热运动的影响不容忽略，必须考虑内噪声的影响，所以分子马达布朗运动的特征非常明显。第二，在生物体内的分子马达还是一个高度非平衡的体系。ATP 的浓度远高于平衡态的浓度，ATP 的水解反应单向进行，水解所释放的能量为系统提供了一种非平衡的驱动力。第三，线性分子马达总是沿着微丝或微管作轨道运动，构成这些轨道的蛋白亚基顺序排列，形成一个非对称的周期性结构。即使是旋转马达的转动，也可以看作是沿周期性轨道的运动。总的说来，分子马达是一种具有很大噪声但尺寸很小的机器。因此，生物体内的分子马达可以看成一个布朗粒子，它的运动可以用朗之万方程描述。

3.4.1　布朗运动

1827 年，法国植物学家布朗做了这样一个实验：把花粉悬浮在水里，用显微镜观察，发现花粉小颗粒在做不停的、无规则的运动，这种运动被称为布朗运动。科学观察表明，布朗运动是绝不会停止的。不管在白天还是黑夜，也不管是夏天还是冬天，在显微镜下观察水中的悬浮微粒，随时都可以看到布朗运动。由此证明，物质分子的运动永不停息。

在介质中的小颗粒受到周围介质分子无规则的频繁碰撞，这种小颗粒被称为布朗粒子。布朗运动是微小粒子表现出的无规则运动。在布朗运动发现后 50 年里，人们一直不了解这种运动的原因。后来，人们终于发现，产生这种运动的原因是由于花粉微粒受到水分子的不平衡碰撞造成的。一个直径几微米的花粉，在水中受到的碰撞次数大约为每秒 3^{19} 次。

1905 年，爱因斯坦（A. Einstein）以分子动理论为基础，给出了布朗运动的解释，并发表了关于布朗运动理论的论文，才第一次明确解释了这种现象，同时这也成为分子运动论和统计力学发展的转折点。爱因斯坦指出了利用布朗运动测量阿伏伽德罗常量（Avogadro's constant）的方法；同时他还建立了一套热力学平衡态附近的涨落理论，指出涨落理论与布朗运动的关系并给出了研究扩散的理论方法。爱因斯坦就是因为对布朗运动和光电效应的研究而获得了 1921 年的诺贝尔物理学奖。1906 年，波兰物理学家斯莫罗卓夫斯基（M. von Smoluchowski）发展了布朗运动的动力学理论；1908 年，皮兰又用实验方法验证了布朗运动。同一年，朗之万（P. Langevin）为布朗运动建立了一个随机微分方程，现被称为朗之万方程。人们对布朗运动的研究以及由此发展起来的数学方法是当今物理学的一个重要分支。

3.4.2 布朗运动的朗之万方程

朗之万方程是以牛顿方程为基础的。布朗粒子在系统中作无规则的运动，根据牛顿第二定律可以得出布朗运动的数学描述为

$$m\mathrm{d}v/\mathrm{d}t = F \tag{3.1}$$

布朗粒子以速度 v 在介质中的运动，介质分子对布朗粒子的作用力可分成两类：一类为黏滞阻力，布朗粒子的运动受到介质分子的碰撞，这一摩擦阻力用 $-\alpha v$ 来表示；另一类为涨落力，是介质分子对布朗粒子杂乱无章的碰撞的作用产生的效果，用 $F(t)$表示。布朗粒子的运动被看作是一个随机过程，如果只考虑一维问题，在没有外场的情况下，这样我们就得到布朗粒子的运动方程为

$$m\mathrm{d}v/\mathrm{d}t = -\alpha v + F(t) \tag{3.2}$$

$F(t)$是除阻尼作用外液体分子对布朗粒子碰撞的全部作用力。$F(t)$可处理成一种随机的作用，并根据不同的物理系统赋予它一些合理的统计性质。进一步简化得

$$\frac{\mathrm{d}v}{\mathrm{d}t} = -\gamma v + \Gamma(t) \tag{3.3}$$

式中，$\gamma=\frac{\alpha}{m}$和$\Gamma(t)=\frac{F(t)}{m}$分别是单位质量的阻尼系数和分子碰撞涨落力。$\Gamma(t)$就叫做朗之万力，而方程（3.3）被称为线性朗之万方程（LE）。

朗之万力具有一定的统计性质，如果 $\Gamma(t)$ 满足

$$<\Gamma(t)> = 0 \tag{3.4}$$

$$<\Gamma(t)\Gamma(t')> = 2D\delta(t'-t) \tag{3.5}$$

$\Gamma(t)$ 称为白噪声。(3.4) 式表明涨落力的统计平均值为 0。(3.5) 式指出不同时刻的朗之万力互不相关。

如果 $\Gamma(t)$ 满足

$$\langle\Gamma(t)\rangle = 0 \tag{3.6}$$

$$\langle\Gamma(t)\Gamma(t')\rangle = \frac{D}{\tau_0}\mathrm{e}^{-\frac{|t-t'|}{\tau}} \tag{3.7}$$

$\Gamma(t)$ 称为色噪声。

如果将研究对象推广到外场作用的情况，(3.3) 式就变为

$$\dot{v}+\gamma v = f(x)+\Gamma(t) \tag{3.8}$$

在 (3.6) 式中，随机力是与随机变量无关的，这样的噪声又叫做加性噪声。系统内的噪声常常是加性的。

当随机力的强度随 x 变化时，该噪声又被称为乘性噪声。

$$\dot{v}+\gamma v = F(x)+g(x)\Gamma(t) \tag{3.9}$$

外噪声常常表现为乘性噪声，乘性噪声对系统的相变行为有极大影响。

3.4.3 朗之万方程在分子马达研究中的应用

下面以驱动蛋白为例，应用朗之万方程来描述它的运动。

驱动蛋白沿着微管运动，且它的运动平行于微管，而微管在结构上具有 8nm 的周期性，故驱动蛋白做周期性一维运动。驱动蛋白的运动所需能量来源于 ATP 水解释放的化学能，驱动蛋白运动过程中与微管相互作用，微管产生一个一维非对称周期性势场，此势场可用下列形式表示

$$V(x) =-\frac{\sin\left(\frac{2\pi x}{L}\right)+\frac{1}{4}\sin\left(\frac{4\pi x}{4}\right)}{2\pi} \tag{3.10}$$

式中，L 是势的周期长度，且 $V(x)=V(x+L)$。

此外，驱动蛋白处于细胞胞液中，势必受到环境中周围分子无规则碰撞作用，这样，驱动蛋白沿一微管的定向运动，在非平衡态统计物理的框架下，可以描述为：处于一维非对称周期势中的布朗马达，一方面受到环境内部涨落作用，另一方面，还要受到高斯色噪声作用，其动力学可用下列方程来描述

$$\frac{\mathrm{d}v}{\mathrm{d}t} =-\gamma v + f(x) + \sqrt{\frac{2\gamma kT}{m}}\eta(t) + \varepsilon(t) \tag{3.11}$$

式中，$\eta(t)$ 为单位质量的分子碰撞涨落力，高斯白噪声的相关函数满足

$$\begin{aligned}&\langle \eta(t)\rangle = 0\\&\langle \eta(t)\eta(t')\rangle = \delta(t'-t)\end{aligned} \tag{3.12}$$

白噪声强度为 $D=\sqrt{\frac{2\gamma kT}{m}}$，$T$ 为环境的绝对温度，k 为 Boltzmann 常量，γ 为阻尼系数，$\varepsilon(t)$ 为单位质量的外部随机力，假定 $\varepsilon(t)$ 为平均值为零指数关联的高斯色噪声，满足

$$\langle \varepsilon(t)\rangle = 0$$

$$\langle \varepsilon(t)\varepsilon(t') \rangle = \frac{Q}{\tau}\exp\left[-\frac{t'-t}{\tau}\right] \tag{3.13}$$

Q、τ 分别为色噪声强度及关联时间，$f(x)$ 是单位质量的布朗马达所受的周期势场力

$$f(x) = -\frac{\mathrm{d}V(x)}{\mathrm{d}x} \tag{3.14}$$

$V(x)$ 为微管产生的周期势场，见（3.10）式。

（3.11）式为随机微分方程，可以利用龙格-库塔等算法、通过蒙特卡罗等方法来模拟驱动蛋白的运动，具体模拟蛋白马达的平均位移、平均速度等物理量随时间、噪声强度、噪声关联时间、环境温度等参量的变化，从而分析解释分子马达沿轨道运动的动力学机制（宋艳丽等，2001）。

3.5 主方程方法

3.5.1 随机主方程

当粒子沿着一维线性轨道进行周期性运动时，若它在一个周期内经历了 N 个中间态，并在每两个相邻中间态之间可以随机跃迁，则粒子的随机运动可以用图 3.23 示意图来表示。其中 j 代表中间态的序数（$j=1$，2，…，N）。粒子在轨道上的位置用 L（$L=0$，±1，±2，…）来表示。粒子在任意相邻中间态之间的跃迁用相应的跃迁速率常数 k 来描述。

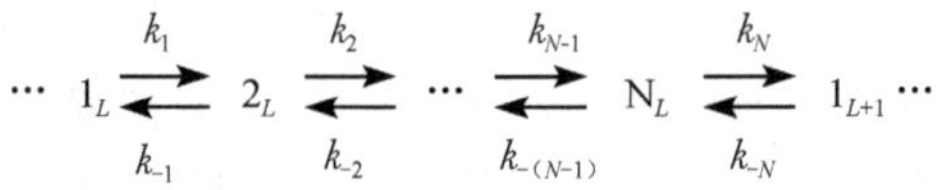

图 3.23 粒子一维周期 N 态随机跃迁模型示意图

粒子经过一个周期性循环后，位置由 L 到 $L+1$，移动的空间距离为 $\Delta x = x_{L+1} - x_L = d$，即步长。需要指出的是，当粒子处在 j_L，j_{L+1}，…，j_{L+m} 位置时，它沿轨道所走过的距离为 d，$2d$，…，md。设粒子在 t 时刻处在位置 n（与第 N 个中间态对应）的概率为 $P_n(t)$，则 $P_n(t)$ 满足下列主方程

$$\frac{\partial P_n}{\partial t} = W_{n,n+1}P_{n+1} + W_{n,n-1}P_{n-1} - (W_{n+1,n} + W_{n-1,n})P_n \tag{3.15}$$

式中，$W_{i,j}$ 代表单位时间内粒子从 j 态跃迁到 i 态的速率常数（$W_{i,j}$ 与 $W_{j,i}$ 不等同）。如果一个循环内包括 N 个中间态，则

$$W_{i,j} = W_{i+N,j+N} \tag{3.16}$$

对于一个循环中的 N 个中间态的概率，由（3.3）式，则可得到 N 个微分方程的方程组，结合归一化条件

$$\sum_{n=1}^{N} P_n = 1 \tag{3.17}$$

利用特征根方法，则可解出粒子在 t 时刻处在位置 n 的概率解析表达式。此式反映了粒子的暂态特征。暂态过后，粒子会到达一个较长的稳定状态（简称稳态）。

稳态时的速度 V 和扩散系数 D 一般定义为

$$V = \lim_{t\to\infty} \frac{\mathrm{d}\langle x(t)\rangle}{\mathrm{d}t} \tag{3.18}$$

$$D = \frac{1}{2}\lim_{t\to\infty} \frac{\mathrm{d}}{\mathrm{d}t}[\langle x^2(t)\rangle - \langle x(t)\rangle^2] \tag{3.19}$$

其中 $x(t)$ 是粒子在时刻 t 处于轨道上的位置。定义

$$\langle x(t)\rangle = \sum_{n=-\infty}^{+\infty} nP_n(t) \tag{3.20}$$

$$\langle x^2(t)\rangle = \sum_{n=-\infty}^{+\infty} n^2 P_n(t) \tag{3.21}$$

求得稳态时的平均速度 V 和扩散系数 D 作为跃迁速率常数 $W_{i,j}$ 的函数表达式分别为

$$V = \lim_{t\to\infty} \frac{\mathrm{d}\langle x(t)\rangle}{\mathrm{d}t} = \frac{N}{\sum_{n=1}^{N} r_n}\left[1 - \prod_{n=1}^{N}\left(\frac{W_{n,n+1}}{W_{n+1,n}}\right)\right] \tag{3.22}$$

$$\begin{aligned} D &= \frac{1}{2}\lim_{t\to\infty}\left[\frac{\mathrm{d}\langle x^2(t)\rangle}{\mathrm{d}t} - \frac{\mathrm{d}\langle x(t)\rangle^2}{\mathrm{d}t}\right] \\ &= \frac{1}{\left(\sum_{n=1}^{N} r_n\right)^2}\left(A\sum_{n=1}^{N} u_n \sum_{i=1}^{N} i r_{n+i} + N\sum_{n=1}^{N} W_{n+1,n} u_n r_n\right) - A\,\frac{N+2}{2} \end{aligned} \tag{3.23}$$

其中

$$u_n = \frac{1}{W_{n+1,n}}\left[1 + \sum_{i=1}^{N-1}\prod_{j=1}^{i}\left(\frac{W_{n-j,n+1-j}}{W_{n+1-j,n-j}}\right)\right] \tag{3.24}$$

$$r_n = \frac{1}{W_{n+1,n}}\left[1 + \sum_{i=1}^{N-1}\prod_{j=1}^{i}\left(\frac{W_{n+j-1,n+j}}{W_{n+j+1,n+j}}\right)\right] \tag{3.25}$$

由（3.16）式～（3.19）式，即可分析粒子的概率、平均速度 V、扩散系数 D 等量随时间、跃迁速率、环境温度等参量的变化，从而分析粒子的随机跃迁动力学机制。

3.5.2 主方程方法在分子马达研究中的应用

利用布朗输运理论研究分子马达的定向运动时，理论本身还存在着许多关键问题有待解决。首先，在布朗马达模型中，我们把分子马达看作点粒子，不考虑马达运动过程中的构象变化，这与实际情况相差甚远。而实际的分子马达，运动过程中构象在不断发生变化，且不同部位所起的作用非常独特，正是各部分的协调作用使马达蛋白对 ATP 水解起到催化作用并产生定向运动。此外，布朗马达模型的效率普遍不高，这与实际的分子马达具有很高的效率相差较远。为了建立更加切合实际的理论模型，需要更多地关注分子马达运动过程中力学过程和化学过程的耦合，即充分考虑构象变化在分子马达定向运动中所起的重要作用，把力学过程和化学过程结合起来。目前理论研究的一个趋势就是借助于化学动力学的方法，研究 ATP 水解过程中分子马达力学过程与化学过程的耦合。其中多态跃迁模型基于分子马达在运动中要经历多种化学状态，认为分子马达在一个化学循环中要在多个化学态之间跃迁，利用随机主方程可以描述分子马达的多态跃迁行为。

以驱动蛋白的运动为例，近年来的实验得到了许多它在不同运动阶段的构象变化的信息。实验发现，随着 ATP 的水解，发生在马达头部 ATP 结合位点内的微小的构象变化，经过颈部连接域的作用被放大，从而引起马达与负载整体的运动，这是一个化学过程与力学过程相互耦合的过程。目前认为此过程经历 4 个中间态是比较合理的。具体过程为：马达蛋白与微管的复合体 M·K 首先结合 1 个 ATP 形成 M·K·ATP 态，然后 ATP 水解为 ADP 和 Pi（无机磷）形成 M·K·ADP·Pi 复合态，接着释放掉 Pi 形成 M·K·ADP 态，最后释放掉 ADP 又回到 M·K 态。马达蛋白与微管的复合体回到初态，但同时沿微管前进了 8nm 的长度，这样就完成了一个力学化学周期。当此复合体再次结合 ATP 时，开始下一个力学化学周期。对应于各个状态其构象也发生相应的变化。这一过程伴随着 ATP 的结合、水解及释放等化学过程，也伴随着分子马达与轨道结合、分离、前进的力学过程。负载、外力和 ATP 的浓度，以及周围的热力学环境都对这一过程产生影响。我们采用四态模型反映马达的力学化学过程的各个状态及相应的构象变化，用主方程方法进行分析和计算，研究分子马达的稳态情况下漂移和扩散与浓度及外力的关系，分析蛋白马达定向运动和能量转化过程的机理（Fisher and Kolomeriky，2001；Kolomeriky and Fisher，2000）。

假设驱动蛋白在一个周期中每两个相邻中间态之间移动的空间位移都相等，则可以建立如图 3.24 所示的一维四态等间距随机跃迁模型（展永等，2003；Wu et al.，2003）。

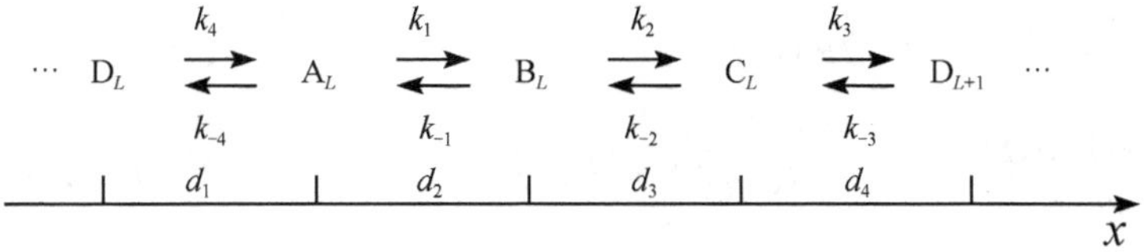

图 3.24 驱动蛋白等间距四态随机跳跃模型示意图

其中，A、B、C 和 D 顺序代表一周期内的 4 个不连续的中间态：M·K、M·K·ATP、M·K·ADP·Pi 和 M·K·ADP；d_j（$j=1$，2，3，4）依次为分步长；$k_{\pm1}$，$k_{\pm2}$，$k_{\pm3}$ 和 $k_{\pm4}$ 为 8 个跃迁速率常数；x 轴代表一维微管；各中间态之间可允许的跃迁用箭头表示，箭头的方向代表跃迁的方向，下标 L 指分子马达所处的不同位置。

驱动蛋白沿微管随机跃迁，t 时刻处于 x 位置的概率分布为 $p_x(t)$，则 $p_x(t)$ 满足主方程

$$\frac{\partial p_x(t)}{\partial t}=W_{x,x+1}p_{x+1}(t)+W_{x,x-1}p_{x-1}(t)-(W_{x+1,x}+W_{x-1,x})p_x(t) \quad (3.26)$$

式中，W_{ij} 代表单位时间内从 j 态跳到 i 态的跃迁速率常数。在四态模型中，W_{ij} 可表示为

$$W_{x+1,x}=k_n,\quad W_{x,x+1}=k_{-n}\quad (x=4k+n, n=1,2,3,4, k\in Z) \quad (3.27)$$

且 $p_x(t)$ 满足归一化条件

$$\sum_x p_x(t)=1\quad (\text{对所有的 } t)\quad x\in(-\infty,\infty) \quad (3.28)$$

马达蛋白沿微管运动的过程中，当没有拖动负载时，可认为在各中间态之间的跃迁为等间距的，此时，图 3.24 中的 d_j（$j=1$，2，3，4）均相等。

引入部分傅里叶变换 $Q(q,t)$、$R(q,t)$、$S(q,t)$、$T(q,t)$

$$\begin{aligned}
Q(q,t)&=\sum\nolimits_{x=4k+1}p_x(t)e^{iqx}\\
R(q,t)&=\sum\nolimits_{x=4k+2}p_x(t)e^{iqx}\\
S(q,t)&=\sum\nolimits_{x=4k+3}p_x(t)e^{iqx}\\
T(q,t)&=\sum\nolimits_{x=4k}p_x(t)e^{iqx}
\end{aligned} \quad (3.29)$$

代入（3.20）式，得 $Q(q,t)$、$R(q,t)$、$S(q,t)$、$T(q,t)$ 满足的微分方程分别为

$$\begin{aligned}
\frac{\partial Q(q,t)}{\partial t}&=-(k_{-4}+k_1)Q(q,t)+k_{-1}e^{-iq}R(q,t)+k_4e^{iq}T(q,t)\\
\frac{\partial R(q,t)}{\partial t}&=k_1e^{iq}Q(q,t)-(k_{-1}+k_2)R(q,t)+k_{-2}e^{-iq}S(q,t)
\end{aligned} \quad (3.30)$$

$$\frac{\partial S(q,t)}{\partial t}=k_2\mathrm{e}^{iq}R(q,t)-(k_{-2}+k_3)S(q,t)+k_{-3}\mathrm{e}^{-iq}T(q,t)$$

$$\frac{\partial T(q,t)}{\partial t}=k_{-4}\mathrm{e}^{-iq}Q(q,t)+k_3\mathrm{e}^{iq}S(q,t)-(k_{-3}+k_4)T(q,t)$$

联立（3.22）式，利用特征根方法解得

$$\begin{aligned}Q(q,t)&=A_1(q)\mathrm{e}^{\lambda_1(q)t}+A_2(q)\mathrm{e}^{\lambda_2(q)t}+A_3(q)\mathrm{e}^{\lambda_3(q)t}+A_4(q)\mathrm{e}^{\lambda_4(q)t}\\R(q,t)&=B_1(q)\mathrm{e}^{\lambda_1(q)t}+B_2(q)\mathrm{e}^{\lambda_2(q)t}+B_3(q)\mathrm{e}^{\lambda_3(q)t}+B_4(q)\mathrm{e}^{\lambda_4(q)t}\\S(q,t)&=C_1(q)\mathrm{e}^{\lambda_1(q)t}+C_2(q)\mathrm{e}^{\lambda_2(q)t}+C_3(q)\mathrm{e}^{\lambda_3(q)t}+C_4(q)\mathrm{e}^{\lambda_4(q)t}\\T(q,t)&=D_1(q)\mathrm{e}^{\lambda_1(q)t}+D_2(q)\mathrm{e}^{\lambda_2(q)t}+D_3(q)\mathrm{e}^{\lambda_3(q)t}+D_4(q)\mathrm{e}^{\lambda_4(q)t}\end{aligned}\qquad(3.31)$$

其中 $A_i(q)$、$B_i(q)$、$C_i(q)$、$D_i(q)$（$i=1$，2，3，4）为系数，由初始条件决定。$\lambda_i(q)$（$i=1$，2，3，4）为特征方程的特征根，且为复根。

由（3.23）式，作傅里叶逆变换得

$$P_x(t)=\frac{1}{2\pi}\int_{-\pi}^{\pi}\mathrm{e}^{-iqx}[Q(q,t)+R(q,t)+S(q,t)+T(q,t)]\mathrm{d}q\qquad(3.32)$$

获得了驱动蛋白的概率初始分布 $P_x(0)$，即可求其在任意时刻任意位置的概率分布 $P_x(t)$，从而可进一步求马达的其他重要物理量，如漂移速度 V、扩散系数 D 和随机参数 r。这样，分子马达沿微管的定向运动情况则可得到分析。

3.6 展　　望

分子马达的研究是当今生命科学研究的热点问题之一，也是生物物理学科中的一个重要研究方向。分子马达沿微管（或肌动蛋白丝）的运动过程中，通过其结合、水解 ATP 分子，并释放水解产物（ADP 和 Pi），马达蛋白的构象不断发生变化，从而实现了马达的定向运动，这是一个力学、电学和化学的相互耦合的过程。

分子马达是一个需要用生物、化学和物理的理论及实验手段进行综合研究的重要领域。这一领域不断有令人惊奇的和意想不到的研究成果出现。我们期望在实验上和技术上能不断有新的突破，以便获得有关分子马达的结构及与运动更为详尽和直接的实验数据，推动研究工作的进一步深入。随着研究工作的深入，我们期望有可能研制出各种各样的人工分子马达，例如，利用旋转分子马达的运动机制，研制出的以 ATP 为能源的各种微型机器。

康奈尔大学的卡洛·蒙特马格诺及其同事首次成功研制出一种与病毒颗粒大小相仿的微型马达，它依靠 ATP 等生化物质来提供动力。研究人员从一种利用 ATP 产生旋转效应的细菌的细胞中提取一种酶，精心制成了这种微型马达。经过一系列化学反应，研究人员把镍制螺旋桨（每个仅长 85μm 左右）嫁接到 400 个这种马达的中心轴上。当每 5 个分子马达被浸于 ATP（三磷酸腺苷）溶液中时，立即使螺旋桨以平均每秒 8 转的速度旋转起来，并整整持续了 2.5h。我们可以对未来有丰富的想象，诸如某种混合型机器人将修复人体细胞、对抗感染、输送药物，乃至用正常基因更换病变基因。最近有关文章报道某个研究小组在研制能够在人体细胞内进行自动装配的医疗设备。有朝一日，现代科学技术可以完成今日还无法想象的奇迹而造福于人类。

习　题

1. 名词解释：驱动蛋白，动力蛋白，踏车行为。
2. 简述微管和微丝的结构特征、化学组成及功能。
3. 简述分子马达在细胞中的作用。
4. 简述研究分子马达的两种理论方法。

参考文献

冯娟，卓益忠. 2002. 应用主方程方法研究分子马达的定向运动. 生物物理学报. 18：418-428

韩英荣. 2007. 非对称周期电场下分子马达定向运动机制的研究. 天津：河北工业大学博士学位论文

韩英荣，等. 2003. 旋转分了马达的代表——ATP 合成酶. 现代物理知识，15：7-11

宋艳丽，等. 2001. 构象耦合作用下驱动蛋白的定向运动. 生物物理学报，17：717-723

吴魏霞. 2010. 生物体内神奇的纳米机器——分子马达. 生物学通报，45：9-11

翟中和，王喜忠，丁明孝. 2007. 细胞生物学. 3 版. 北京：高等教育出版社

展永，等. 2003. 分子马达不等间距四态跃迁模型. 生物化学与生物物理进展，3：416-421

卓益忠，赵同军，展永. 2000. 分子马达与布朗马达. 物理，29：712-718

Fisher M E，Kolomeriky A B. 2001. Simple mechanochemistry describes the dynamics of kinesin molecules. Proc Natl Acad Sci，98：7748-7753

Gao Y Q，Yang W，Karplus M. 2005. A structure-based model for the synthesis and hydrolysis of ATP by F1-ATPase. Cell，123：195-205

Karp G. 2002. Cell and Molecular Biology. 3th ed. New York：John & Whiley Sons，Inc.

Kolomeriky A B，Fisher M E. 2000. Periodic sequential kinetic models with jumping，branching and deaths. Phys A，279：1-20

Woehlke G. 2000. Walking in two heads：the many talents of kinesin. Molecular cell biology，1：50-58

Wu W X，Zhao T J，Zhan Y. 2003. The directed motion of a molecular motor based on the four-state model with unequal substeps. Commun Theor Phys, 40: 9-14

Yildiz A, et al. 2003. Myosin V walks hand-over-hand: single fluorophore imaging with 1.5-nm localization. Science, 300: 2061-2065

第 4 章

膜生物物理

生命科学的研究层次可以大到生物体、器官和组织，小到细胞甚至细胞内部的各种功能分子。生物功能分子以细胞膜的形式装配在一起，是每一个细胞得以工作的基础，细胞与外界环境发生的一切反应和联系都要通过细胞膜来完成，细胞膜是一个充满微观机理的世界。物理学技术领域的发展使人们能够深入到细胞内部的纳米世界，通过物理手段对它们的运转过程进行澄清，最终，细胞生物学教科书中那些卡通图所隐含的诸多物理思想将经受精确的检验。

本章将介绍细胞的天然屏障——细胞膜及其结构、特性和功能等基本问题，在此基础上介绍细胞的跨膜运输及一类重要的跨膜蛋白分子——离子通道。通过对以上问题的阐述，我们能够感受到统计物理学的思想在生命科学中得到了最为鲜明的体现。

4.1 细胞膜

细胞膜又称质膜，是指包在细胞外围由各种脂类和蛋白质构成的薄膜，是细胞的重要组成部分。它的出现是生命体进化过程中的一个重要事件。在真核细胞内，还有围绕各种细胞器的膜，称为细胞内膜。质膜和内膜在起源、结构及化学组成等方面具有相似性，故总称为生物膜。生物膜是细胞进行生命活动的重要物质基础，它不仅是区分细胞内部与周围环境的动态屏障，更是细胞进行能量转换、蛋白质合成、物质运输、信息传递等重要活动的通道。

早在 1665 年人们就发现木片上布满了许多蜂窝状的小格子并把这些小格子命名为细胞，但是在随后相当长的一段时间里却没有发现细胞膜，甚至有人怀疑细胞是否有一个确切的边界。直到 1855 年，瑞典的科学家奈利发现分子进入受损伤的细胞比进入完整的细胞要容易得多，从而推测细胞周围有一层膜。为了证实这一假设，他在显微镜下解剖了细胞：用微细的探针刺入细胞时，能发现细胞表面有褶皱，同时感到受阻，一旦细胞被刺破而进入到细胞质内时，这种阻力就消失了。实验表明，细胞表面的确存在一层薄膜，他把这层薄膜称为质膜，也就是我们讲的细胞膜。

4.1.1 细胞膜的结构模型

由于脂溶性化合物比水溶性化合物更容易透过细胞膜，英国生物学家欧文顿

(E. Overton) 推测细胞膜的成分中应当含有脂类。1925 年，戈特 (E. Gorter) 和格伦德尔 (F. Grendel) 从红细胞膜提取出大量的脂类，证实了欧文顿的推测，并且他们还发现，若把细胞膜所含的脂类展成单分子层的话，其面积大约是细胞表面积的两倍，由此提出双层脂分子的细胞膜结构模型。后来，科学家们又根据实验，推测出细胞膜中还应含有一定比例的蛋白质成分。那么，细胞膜的脂类和蛋白质是如何排列的呢？科学家们根据各种直接和间接的资料，先后提出了几十种关于细胞结构的假说模型。目前已经被普遍接受和采用的模型是 1972 年桑格 (S. J. Singer) 和尼克森 (G. Nicolson) 提出的流动镶嵌模型，他们认为，细胞膜是脂类和蛋白质的镶嵌体，即在液态的脂质双分子层中，不同深度地镶嵌着各种蛋白质，从而构成了一个动态的膜状结构。这种模型强调了膜的流动性和膜蛋白分布的不对称性，得到了大量实验的支持和人们的普遍认可 (图 4.1)。

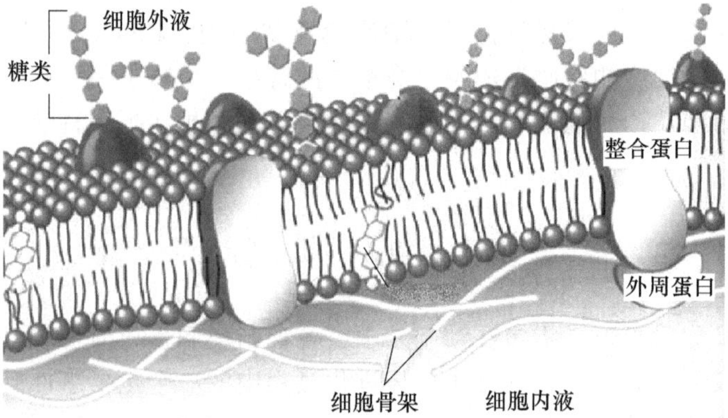

图 4.1 细胞膜的流动镶嵌模型①

后来，在电子显微镜的帮助下，人们又发现了细胞膜外的附属装置——多糖被，糖类与蛋白质和脂类结合成为糖蛋白和糖脂，糖蛋白和糖脂具有很长的糖链和众多的分支，突出在细胞膜的外面，就像茂盛的植物枝叶。

近来，有人提出脂筏模型，即在细胞膜中具有富含胆固醇和鞘磷脂的微结构域，如同漂浮在脂双层上的“脂筏”一样载着具有特定功能的膜蛋白。脂筏的组分和结构特点有利于蛋白质之间相互作用和构象转化，它的主要功能是参与信号转导和细胞蛋白转运。

目前，人们对细胞膜结构模型的认识可归纳为以下几点：

(1) 磷脂分子的非极性尾部相对、极性头部朝向细胞两侧表面而形成磷脂双分子层，它是组成细胞膜的基本成分。

① 本图摘自：遵义医学院珠海校区精品课程网站．细胞生物学：膜的分子结构和特性．网页地址：http//www.zmc.gd.cn/jpkc/biology/[2010-06-02]。

(2) 蛋白质分子以不同的方式覆盖、镶嵌或横跨在脂双分子层中，蛋白质的类型、分布及其与脂分子的协同作用赋予细胞膜特异性和多样性及各种功能。

(3) 细胞膜上的各组分之间，如膜蛋白与膜蛋白、膜蛋白与膜脂及其与膜两侧的各种生物分子之间的复杂的相互作用，维持着膜的结构与稳定，并且在不同程度上限制了膜的流动性。同时，膜具有结构上的流动性和不对称性，决定了膜的复杂性和功能上的多样性。

4.1.2　细胞膜的基本组分

细胞膜最基本的组分是膜脂和膜蛋白，另外还有少量的糖。膜脂构成膜的基本骨架，膜蛋白则是膜功能得以实现的主要载体。动物细胞膜所含脂类和蛋白质基本相当。

1. 膜脂

膜脂是细胞膜的重要组分，每平方微米的脂双层上约有 10^6 个膜脂分子。膜脂主要包含磷脂、糖脂和胆固醇三种类型。

磷脂是构成膜脂的基本成分，约占全体膜脂的 50%以上，主要有甘油磷脂和鞘磷脂，甘油磷脂又包括磷脂酰胆碱（卵磷脂）、磷脂酰丝氨酸、磷脂酰乙醇胺（脑磷脂）和磷脂酰肌醇等。磷脂分子的主要特征是：大多具有一个极性头部和两个非极性的尾部（图 4.2），极性头部主要是由磷酸和碱基的亲水基团构成，非极性的尾部主要由两条疏水性脂肪酸构成；脂肪酸碳链为偶数，多数碳链由 16、18 或 20 个碳原子组成；除含有饱和脂肪酸外，还常含有不饱和脂肪酸（如油酸）。

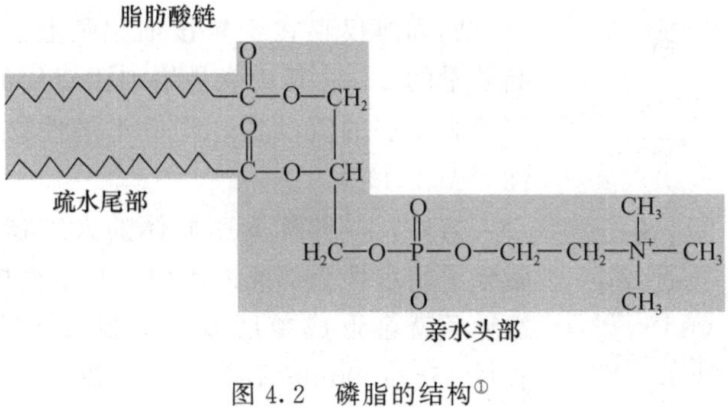

图 4.2　磷脂的结构[①]

糖脂普遍存在于原核和真核细胞的质膜上，其含量约占膜脂总量的 5%以下，在神经细胞膜上糖脂含量较高，约占 5%～10%。糖脂也是两性分子。最简单的糖脂是半乳糖脑苷脂，它只有一个半乳糖残基作为极性头部，在髓鞘的多层

① 此图出处见 86 页脚注①。

膜中含量丰富；变化最多、最复杂的糖脂是神经节苷脂，其头部包含一个或几个唾液酸和糖的残基。糖脂主要与细胞识别和免疫等功能有关（图 4.3）。

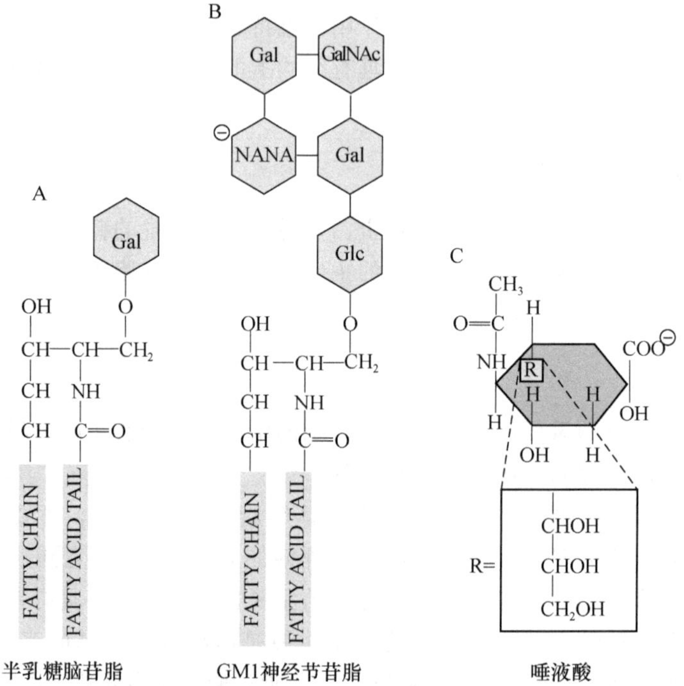

图 4.3 糖脂的结构①

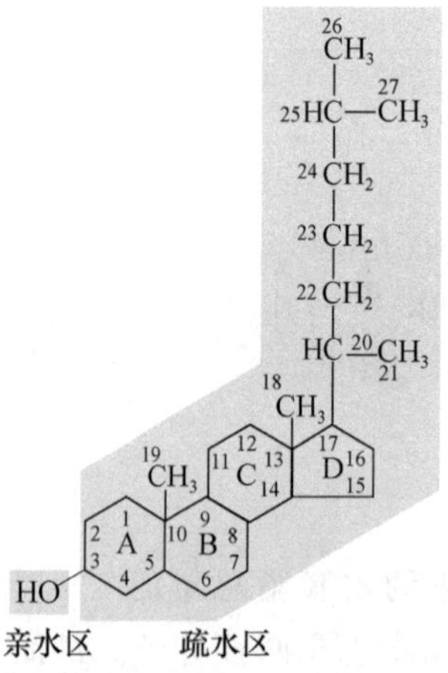

图 4.4 胆固醇②

胆固醇仅存在于真核细胞膜上，一般不超过膜脂总量的 1/3，其功能是增加脂双层的力学稳定性，调节脂双层的流动性，降低水溶性物质跨膜的通透性（图 4.4）。

另外，一种称为脂质体的人工膜，在水面上磷脂分子亲水性头部插入水中，疏水性尾部伸向空气，搅动后就会形成单层或双层脂分子的球形脂质体，直径 25～1000nm 不等。脂质体可用于转基因或制备药物，利用脂质体可以和细胞膜融合的特点，将药物用脂质体包裹起来，直奔作用目标释放药力，可使药物更有效地进入细胞内部而减少对机体的损伤（图 4.5）。

①② 两图出处见 86 页脚注①。

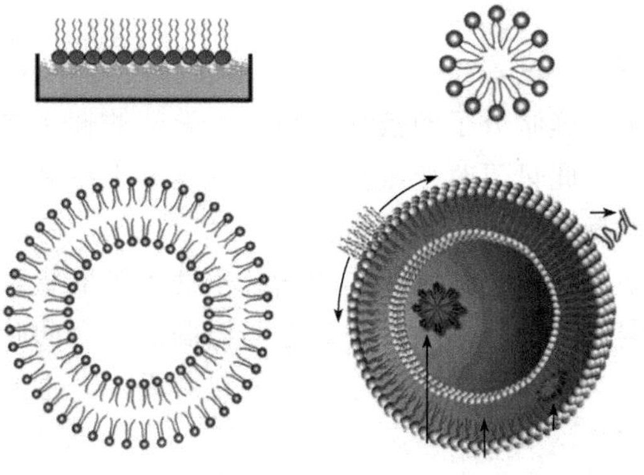

图 4.5　脂质体[①]

2. 膜蛋白

膜脂为细胞膜提供了基本结构，而膜蛋白是细胞膜功能的主要体现者。不同细胞膜上膜蛋白的数量和种类都不同，一般情况下膜蛋白质量占膜质量的 50%。由于蛋白分子质量比脂分子质量大得多，所以脂分子数目比蛋白分子数目大得多。膜蛋白结构及其与脂双分子层连接方式的多样性反映了其功能的丰富性。根据膜蛋白与脂分子的结合方式（见图 4.6），膜蛋白可分为整合蛋白、脂锚定蛋白和外周蛋白。

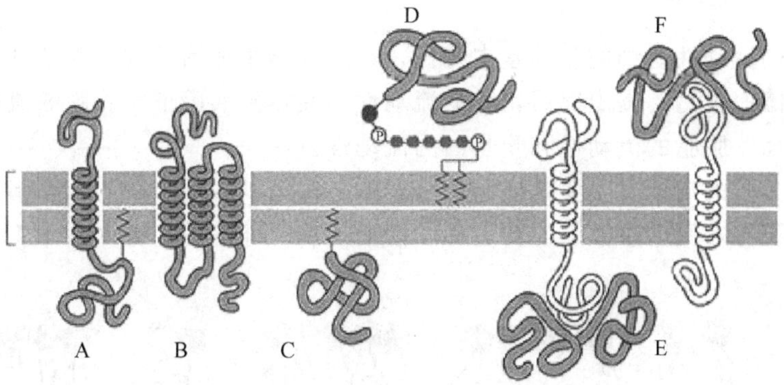

图 4.6　膜蛋白与脂分子的结合方式

A、B. 整合蛋白；C、D. 脂锚定蛋白；E、F. 外周蛋白[②]

整合蛋白全为跨膜蛋白，约占膜蛋白的 70%～80%，为两性分子，可不同程度地嵌入脂双层分子中。疏水部分位于脂双层内部，亲水部分位于脂双层外部。由于存在疏水结构域，整合蛋白与膜的结合非常紧密，只有用去垢剂才能从

①② 两图出处见 86 页脚注①。

膜上洗涤下来。

外周蛋白约占膜蛋白的20%～30%，分布在膜的内外表面，为水溶性蛋白。它通过离子键、氢键与膜脂分子的极性头部相结合，或通过与内在蛋白的相互作用，间接与膜结合，因此只要改变溶液的离子强度甚至提高温度就可以将外周蛋白从膜上分离下来，且不会损坏膜的结构。

脂锚定膜蛋白是通过与之共价相连的脂分子插入膜的脂双分子层中，从而锚定在细胞质膜上。它可以分为两类：一类是与脂肪酸结合的脂锚定膜蛋白，主要分布在膜内侧；另一类是与糖脂相结合的脂锚定膜蛋白，主要分布在膜外侧。

3. 糖类

细胞膜中除了含有脂质和蛋白质外，还含有少量糖类，约占质膜总量的2%～10%。糖类与脂质通过共价键结合形成糖脂，与膜蛋白通过共价键结合形成糖蛋白，它们的糖基部分都位于质膜的外表面。糖类的主要功能是增加细胞膜与膜外周蛋白的稳定性、参与信号识别与细胞连接等。

4.1.3 细胞膜的特性与功能

细胞膜具有一些重要特性，这些特性与膜的结构和功能密切联系，下面我们将分别介绍它的特性和功能。

1. 细胞膜的流动性

质膜的流动性是细胞膜的基本特性，也是细胞生命活动的必要条件。自从膜的“流动镶嵌模型”提出以后，膜的流动性不断得到实验证实。膜的流动性来自于两个方面：膜脂的流动性和膜蛋白的流动性。

膜脂分子的流动性主要是靠脂质分子的各种运动表现出来的。膜脂分子的运动方式主要有：侧向扩散、旋转运动、摆动运动、伸缩震荡等（图4.7）。

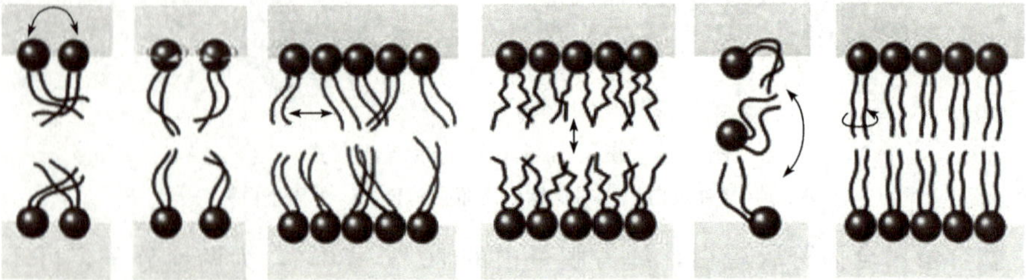

图4.7 膜脂的分子运动[①]

① 此图出处见86页脚注①。

膜蛋白的运动主要有侧向扩散和旋转扩散两种运动方式。可用光脱色恢复技术和细胞融合技术检测侧向扩散。由于膜蛋白的分子质量较大，侧向运动容易受细胞骨架的限制，有些细胞上只有 30%的蛋白质处于流动状态。破坏微丝的药物如细胞松弛素 B 能促进膜蛋白的侧向运动。

2. 细胞膜的不对称性

细胞膜的不对称性表现在膜脂的不对称、膜蛋白的不对称和糖类的不对称三个方面。

研究膜结构不对称性的方法有很多种，其中最重要的就是冰冻断裂技术，它不仅可用于研究膜组分分布的不对称，也是膜的脂双层结构直接证据的来源（见图 4.8）。

在脂双层中，各种类型脂分子的分布是不均匀的（图 4.9）。一般来说，卵磷脂、鞘磷脂多分布于脂双层的外层，而脑磷脂则多分布于内层（图 4.9）。膜脂的不对称性还表现在膜表面具有胆固醇和鞘磷脂等形成的微结构域——脂筏。

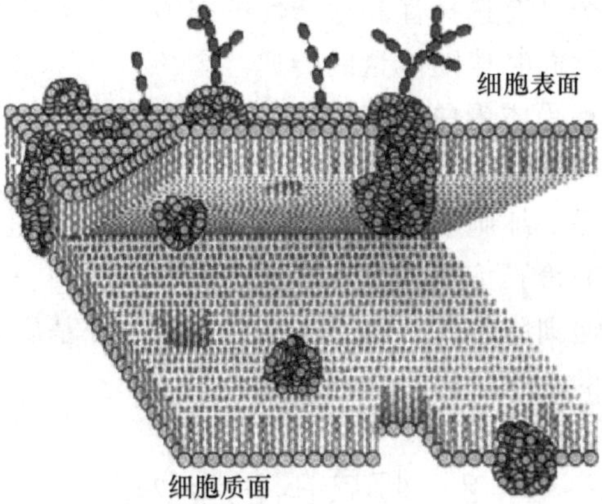

图 4.8 冰冻断裂技术显示的脂双层及膜蛋白分布的不对称性（摘自考试直通车网站）

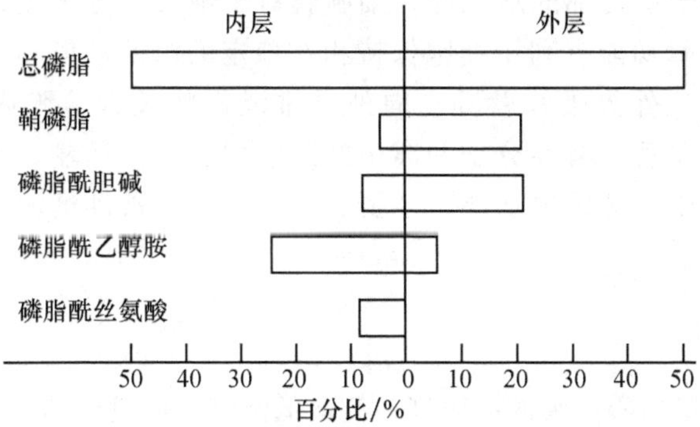

图 4.9 膜脂的不对称分布

膜蛋白的不对称性是指每种膜蛋白分子在细胞膜上都具有明确的方向性和分布的区域性。各种膜蛋白在膜上都有特定的分布区域。某些膜蛋白只有在特定膜脂存在时才能发挥其功能。例如，蛋白激酶C结合于膜的内侧，需要在磷脂酰丝氨酸的存在下才能发挥作用；线粒体内膜的细胞色素氧化酶需要心磷脂存在才具有活性。

在任何情况下，糖脂和糖蛋白只分布于细胞膜的外表面，这些成分可能是细胞表面受体，并且与细胞的抗原性有关。

3. 细胞膜的功能

细胞与外界环境之间发生的一切联系和反应都要通过细胞膜来完成。虽然膜的基本结构是由脂质体决定的，但是膜的功能主要是靠膜蛋白来实现的。在这里，先简要介绍细胞膜的主要功能，某些具体功能在后面章节中将会具体讲述。

（1）细胞膜的首要功能是分隔、形成细胞和细胞器，为细胞的生命活动提供相对稳定的内环境，膜的面积大大增加，丰富了发生在膜上的生物功能。

（2）细胞膜是一个具有选择性和通透性的屏障，不断将细胞所需代谢底物输入、将代谢产物排出，同时伴随能量的传递。

（3）膜表面的多种受体蛋白为多种酶提供结合位点，使酶促反应高效而有序地进行。

（4）细胞膜还要保护细胞不受外来侵袭和干扰，积极进行细胞识别和免疫，并完成细胞内外信息的跨膜传递，使生物体成为一个协调一致的整体。

（5）作为媒质传递细胞与细胞之间、细胞与胞内外基质之间的连接信息；参与形成具有不同功能的细胞表面特异性结构。

4.2 物质的跨膜运输

由于脂双分子层内部的疏水性，细胞膜对于绝大部分极性分子而言是不通透的，这样的屏障功能有利于细胞保持相对稳定的内部环境和内外的离子浓度差。但是，为了从外界吸收营养、向外界排泄产物及调节膜内外离子的浓度差，细胞还必须实现水溶性分子和离子的跨膜内、外向运输。跨膜运输是保证细胞正常生存和生长的重要功能，主要有三种途径：被动运输、主动运输、胞吞和胞吐。

4.2.1 被动运输

被动运输是指物质由膜的高浓度一侧向低浓度一侧发生的扩散，包括自由扩散（也称简单扩散）和协助扩散（也称易化扩散）。转运动力为物质的浓度梯度，无需消耗细胞代谢的能量。

1. 自由扩散

产生被动运输的原因是分子的热运动，一些疏水的小分子或小的不带电的极性分子进行跨膜转运时不需要细胞提供能量，也不需要转运蛋白的协助，称为自由扩散。扩散速率的影响因素包括：胞内外浓度差、疏水性、分子大小及膜的厚度，对于带电分子而言还有膜电位。对于某种物质而言，通透性用 P 来表示

$$P = KD/d \tag{4.1}$$

式中，K 表示其在脂和水中的分配系数；D 表示扩散系数；d 表示膜的厚度。

不同分子的通透系数有很大区别，如 O_2、N_2 和苯等极易通过细胞膜，水分子也比较容易通过，尿素的通透性比水分子低 100 倍。然而即使这种低速的转运在细胞生命活动中也具有一定的生理功能。图 4.10 显示在通过无蛋白的人工脂双层时，不同分子具有不同的跨膜运动速率。

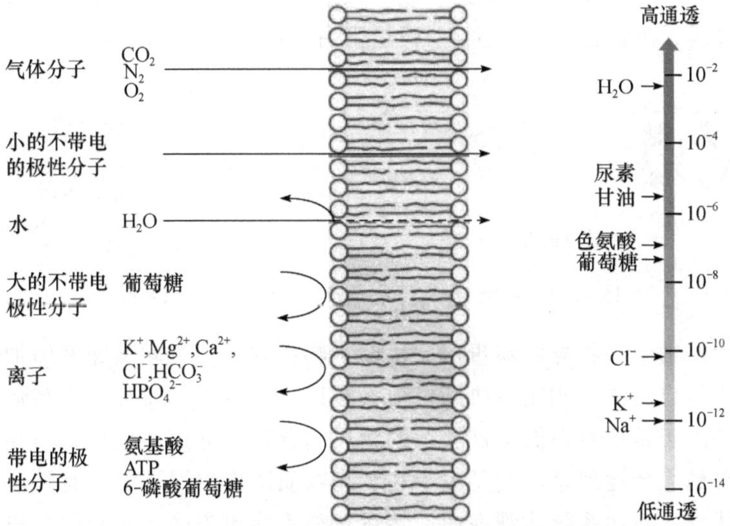

图 4.10　不同分子对人工磷脂双层的通透性（摘自中国医学考试网和 Alberts et al.，2007）

一般认为，在简单扩散的跨膜转运中，跨膜物质首先溶解在膜脂中，再从膜脂一侧扩散到另一侧，最后进入细胞质水相中。因此，其通透性主要取决于分子大小和分子的极性。小分子比大分子容易穿膜，非极性分子比极性分子容易穿膜，而带电荷的离子跨膜运动则需要能量，所以无蛋白的人工脂双层对带电荷的离子是高度不通透的。具有极性的水分子容易穿膜可能是因为水分子非常小，可以通过由于膜脂运动而产生的间隙。

事实上，在细胞的物质转运过程中，透过脂双层的简单扩散现象很少，绝大

多数情况下，物质是通过载体或者通道来转运的。离子、葡萄糖、核苷酸等物质有的是通过质膜上运输蛋白的协助进入质膜，有的则是通过主动运输的方式进行转运。

2. 协助扩散

协助扩散是指各种极性分子和无机离子，如糖、氨基酸、核苷酸及细胞代谢物等顺着浓度梯度或电化学梯度的跨膜转运。该过程不需要消耗细胞能量，但必须借助于膜上特异性的蛋白协助才能完成跨膜。

参与协助扩散的膜转运蛋白可以分为两类：载体蛋白（也称转运子）和通道蛋白，它们都具有一个连续性的跨膜孔道，每一种转运蛋白都专门负责一种或一类溶质的转运。通道蛋白介导的跨膜运输一般为被动运输，而载体蛋白既可以介导被动运输又可以介导主动运输。载体蛋白具有一个或多个与溶质的特异性结合位点，它们之间可以发生暂时的结合和分离，通过一系列可逆的构象变化来完成溶质的跨膜运输；通道蛋白则形成跨质膜的亲水通道，使适宜大小的分子及带电荷的离子跨膜转运。在后面章节中还会对通道蛋白做更为详细的描述（图 4.11）。

图 4.11 两类膜转运蛋白（Alberts et al.，2007）

在协助扩散中，特异的膜蛋白“协助”物质转运使其转运速率增加，转运特异性增强。与自由扩散相比，协助扩散具有以下三方面的特征：①转运速率大大提高，这是由于转运蛋白能与被转运的物质结合形成通道，促使物质很快通过质膜；②存在最大转运速率，这是由于在较高物质浓度情况下，所有转运蛋白都与转运物质结合，转运系统达到饱和，转运速率不能再提高；③转运蛋白对被协助扩散物质具有特异性和选择性。

4.2.2 主动运输

由载体蛋白所介导的物质逆浓度梯度或电化学梯度转运的方式称为主动运输。与被动运输不同的是，在主动运输中由于转运物质的自由能变化为正，需要与某种释放能量的过程相偶联。根据所需能量来源的不同，主动运输过程可分为三种方式：ATP 直接提供能量（ATP 驱动）、ATP 间接提供能量（偶联转运或称协同运输）及光能驱动（图 4.12）。

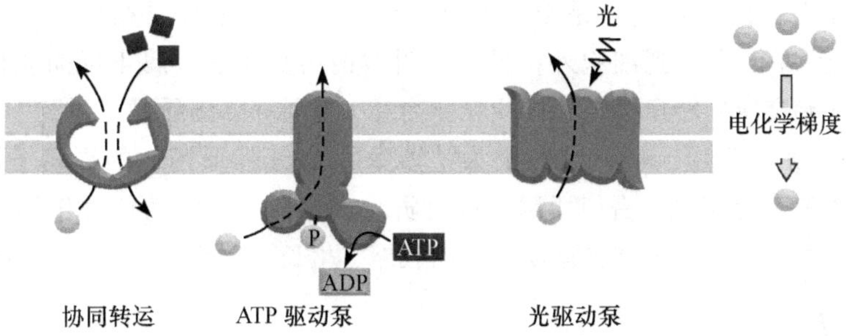

图 4.12　主动运输的三种方式（Alberts et al.，2007）

1. 钠钾泵

钠钾泵实际上就是 Na^+-K^+ ATP 酶，是一种 ATP 驱动泵。它利用 ATP 水解提供的能量来实现离子或某些小分子的逆浓度梯度或电化学梯度的跨膜转运。一般认为它是由两个大亚基、两个小亚基组成的四聚体。Na^+-K^+ 泵主要是通过磷酸化和去磷酸化的过程而发生构象改变，不同构象与 Na^+、K^+ 的亲和力不同。膜内侧的 Na^+ 与酶结合，激活 ATP 酶并使其分解，酶被磷酸化后构象发生变化，与 Na^+ 结合的部位转向膜外侧；这种磷酸化后的酶对 K^+ 的亲和力高，对 Na^+ 的亲和力低，因而在膜外侧将解离 Na^+ 而结合 K^+。K^+ 与磷酸化酶结合后会促进酶的去磷酸化，酶的构象恢复原状，使得与离子结合的部位又转向膜内侧，此时 K^+ 与酶的亲和力降低而 Na^+ 与酶的亲和力升高，在膜内侧发生 K^+ 的解离和 Na^+ 的结合。最终，完成一个循环消耗一个 ATP；转出三个 Na^+，转入两个 K^+。钠钾泵对离子的转运依赖于磷酸化过程所导致构象改变。通过自磷酸化来转运离子的离子泵就叫做 P 型离子泵，与之工作原理相同的还有钙泵和质子泵。Na^+-K^+ 泵的作用是：①维持细胞对离子的渗透，保持细胞的体积；②维持细胞内环境为低 Na^+ 高 K^+，维持细胞的静息电位。乌本苷（ouabain）、地高辛（digoxin）等强心剂能抑制心肌细胞 Na^+-K^+ 泵的活性，从而降低钠钙交换器效率，使内流钙离子增多，加强心肌收缩，因而具有强心作用。

2. 钙离子泵

钙离子泵（钙泵）又称为 Ca^{2+}-ATP 酶，是将钙离子从细胞膜的低浓度一侧往较高浓度一侧转运的一类蛋白质。它广泛分布在动、植物细胞质膜及各种内膜上，是由 1000 个氨基酸的多肽链形成的跨膜蛋白。通常细胞内钙离子浓度（10^{-4} mmol/L）显著低于细胞外钙离子浓度（10^0 mmol/L），胞外的 Ca^{2+} 即使很少量涌入胞内都会引起胞内 Ca^{2+} 浓度显著变化，导致一系列生理反应，因此 Ca^{2+} 是一种十分重要的信号物质。质膜和内质网膜上存在钙离子转运体系，细胞内钙离子泵有两类：其一是 P 型离子泵，其原理与钠钾泵相似，每水解一个 ATP 将转运两个 Ca^{2+} 到细胞外；另一类叫做钠钙交换器，属于反向协同运输体系，通过钠钙交换来转运钙离子。线粒体内腔、肌质网、内质网样囊腔中含高浓度的 Ca^{2+}，浓度大于 10^{-2}mmol/L，名为“钙库”。位于肌质网上的钙离子泵是了解最多的一类 P 型离子泵，占肌质网膜蛋白质的 90%。在一定的信号作用下 Ca^{2+} 从钙库释放到细胞质，调节细胞运动、肌肉收缩、生长、分化等诸多生理功能。

3. 质子泵

质子泵有三种类型：P 型、V 型和 F 型。

（1）P 型质子泵：载体蛋白利用 ATP 使自身磷酸化，发生构象的改变来转移质子或其他离子，如植物细胞膜上的 H^+ 泵、上文提到的 Na^+-K^+ 泵、Ca^{2+} 泵等。

（2）V 型质子泵：由许多亚基构成，水解 ATP 产生能量，但不发生自磷酸化，位于溶酶体膜、动物细胞的内吞体、高尔基体的囊泡膜、植物液泡膜上。

（3）F 型质子泵：是由多亚基构成的管状结构，H^+ 沿浓度梯度运动，所释放的能量与 ATP 合成偶联起来，所以也叫 ATP 合酶（ATP synthase）。F 型质子泵位于细菌质膜、线粒体内膜和叶绿体的类囊体膜上，它不仅可以利用质子动力势将 ADP 转化成 ATP，也可以利用水解 ATP 释放的能量转移质子。

4. ABC 载体蛋白

ABC 型载体蛋白家族包括很多的成员，在正常情况下是细菌质膜上糖、氨基酸、磷脂和肽的转运蛋白，是哺乳类细胞质膜上磷脂、亲脂性药物、胆固醇和其他小分子的转运蛋白，临床上具有重要的作用。它含有两个跨膜部分和两个高度保守的 ATP 结合位点，ATP 的结合引起这两个结合位点的聚合，ATP 的水解导致它们的解离，这种胞内的构象变化转导到跨膜部分，引起跨膜部分中与底物的结合位点时而暴露于胞内时而暴露于胞外的周期性的构象变化，通过这一途径，ABC 转运蛋白完成对小分子的跨膜转运。它既可以发挥载体蛋白的功能，又可以发挥通道蛋白的功能（图 4.13）。

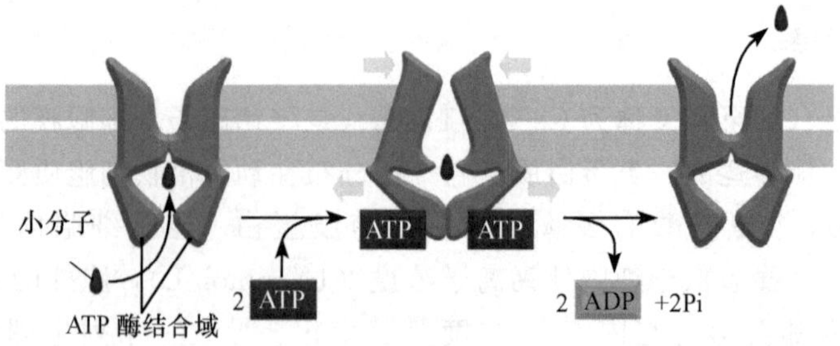

图 4.13　ABC 型载体蛋白（Alberts et al.，2007）

5. 协同运输

协同运输也叫做偶联转运，是一类靠间接提供能量完成的主动运输方式。这种输运方式所需要的能量来自膜两侧离子的电化学浓度梯度，而维持这种电化学势的是质子泵或钠钾泵。协同运输蛋白与 ATP 驱动泵直接利用 ATP 水解能量不同，它同时转运两种溶质，将所使用的能量储存在其中一种溶质的电化学梯度当中，为另一种分子的主动运输提供驱动力，这样使一种离子或分子逆浓度梯度的运动与一种或多种不同离子顺浓度梯度的运动偶联起来。根据物质运输方向与离子沿浓度梯度的转移方向，协同运输又可分为同向协同与反向协同。

(1) 同向协同。同向协同指物质运输方向与离子转移方向相同。例如，动物小肠细胞对葡萄糖的吸收就是伴随着 Na^+ 的进入，细胞内的 Na^+ 又被钠钾泵泵出细胞外，细胞内始终保持较低的钠离子浓度，形成电化学梯度。在某些细菌中，乳糖的吸收伴随着 H^+ 的进入，每转移一个 H^+ 吸收一个乳糖分子。

(2) 反向协同。反向协同物质跨膜运动的方向与离子转移的方向相反，如动物细胞常通过 Na^+/H^+ 反向协同运输的方式来转运 H^+ 以调节细胞内的 pH，即 Na^+ 进入胞内伴随着 H^+ 的排出。此外，质子泵可直接利用 ATP 运输 H^+ 来调节细胞 pH。

还有一种机制是 Na^+ 驱动的 Cl^--HCO_3^- 交换，即 Na^+ 与 HCO_3^- 的进入伴随着 Cl^- 和 H^+ 的外流，如红细胞膜上的带 3 蛋白。

光驱动泵主要分布于细菌细胞中，将溶质的主动运输与光能的输入相偶联，如细菌视紫红质利用光能驱动 H^+ 的转运。

4.2.3 胞吞作用与胞吐作用

以上我们讨论了分子或离子的跨膜转运，然而细胞也需要输入和输出大分子，如蛋白质、核酸和多糖等，由于它们过大，不能直接通过孔或转运蛋白跨膜转运，在真核细胞中，这些大分子在细胞膜上的输入和输出是分别通过胞吞和胞吐实现的。这种运输方式与转运小分子或离子的机制不同，大分子或颗粒物质并不穿过细胞膜，而是物质包裹在脂双层膜围绕的囊泡中，通过一些膜囊泡的形成和融合来完成转运过程，因此又称膜泡运输。这种运输方式常常可同时转运一种或一种以上数量不等的大分子和颗粒性物质，因此也有人称之为批量运输。

1. 胞吞作用

被摄入的物质被细胞膜逐渐包裹，然后内陷，与细胞膜分离形成含有摄入物质的囊泡（也称胞吞泡），而进入细胞质的过程称为胞吞作用。胞吞作用是真核细胞用以调节营养物的内化、信号转导和质膜更新的重要方式。

根据形成的胞吞泡的大小和胞吞物质，胞吞作用又可以分为两种类型：胞饮作用和吞噬作用。胞饮作用的胞吞物为溶液，形成的囊泡较小；吞噬作用的胞吞物为大的颗粒物质，形成的囊泡较大。这两种作用的区别不仅仅在于胞吞物质的大小和种类，还有两个方面的重要区别：①胞饮过程可连续摄入溶液及可溶性物质，是一个连续性过程，而吞噬过程首先需要被吞噬物与细胞表面的融合并激活细胞表面受体，向细胞内传递信号并引起应答反应，是一个信号触发过程；②胞吞泡形成的机制不同，胞饮泡形成需要网格蛋白或这一类蛋白质的帮助，而吞噬泡形成需要微丝及其结合蛋白的帮助，如果用降解微丝的药物处理细胞，可阻断吞噬泡的形成而胞饮作用仍继续进行。

根据胞吞的物质是否具有专一性，胞吞作用又可分为受体介导的胞吞作用和非特异性的胞吞作用，其中受体介导的胞吞作用是大多数动物细胞从胞外基质摄取特定大分子的有效途径。受体介导的胞吞作用大致分为 4 个基本过程：①被转运的大分子物质（配体）与细胞表面互补性的受体结合形成一个小窝（pit）；②小窝逐渐向内凹陷，然后同质膜脱离形成一个被膜小泡；③被膜小泡的外被很快解聚，形成无被小泡，即初级内体；④初级内体与溶酶体融合，吞噬的物质被溶酶体的酶水解。受体介导的胞吞作用是一种选择性浓缩基质，既可保证细胞大量摄入特定的大分子，同时又避免吸入细胞外大量的体液，与非特异性的胞吞作用相比可使特殊大分子的内化效率增加 1000 多倍。

2. 胞吐作用

胞吐作用是指真核细胞中含有待分泌物的包被小泡与质膜融合，从而将内含物排出胞外的过程。

所有真核细胞都有从高尔基体反面管网区（TGN）分泌的囊泡向质膜流动并与之融合的稳定过程，通过这种组成型胞吐途径，新合成的蛋白质和脂质不断地供应质膜更新，从而保证细胞分裂前质膜的生长；真核细胞中，特化的分泌细胞还有一种调节型胞吐途径，这些分泌细胞所产生的分泌物储存在分泌泡内，当细胞受到胞外信号刺激时，分泌泡与质膜融合并将内含物释放出去。在组成型分泌活动中，胞吐作用是自发进行的，但是在调节型的细胞中，胞吐作用必须有信号的触发。胞吐作用的结果一方面将分泌物释放到细胞外，另一方面，小泡的膜融入质膜，使质膜得以补充。

真核细胞中，无论是通过胞吞过程摄取大分子，还是通过胞吐过程分泌大分子，都是以膜泡运输的方式进行，并且转运的膜泡必须与特定的靶膜融合，从而保证了物质有序的跨膜转运。另外，胞吐过程中分泌泡释放内含物后与质膜的融合会使得质膜表面积增加，而同时发生在质膜其他区域的胞吞过程则会使其表面积减少，这种动态过程对质膜的更新和维持细胞的生存与生长是必要的。

4.3　离子通道

离子通道是细胞膜上的一类重要的跨膜蛋白，具有狭窄的亲水性孔道，可以快速地打开或关闭而有选择地让离子跨膜流动，并对离子流进行动力学调控。由于离子通道所介导的跨膜运输不需要消耗能量，一般为被动运输，所以离子通道的基本功能是让特异性的无机离子，如 Na^+、K^+、Ca^{2+} 或者 Cl^- 发生快速的顺电化学梯度跨膜扩散。

4.3.1　离子通道的特征与分类

1. 离子通道的特征

离子通道具有三个显著特征。①离子选择性。离子通道只允许某一种或一类无机离子通过，这是由通道的结构特性所决定的。通道的这种特性是相对的，有些选择性较高，有些选择性较低。选择性主要取决于两个因素：一是通道的孔径和离子直径的相对大小，只有通道孔径大于某离子直径时，该离子才能通过；另一个因素是通道中亲水性孔道的带电基团和电荷的性质，这又要求离子孔道必须足够窄，才能使离子与通道壁垒相互接触而根据离子大小与电荷产生选择性。被渗透的离子必须解离大部分或所有结合的水分子，常常以单离子的形式通过通道中最狭窄的部分（选择性过滤器），这种机制限制了通道的转运速率，当离子浓度增加时，通过通道的离子流相应增加，最终达到饱和。②离子通道门控性。通道的活性由通道开或关两种构象所调节，通过开关应答于适当的信号时，通道在两种构象之间发生转换。通道具有自我关闭机制，当信号结束，通道很快自发关闭，多数情况下，离子通道呈关闭状态，只有在膜电位变化、化学信号或压力等刺激后才开启，在短暂的开放时间里，一些离子、代谢物或其他溶质顺浓度差自由扩散通过细胞膜。③高通透性。与载体蛋白相比，离子通道的转运速率相当高，一个开放的离子通道每秒钟可以让 10^8 个离子通过，比已知任何一种载体蛋白最快转运速率要高 10 万倍以上。

2. 离子通道的分类

不同的分类原则可以将离子通道分为不同的种类。根据对离子的选择性，离子通道可以分为钠通道、钾通道、钙通道、氯通道、水通道等；根据门控机制，即激活信号的不同，离子通道大致可以分为三类：电压门控型、配体门控型和机械门控型，如图 4.14 所示。

电压门控通道是指只有当细胞内或细胞外特异性离子浓度发生变化时或其他刺激引起膜电位变化时造成通道构象变化，门才会被打开，这些通道的结构中存

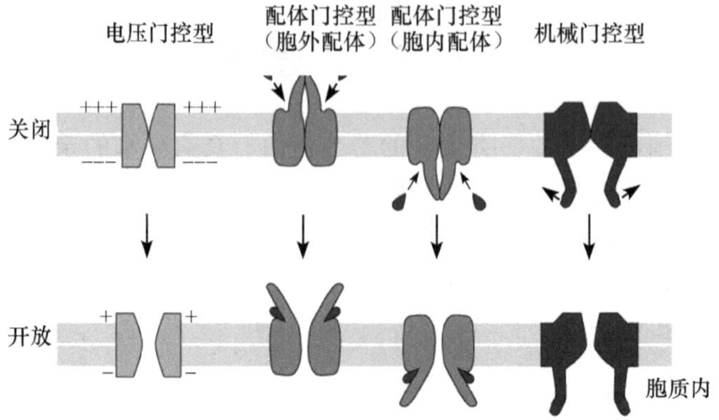

图 4.14 离子通道的分类（Alberts et al.，2007）

在着电压敏感的微结构域，随着膜电位的变化这些结构域内带电荷的残基可以发生移位。例如，当胞液中 Ca^{2+} 浓度增加时，某些 K^+ 通道就会被打开。电压门控通道的开关动力学过程还与膜电位变化的时程有关，具有时间依赖性。根据传导离子的特异性，电压门控通道可分为电压门控钾通道、电压门控钠通道和电压门控钙通道等，其中电压门控钾通道是结构简单、种类繁多、广泛存在的一类电压门控通道。

配体门控通道是指开放和关闭受细胞内外相应配体控制的通道，配体主要包括神经递质、激素等各种激动剂和阻滞剂在内的多种化学因素，又称化学门控通道。当激动剂与配体门控通道蛋白结合后，会引起门控通道蛋白构象变化，导致通道开放，产生离子电流。这类通道主要包括乙酰胆碱受体、GABA 受体、甘氨酸受体、谷氨酸受体和 ATP 受体等，它们主要分布于神经细胞和神经肌接头处，介导中枢和周围神经系统的快速突触传递。例如，神经递质乙酰胆碱与配体门控通道上的受体结合，通道蛋白构象发生变化而门被打开，Na^+、Ca^{2+} 就可以通过；同样，谷氨酸与相应的门控通道结合使 Na^+、Ca^{2+} 通过。

机械门控通道是指细胞膜上通道蛋白的开放与关闭受周围机械力的调控。当细胞膜受到外界的机械力刺激后，将这种机械刺激的信号转化为电化学信号最终引起细胞反应的过程称为机械信号转导。机械门控通道是介导机械信号转导的重要途径。目前比较明确的机械门控通道有两类，一类是对牵拉敏感的离子通道，另一类是对剪切力敏感的离子通道，前者几乎存在于所有的细胞膜，后者仅发现于心肌细胞和内皮细胞。牵拉敏感的离子通道是指能直接被来自于细胞膜的牵拉力所打开或关闭的离子通道。这种通道多为二价或一价的阳离子通道，有 Na^+、K^+、Ca^{2+} 通道，以 Ca^{2+} 通道为主。

水通道是最近被发现的一类快速跨膜运输水的专用通路。19 世纪初期，人们普遍认为水分子是以扩散的机理通过细胞膜的，但这种观点的结论是水的跨膜通量很低，很难解释水分子快速大量跨膜的实验结果。后来发现水分子可以很快地通过选择性通道进入红细胞，而其他溶质分子和离子则不能通过细胞膜，因此，人们推测水的跨膜转运除了简单扩散外，还存在某种特殊的机制，并提出了水通道的概念。阿格雷（P. Agre）首先从肾小管和红细胞中分离出了这种膜蛋白并于 2000 年首次公布其高清晰度的三维结构图，因而获得 2003 年诺贝尔化学奖（图 4.15）。目前在人类细胞中已发现的此类蛋白质至少有 11 种，被命名为水通道蛋白（aquaporin，AQP），每种都有其特定的组织分布。在肾脏、肺、眼和脑等组织表达多种水通道，构成水转运的网络。

图 4.15 2003 年诺贝尔化学奖获得者

阿格雷（P. Agre）（左）的贡献是发现水通道；麦金农（R. MacKinnon）（右）的贡献是获得 KcsA 钾离子通道高分辨率的三维结构

迄今为止发现的离子通道有 100 多种，随着认识的深入，新的通道在不断被发现之中。

4.3.2 离子通道的结构与功能

蛋白质生物功能的关键在于空间构象，一个伸展开或者随机排列的肽链是没有生物活性的。20 世纪 90 年代以来，随着新技术包括分子克隆、基因突变和膜片钳技术等的广泛应用，人们已可以从分子水平来解释离子通道的特征、结构与功能的关系等。以麦金农（R. MacKinnon）为首的洛克菲勒大学医学中心的一个研究小组在过去的几年中，利用电生理学与 X 射线结晶学揭示了几种不同钾离子通道的原子构象，解释了许多关于钾离子通道功能的基本机制，同时也开创了通道蛋白结构研究的新局面。

每一种离子通道都具有特定的电流电导特征、门控特征，在不同的细胞中有着不同的定位与广泛分布，人们对离子通道的研究主要集中在对它的结构-功能关系的研究，离子通道的门控特性和离子选择性是由其结构决定的。不同的离子通道具有不同的结构，但又具有相似性和规律性。目前研究最广泛的是钾离子通道，几乎所有的动物细胞质膜上都有钾离子通道的分布。本节主要从钾离子通道的结构出发，使读者对离子通道的结构与功能有一个大体的了解。

根据基因的不同，钾离子通道可以分为不同的超家族，如 Kv 类和 Kir 类等。Kv 类是纯电压依赖性通道，第一个 Kv 型通道基因从果蝇中克隆出来，定名为 shaker，后来又克隆出一系列，分别命名为 shab、shaw、shal，编号命名为 Kv1～4，每一个系列又有若干亚型，如 Kv1 型通道又分为 Kv1.2、Kv1.2…。Kir 通道是另一类基因编码的通道，其内向钾电流的电导值会随着电压的增加而减小，称为内向整流（inward rectification）钾离子通道，目前发现的已有 6 种类型，分别命名为 Kir1～6，同样的，每一类又有亚型，命名为 Kir1.1、Kir1.2…，这类通道除具有电压依赖性外，还与 G 蛋白偶联构成受体依赖的通道。

无论哪一种类型的钾离子通道都是由 α 亚基超家族和 β 附属亚基两部分构成的复合体，目前对可溶性 β 附属亚基还缺乏了解。单个 α 亚基都是由 4 个同源的结构域构成，4 个结构域对称分布，形成了中央传导离子孔道，恰好可以允许单个钾离子通过。不同家族结构域的跨膜链（transmembrane helices，TM）数目不同。特定的两个跨膜链与它们之间的 P-回环（P-loop）是钾离子通道结构的标志（2TM/P）（图 4.16A）。例如，KcsA 钾离子通道与内向整流钾离子通道（Kir）等都是典型的 2TM/P 型通道。再例如，电压门控钾离子通道（Kv）是主要的 6TM/P 型通道（图 4.16B），此类钾离子通道在 2TM/P 之前有 4 条跨膜链（一般定义为 S1～S4），是通道感受并响应膜电位的区域。其中 S4 构成独特性区域，规则排列的极性氨基酸序列被非极性氨基酸中断，推测此部位代表电位感

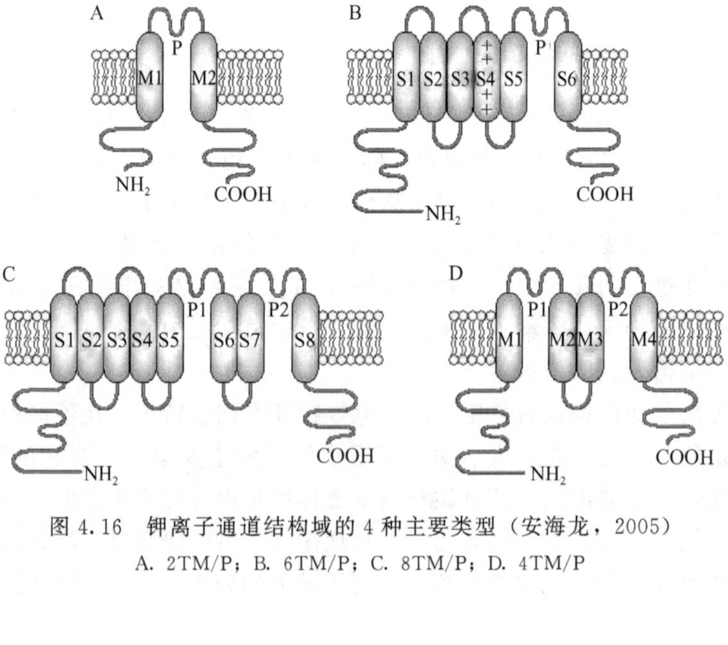

图 4.16　钾离子通道结构域的 4 种主要类型（安海龙，2005）

A. 2TM/P；B. 6TM/P；C. 8TM/P；D. 4TM/P

受器，对电压门控起着重要作用。另外，典型的钾离子通道还有 8TM/2P 型与 4TM/2P 型钾离子通道，它们的共同点是有两个 2TM/P 结构（图 4.16C，D）。

X 射线晶体学显示，KcsA 钾离子通道是一个关于中心孔道呈十字形对称的四聚体，每个单体又具有 2TM/P 型结构，两条跨膜链相接的部分即所谓的 P-回环靠近膜的外端，4 个结构域上对称分布的 4 个 P-回环形成一个狭窄的孔道，称为选择性过滤器，选择性过滤器位于细胞膜的外侧（图 4.17 中上面最狭窄的地方）。选择性过滤器的下面有一个由 4 个结构域上的 8 条跨膜链围成的腔形空间，它的直径可以膨胀到 1.0nm，称为中心腔，基本位于细胞膜的中间。在中心腔下面是一个“倒圆锥形”的区域，倒圆锥形区域与膜表面附近的水溶液相接的地方有一个配体结合域，它的作用是改变孔道的开关构象。配体门控通道一般都存在这样一个结构。

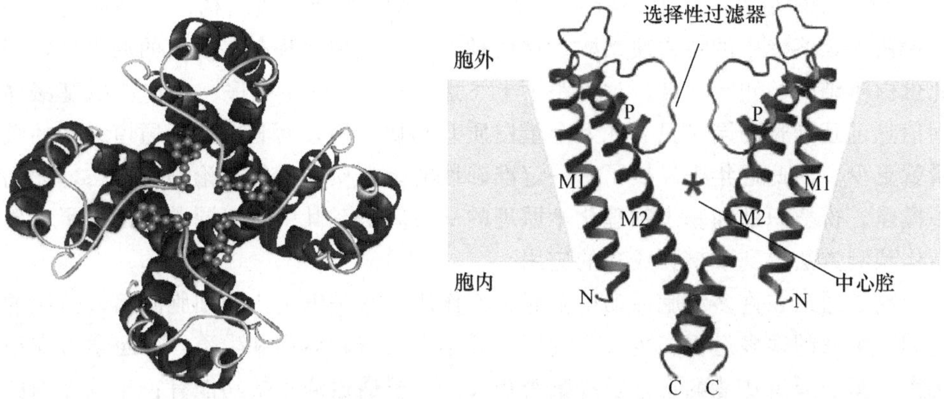

图 4.17　KcsA 钾离子通道结构示意图（安海龙，2005）

选择性过滤器是通道产生选择性的关键部分，它是由主链原子产生的一段叠氧环，提供了距离相近的空间位点，这些位点与去水合的钾离子的空间尺寸正好相配，所以钾离子可以从一个结合位点非常短距离地扩散到下一个结合位点。各种类型的钾离子通道中，选择性过滤器都有一段高度保守的氨基酸序列 TX-GYG。

其他离子通道也具有类似的结构，尤其是电压门控的阳离子通道在结构和功能上有很大的相关性，如图 4.18 所示是电压依赖性钠离子通道的拓扑结构，它也是由 α 亚基和 β 附属亚基构成，其中 α 亚基又由 4 个同源结构域构成，每个结构域都具有六跨膜结构，其中第 4 个跨膜部分分布有大量正电荷氨基酸，形成了通道的电压依赖性。

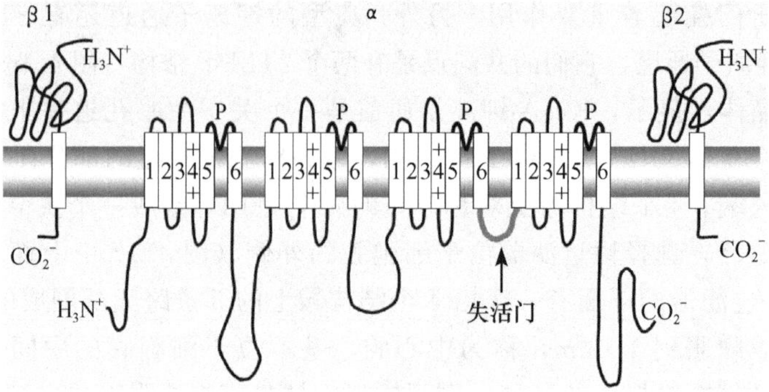

图 4.18 电压门控钠离子通道拓扑结构

离子通道作为一种蛋白质，测定其三维结构的方法可以分为两大类：一是应用 X 射线晶体衍射法和中子衍射法去测定晶体中的蛋白质结构；二是应用核磁共振法测定溶液中的蛋白质结构。这两种方法在应用上都存在较大的局限性，因此蛋白质结构的测定速度，远远跟不上飞速发展的 DNA 测序，蛋白质氨基酸序列信息迅猛增长的同时只有几万个蛋白质有确切结构，而其中离子通道结构的数量就更少。因此近年来发展了有一定准确性的蛋白质结构的理论预测方法，如同源模建、折叠识别和基于物理化学原理的从头算法。其中基于同源模建的蛋白质结构预测方法得到了最为成功的应用。

离子通道在许多细胞活动中都起关键作用，它是细胞内和细胞间信号传递的基础，生命的很多过程如生长、发育、分泌、兴奋、运动和生殖，甚至学习和记忆都与离子通道功能的正常发挥紧密相关。离子通道的主要功能有：①调控细胞内钙浓度，从而触发肌肉收缩、细胞兴奋、腺体分泌、Ca^{2+} 依赖性离子通道开放和关闭等一系列生理效应；②在神经、肌肉等兴奋性细胞中，通过各种离子通道的开放与关闭，维持和响应细胞膜电位，从而决定细胞的兴奋性、不应性和传导性；③调节血管平滑肌舒缩活动，如 K^+、Ca^{2+}、Cl^- 通道和某些非选择性阳离子通道对血管平滑肌的舒缩都起到了直接或间接的作用；④维持细胞正常体积，在高渗环境中，离子通道和转运系统激活使 Na^+、Cl^-、有机溶液和水分进入细胞内而调节细胞体积增大；在低渗环境中，Na^+、Cl^-、有机溶液和水分流出细胞而调节细胞体积减少。

近年来发现某些疾病与通道基因突变造成的功能改变具有明显相关性，因此，将这类疾病称为离子通道病。离子通道病具体表现在编码离子通道亚单位的基因发生突变或表达异常或体内出现针对通道的病理性物质，导致机体整体生理功能紊乱，形成某些先天性或后天获得性疾病，主要涉及神经、肌肉、心脏、肾脏等系统和器官。例如，Na^+ 通道 α 亚单位基因突变是造成长 QT 综合征的根本原因之一；L 型 Ca^{2+} 通道的功能异常而引起骨髓肌兴奋-收缩偶联减弱，产生肌肉收缩无力而麻痹；高钙肾结石是由于 Cl^- 通道基因突变从而引起的肾脏对水及多种阴阳离子的调节障碍。

4.3.3　离子通道与膜电位

不同方式的物质跨膜运动，其结果是产生并维持了膜两侧不同物质特定的浓度分布，特别是对离子来说，形成了膜两侧的电位差，即膜电位。当膜内外的离子发生流动时膜电位就会改变。对于动物细胞来说，离子通道是影响膜电位最重要的因素。

离子通道通过打开或关闭来调节细胞内外的离子浓度，进而形成和调节膜电位。无论哪种离子，细胞膜内外的浓度都不尽相同。例如，K^+ 浓度就是胞外低而胞内高，胞外浓度大约是 5mmol/L 而胞内浓度大约是 140mmol/L；Na^+ 浓度是胞外高而胞内低，胞外大约是 145mmol/L 而胞内大约是 10mmol/L，这两种离子是影响膜电位最重要的因素。其他离子，如 Mg^{2+}、Ca^{2+}、H^+、Cl^- 也参与影响了膜电位的形成。

在膜电位变化的过程中，离子通道的开关主要在三种或三种以上状态间循环转换，这三种状态分别是：关闭状态（close state，C）、开放状态（open state，O）和失活状态（inactive state，I）。处于关闭状态的通道遇到适当的刺激即可进入开放状态，叫激活过程。有些通道在开放后随着时间的延长会逐渐进入失活状态，即失活过程，失活状态的通道即使受到外来刺激也不能直接进入开放状态，这个时期叫做不应期。只有再经过一定刺激时期从失活状态进入关闭状态后，通道才能再度开放，此过程称为通道的恢复或复活过程（图 4.19）。

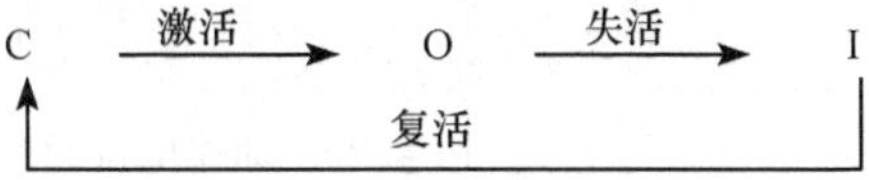

图 4.19　通道状态的改变

细胞在静息状态下产生的膜电位称为静息电位；在刺激作用下产生行使通信功能的快速变化的膜电位称为动作电位。静息电位是细胞质膜内外相对稳定的电位差，质膜内为负值，质膜外为正值，这种现象又称极化。不同类型细胞的静息电位不同，在－70～－30mV。当细胞外正电荷向内流动或细胞内负电荷向外流动时，膜电位绝对值减小甚至反向增加，称为去极化；当去极化到一定程度，膜电位再度减小，称为复极化；当膜电位减小到低于静息电位时，称为膜的超极化；超极化之后随着离子流的调节，膜电位又会去极化至静息状态而完成一次动作电位过程。

前面曾经提到，钠钾泵主动转运造成的细胞膜内、外 Na^+ 和 K^+ 的不均匀分布，胞内 Na^+ 浓度很低，就需要有足够量的阳离子来平衡各种有机阴离子，K^+ 充当了这一角色。由于在静息状态下 K^+ 受浓度差的驱动向膜外扩散，而膜内带负电荷的大分子蛋白质与 K^+ 隔膜相吸又会阻止 K^+ 的进一步外流。当达到平衡状态时，K^+ 所受到的电荷驱动力恰好对抗浓度差驱动力，此时的跨膜电位称为静息电位，也就是 K^+ 平衡电位。

电压门控阳离子通道的开关是产生动作电位的基础。膜在受到刺激时电压门控 Na^+ 通道打开，Na^+ 顺电化学梯度向胞内迅速扩散，造成膜内负电位的消失且转而变为正值，由于 Na^+ 不断内移，直至在膜内形成的正电位足以阻止 Na^+ 的移入时，膜内电位达到一个峰值，峰电位应接近于 Na^+ 平衡电位（约50mV），这时膜电位经历了一个去极化过程。随后，电压门控 Na^+ 通道进入失活状态，而 K^+ 通道打开，膜电位开始下降，即膜电位经历了一个复极化过程。当电位下降达到静息状态时，两种离子通道都处于关闭状态，电位变化完成一次循环，如图 4.20 所示。

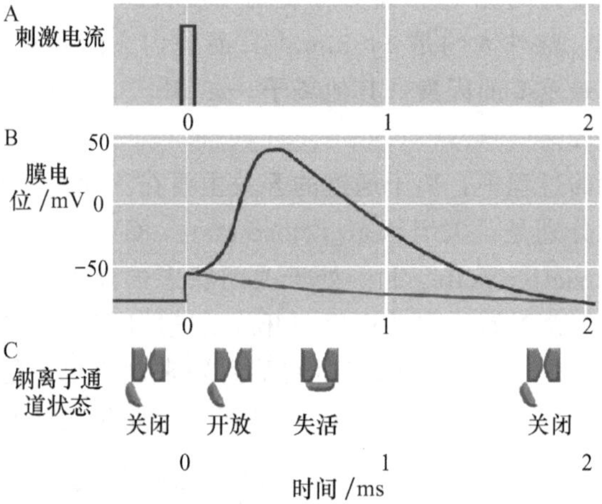

图 4.20 动作电位的产生过程（Alberts et al.，2007）

膜内负电位必须去极化到某一临界值时，才能在整段膜引发一次动作电位，这个临界值大约比正常静息电位的绝对值小 10～20mV，称为阈电位。当外来刺激引起的去极化程度低于阈电位时，由于膜对 K^+ 的通透性仍大于 Na^+，少量的 Na^+ 内流及其对膜内电位的影响随即被 K^+ 的外流所抵消，因而去极化不能继续发展下去，不能形成动作电位。只有当外来刺激引起的去极化达到阈电位水平时，才能有足够 Na^+ 通道的开放而形成一次动作电位。这是一种“全或无”的正反馈阈值。

钠通道并不是唯一能够产生动作电位的离子通道，在一些肌细胞、卵细胞和分泌细胞中，动作电位的产生依赖于电压门控钙离子通道。

膜电位与细胞膜上的钠钾通道蛋白和钠钾泵有着密切的联系，随着离子的跨膜转运，膜电位有规律地变化，而膜电位的变化又会引起膜蛋白有规律地开启和关闭。膜电位具有重要的生物学意义，尤其是在神经、肌肉等可兴奋性细胞中，是化学信号和电信号引起的兴奋传递的重要方式。

离子通道的发现，是现代生物学史上的一次革命，从电生理学和分子生物学角度对离子通道的研究有助于了解细胞膜甚至整个细胞基本生命活动的机制。

4.4　KcsA 钾离子通道

1998 年，美国科学家麦金农第一次在原子水平展示了离子通道，得到了分辨率为 3.2Å 的源自链霉菌的 KcsA 钾离子通道三维结构，才使我们对分子的活动有了基本的理解，为生物化学和生物学开创了一个完全崭新的领域。2001 年，麦金农工作组又得到了该通道复合体更为精确的 X 射线晶体结构，分辨率提高到 2.0Å，为从原子水平上研究离子通道的通透机制提供了结构基础。

KcsA 与其他钾离子通道相比，遗传性质同源、结构上相似、通透特性相同，而且对 KcsA 的研究最广泛、最深入，积累了大量翔实的实验资料，为研究钾离子通道动力学特征提供了依据。对 KcsA 的理论研究是物理学与生命科学相联系的纽带，它不仅解释了通道结构与功能的关系，也增进了人们对这种生命过程的理解和对相关物理学理论的深入。

4.4.1　离子通道的物理学研究方法

对离子通道的理论研究主要是来自于两个角度：一是连续的角度，将离子穿越通道的过程看成是在溶液中的扩散过程，主要有泊松-能斯特-普朗克理论（Poisson-Nernst-Plank，PNP）和布朗动力学理论（Brownian dynamics，BD）；二是离散的角度，即把离子的通透过程分解成一系列离散的状态，把用于描述化学反应的反应速率理论（reaction rate theory，RRT）用于离子通道。另外，随着计算技术的快速发展，分子动力学（molecular dynamics，MD）也用于对离子通道的研究，还有基于量子化学的密度泛函理论（density function theory，DFT）。

关于布朗动力学和分子动力学的基本原理在本书的其他章节均有具体介绍，本部分仅对各种方法应用于离子通道做简单的描述和评价。

1. 反应速率理论

反应速率理论把动力学过程看作系统在各状态之间的跃迁。该方法源于对化学反应速率的解释，在生物领域中成功地应用于酶反应动力学的研究，后由霍奇金（A. L. Hodgkin）等将这一理论引入解释离子通道的通透机制。反应速率理论将离子通道看成是由一系列势阱和势垒交替存在的物理模型，所谓势阱即能量极小值点，对应于离子的结合位点，离子在不同的位点就是不同的状态 $C_i(i=1, 2, \cdots, n)$。用 $P_i(i=1, 2, \cdots, n)$ 来表示每一种状态在每一时刻的存在概率，用速度常数 $k_{\pm i}(i=1, 2, \cdots, n)$ 来描述跃迁的速度。离子跨过势垒在不同的状态之间发生前后跃迁。如下式

$$C_{i-1} \underset{k_{-i}}{\overset{k_{i-1}}{\rightleftharpoons}} C_i \underset{k_{-(i+1)}}{\overset{k_i}{\rightleftharpoons}} C_{i+1} \tag{4.2}$$

速率常数

$$k_i = k_0 \exp\left(-\frac{G_{i,(i+1)} - G_i}{RT}\right)\exp\left(-\frac{zF\delta V}{RT}\right) \quad i = 1,2,\cdots,n \tag{4.3}$$

式中，k_0 是比例常数；G_i 是第 i 个势井的大小；$G_{i,(i+1)}$ 是从第 i 态到第（$i+1$）态所需越过的势垒的高度（图 4.21）；R 为气体常数；T 为绝对温度；z 是离子价；F 是法拉第常量；δ 是两态跃迁所经历的电压占总电压的比例；V 是总电压。

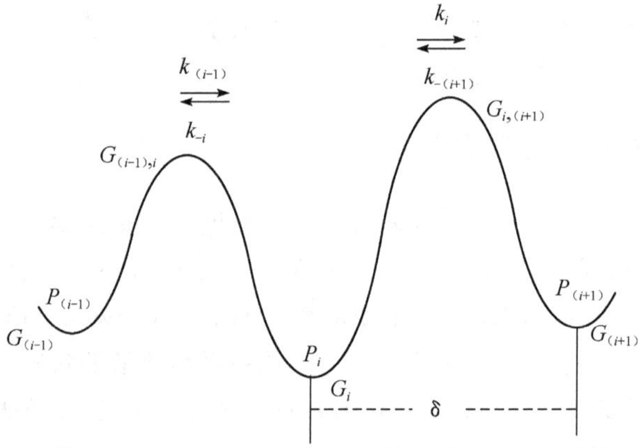

图 4.21 离子通道自由能示意图（安海龙，2005）

这样离子的通透过程就可以用各态存在的概率和跃迁常数来表征。反应速率理论是研究离子通透性的一个直观而又简单的方法，因此被广泛用于离子通道，在解释多离子通道的一些特性方面取得了不多的成就。对于这一理论，也有人怀疑它是否适用于离子通道，而且使用这一理论时，它的待定参数以适合生理学测得的实验数据来确定，而不是直接从通道的结构信息得出，是其应用的弊端之一。

2. 泊松-能斯特-普朗克理论

泊松-能斯特-普朗克理论是基于电扩散而来的理论。从通道穿过的离子流由

浓度梯度和电势差两种力来驱动，电势差所产生电场使带负电的离子逆着电场方向移动。在欧姆定律［(4.4)式］、胡克定律［(4.5)式］及泊松方程［(4.6)式］和能斯特-普朗克方程［(4.7)式］的基础上，以连续体理论为基本假设，通过求解 PNP 耦合方程来得到通道系统的离子浓度、电势和通道内的离子流，这就是 PNP 模型。

$$\boldsymbol{J} = -g\,\nabla\varphi = g\boldsymbol{E} \tag{4.4}$$

$$\boldsymbol{J}_n = -g\,\nabla n \tag{4.5}$$

$$\varepsilon_0\,\nabla\cdot(\varepsilon\,\nabla\varphi) = -(\rho_{el} + \rho_{ex}) \tag{4.6}$$

$$\boldsymbol{J} = -D\,\nabla n - \frac{g}{e}\,\nabla\varphi = -D\left(\nabla n + \frac{ne}{kT}\,\nabla\varphi\right) \tag{4.7}$$

式中，$\boldsymbol{J}$ 是电流面密度；g 是通道电导；φ，$\boldsymbol{E}$ 分别指的是电势和电场强度；$\boldsymbol{J}_n$ 指离子流密度；n 指的是离子数密度；ε 指的是介电常数；ρ_{el} 和 ρ_{ex} 分别指细胞液中的电荷密度和蛋白质中的电荷密度；D 是离子的扩散系数；e 指离子带的电荷数；k 为玻尔兹曼常量；T 指温度。

泊松-能斯特-普朗克理论以基本的物理化学定律将通道形状、通道蛋白上的电荷、离子浓度和电势考虑在内，可以很方便地计算出离子的通透电流。在处理半径大于两个德拜长度（生理条件下大约是 1.6nm）的生物系统时可以给出精确的结果。但在该理论中把通道看作平均场，并且没有考虑通透过程中通透蛋白与离子间的相互作用，这对于半径小于两个德拜长度的离子通道是不合适的。

3. 密度泛函理论

密度泛函理论是一类量子化学的计算方法，它是以薛定鄂方程为基础用量子化学方法对分子进行处理的一种算法。随着量子理论的建立，人们希望对微观体系的量子力学方程——薛定谔方程进行数值求解。奥地利化学家 W. Kohn 提出密度泛函理论，这一理论将电子之间的交换相关势表示为密度泛函，使薛定谔方程在考虑了电子之间相互作用后利用建立自洽场近似的方法求解。密度泛函理论是在 Hohenberg-Kohn 第一定理和第二定理的基础上，通过确定系统的基态电子密度来确定系统的电子数，进而确定系统的哈密顿算符 $\hat{H}$。

与其他理论方法相比，密度泛函理论具有三点优势：第一，DFT 方法既考虑了原子与原子间的相互作用，又考虑了电子相关，这有别于基于经典物理学基础的分子动力学理论，后者只考虑原子间的相互作用和各种化学键，而没有深入考虑电子的作用；第二，DFT 求解薛定谔方程是通过采用泛函方法，不需要输入一些实验或者经验参数；第三，密度泛函理论的计算量仅约正比于体系电子数目 N 的 3 次方，该方法的计算量对于系统电子数目的变化不是很敏感，比较适用于研究生物大分子的性质。

4. 布朗动力学和分子动力学

布朗动力学用 Langevin 方程（具体原理参见“分子马达”部分）来描述处于非平衡涨落环境中的布朗粒子的动力学行为。用布朗动力学研究离子通道，就是将通透离子看成了布朗粒子，它在细胞质溶液中会受到摩擦力和随机力，另外还要受到通道电环境所产生的电场力。朗之万方程的求解类似于牛顿第二定律方程的求解，原则上只要知道各种力的表达式，就可以求解每一个离子的速度和位置。布朗动力学可以成功地解释钾离子通道与钾离子的一些生理学特性，它的优势在于可以节省大量的计算时间，可以研究较长时间范围内的动力学行为。

分子动力学是在原子、分子水平上求解多体问题的计算机模拟方法，随着计算机的迅速发展，越来越多地被应用于各种体系的模拟。将其应用到离子通道领域首先可以从能量的角度，计算离子通道的平均力势（potential of mean force，PMF），从而找到离子穿过通道的结合位点与位垒；其次，该理论是一个确定性理论，系统中粒子的运动有准确的物理依据，可以得知其运动轨迹，可以计算离子选择性和估算扩散系数等物理量。应用该方法得到的有关离子通道通透性与选择性的结论可以解释实验结果。

目前，离子通道的实验研究也得到了多学科的重视和很大程度的发展，研究方法和手段层出不穷，其中比较成熟的有电生理学技术（如双电极电压钳、膜片钳技术）、分子生物学技术（如定点突变、PCR 扩增技术及基因克隆）、生化手段（如免疫沉淀）、显微成像技术（如荧光共振能量转移）及结构生物学手段（如 X 射线衍射技术），感兴趣的读者可以参考相关的专著。

4.4.2 KcsA 通道的选择性与通透性

实验表明，通道的某个特定区域（甚至是某个特定的氨基酸残基）是决定离子通道特性的关键因素。本节从麦金农工作组在 2001 年用 X 射线晶体衍射得到分辨率高达 2Å 的 KcsA 钾离子通道的三维结构出发，解释 KcsA 钾离子通道的选择性的产生机制。

如前所述，麦金农所获得的 KcsA 钾离子通道由 4 个相同的亚基构成，每个亚基由两个横跨细胞膜的螺旋组成，两个螺旋由大约 30 个氨基酸组成。选择性过滤器是钾通道的主要组成部分，每一个亚基的选择性过滤器中都存在一个保守的氨基酸序列（Thr-Val-Gly-Tyr-Gly），4 个对称氨基酸序列上的所有羰基氧原子都朝向孔道，每 8 个氧原子以一个近似立方体 8 个顶点的形式包围着一个钾离子，组成一个适宜的结合位点，在孔道内存在 4 个钾离子可能的结合位点。选择性过滤器孔径约为 0.3nm，长 1.2nm，钾离子脱水后（直径约 0.26nm）大小合适，恰好可以通过（见图 4.22）。

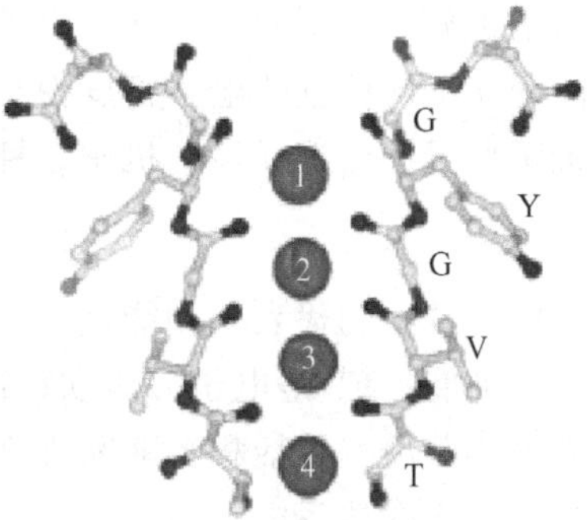

图 4.22　选择性过滤器结构示意图（安海龙，2005）

麦金农工作组的研究结果表明，选择性过滤器中钾离子不能同时占据 4 个位点，而是单个水分子与脱水的钾离子交替占据，从而形成两个构型：钾离子-水-钾离子-水（1,3 构型）和水-钾离子-水-钾离子（2,4 构型）。这两个构型在选择性过滤器中交替存在，研究发现，对于钾离子来说，两构型之间转换时能量障碍很低，使得后一个进入通道的离子很容易施加一个排斥力将走在最前边的通道另一端的钾离子推出。因此麦金农小组认为两个构型之间的自由能几乎相等，使得离子在通道中通透速度非常快，从而使通道对离子具有高通透特性。

在选择性过滤器中，钾离子需要脱掉水分子，而与组成孔道的氨基酸上的羰基氧原子相结合。胞外侧出口处的两个位点钾离子分别处于完全水合与半水合状态，确切地说是离膜较远的位点上的钾离子是完全水合的，离膜近的位点上的钾离子是半水合的。所以，在整个通透过程中钾离子是先水合，再脱水而与羰基氧原子结合，最后再在溶液中慢慢水合，在大约 10ns 的时间内选择性过滤器催化钾离子的脱水、转导、再水合。麦金农工作组对 KcsA 的研究认为钾离子进入孔道前必须先脱水，钾离子与水上氧原子的结合在孔道内转变为与羰基氧原子的结合。因此孔道内钾离子（直径 0.26nm）与序列中羰基氧原子结合能补偿进入孔道前脱水损失的能量。但是这种补偿的前提是，离子与氧原子处于合适的距离。对于钠离子（直径 0.2nm）或其他离子，在钾离子通道内脱水所损失的能量不能得到完全补偿，阻碍了离子的进入。这就是该种离子通道具有离子选择性的原因之一。

4.4.3　KcsA 通道选择性的产生机制

KcsA 通道选择性产生的关键部分在于选择性过滤器，由 4 个亚基构成的该系统具有 1 个一价阳离子和 20 个氨基酸，共 1000 余个电子，20 个氨基酸排列成一个直径约为 0.3nm、长度约为 1.2nm 的通道，而 K^+、Rb^+ 及 Na^+ 的直径分别为 0.29nm、0.2nm 和 0.26nm。对于这样的系统应该考虑量子效应，DFT 以量子力学为基础，可以研究原子与原子之间的相互作用，同时也考虑了电子交换能和相关能，可以更加准确地反映系统的位能。于是基于 Hohenberg-Kohn 第一定理和第二定理，通过确定阳离子与通道选择性过滤器组成系统的基态电子密度，同时确定系统的电子数，进而决定了系统的哈密顿量。不同位置的离子体系的电子分布也不同，不同的离子具有不同数目的电子，这样就可以通过计算不同离子在不同位置的电子密度得到体系的位能面，从分子水平研究 KcsA 通道对一价阳离子产生选择性的机制。钾离子通道的单点能具有如下形式：

$$E = E^{T} + E^{V} + E^{J} + E^{XC} \tag{4.8}$$

式中，各项均代表一种能量，且都是电子密度的函数。其中 E^{T} 是 N 个电子所具有的动能；E^{V} 是电子势能项；E^{J} 是第 i 个电子与 $N-1$ 个电子的排斥能；E^{XC} 是交换相关项（包括相关能和交换能）。N 为体系电子数目，如钾离子和选择性过滤器组成的体系电子数为 1042。为了研究 KcsA 通道对不同离子的选择性，可以计算氨基酸保守序列（TVGYG）与不同的一价阳离子（钠、钾、铷、铵离子）之间的相互作用，再根据位能曲线的分布从能量的角度来分析选择性的原因。

计算结果中位能曲线有 4 个极小值，可以看作 K^{+} 在选择性过滤器中存在的 4 个结合位点，而且 K^{+} 的位能曲线具有非对称性，根据统计热力学的观点，K^{+} 只能通过通道由膜内侧到膜外侧，也就是说 K^{+} 进出离子通道概率的比值几乎为零，这与实验中观察到 KcsA 钾通道为外向整流型钾通道定性吻合。NH_4^{+} 和 Rb^{+} 具有与 K^{+} 相类似的位能曲线，具有 4 个结合位点，但是遇到的位垒比 K^{+} 大，这个结果可以定性地解释实验所观察到的 KcsA 通道对于 NH_4^{+} 和 Rb^{+} 也有一定的通透性但通透性低于 K^{+} 的现象。计算所得的钠离子和钾离子及铷离子位能曲线不同，钠离子在出口处位垒比钾离子高且位能曲线具有对称性，所以对 Na^{+} 几乎不通透。

为了得出这种选择性产生的规律，我们讨论了离子的半径。结果是，与钾离子的半径差异越大，该离子在通透过程中遇到的位垒就越高，离子也就越不容易通过，通透率越低，反之则通透率越高。可见在 KcsA 通道的选择性通透机制中起关键作用的是离子的半径，即在离子通透过程中存在最佳的通透“有效半径”，离子的半径与之越接近，则越容易通过。

4.4.4 KcsA 通透过程的布朗动力学

离子通道的布朗动力学模型把通道内的离子看作布朗粒子，把离子在通道内的行为看作是随机动力学行为，通道形成的膜电位以及生物电场的贡献相当于作用在离子上的非对称势场，这样钾离子通过通道的动力学特征可以用如下的朗之万方程来描述：

$$x + \gamma x = \Gamma(t) + f(x) \tag{4.9}$$

$\Gamma(t)$ 是一种涨落力，或称随机力，用来表示钾离子受到细胞内其他离子及水分子对它的作用，$\Gamma(t)$ 的统计平均值为 0，关联函数具有 δ 的形式

$$\langle \Gamma(t) \rangle = 0 \quad \langle \Gamma(t)\Gamma(t') \rangle = 2D\delta(t-t') \tag{4.10}$$

$f(x)=-\dfrac{\nabla \varphi}{m}$为单位质量的布朗粒子受到的力。采用上面部分 DFT 方法得到的钾离子在通道内受到的位能，通过对位能求负梯度得到离子在不同位置所受的力，进而求解方程（4.9），便可得到钾离子在任意时刻的速度和位置，进而了解其通透特性。

在描述通道内钾离子的动力学过程中，离子流〈$\dot{x}$〉是系综平均下的离子速度。钾离子的定向运动可用〈$\dot{x}$〉来描述：〈$\dot{x}$〉<0，则钾离子从膜外侧向膜内侧运动；〈$\dot{x}$〉>0，则钾离子从膜内侧向膜外侧运动；〈$\dot{x}$〉$=0$，则不存在定向运动。

这种方法的计算结果表明：随着时间的推移，钾离子经过选择性过滤器从中心腔内运动到细胞膜外侧；在运动过程中的绝大多数时间，都有〈$\dot{x}$〉$\geqslant 0$，即钾离子的确存在指向 x 轴正向（即膜外侧）的定向运动，在足够长的时间范围内（钾离子已经离开通道内），钾离子的平均速度值约为 0.92nm/ns。以此推算，每个钾离子通过通道的时间为 4.35ns，每秒中可以通过 2.30×10^8 个钾离子。这个结论与实验结果中 KcsA 单通道每秒钟可以通过约 10^8 个钾离子在数量级上是吻合的。

习　题

1. 概括细胞膜的结构与功能，并谈谈对它的理解。

2. 如何理解下边这句话：细胞膜的结构依赖于磷脂的化学性质，而细胞膜的功能依赖于膜蛋白？

3. 物质（包括小分子、大分子和离子）跨膜运输有哪几种途径？各有何特点？

4. 比较离子通道与离子泵对物质的运输有何不同。

5. 膜片钳技术是目前研究离子通道成熟而有效的实验方法，试调研它的工作原理。

6. 文中提到三种膜蛋白结构的理论预测方法，试比较之，并选择一种说明其工作原理，探索将其应用于氯离子通道。

7. 概括静息电位和动作电位的产生机制。

8. 人们对膜电位和神经行为的认识最早来源于对乌贼巨轴突的研究。用电极测量一个非损伤的轴突，膜电位为－70mV，当轴突浸泡于海水环境中时，它将受到一个刺激而产生神经冲动，膜电位瞬时从－70mV 改变到＋40mV。在 293K 的环境温度下，单价离子的 Nernst 方程变为 $V=58\text{mV}\times\log(C_o/C_i)$，其中 C_o 和 C_i 分别是膜外和膜内的离子浓度。使用此方程计算膜静息电位（假设它

由 K^+ 单独产生）和动作电位（假设它由 Na^+ 单独产生），离子浓度由下表给出。哪一个计算结果与测量所得静息电位接近？哪一个结果与测量所得动作电位接近？试加以解释。

离子	细胞质	海水
Na^+	65mmol/L	430mmol/L
K^+	344mmol/L	9mmol/L

参考文献

安海龙．2005．生物电场作用下钾离子通道动力学性质的研究．天津：河北工业大学博士学位论文

霍尔 J L，贝克 D A．1985．细胞膜与离子传递．北京：科学出版社

李泱，程芮．2007．离子通道学．长沙：湖北科学技术出版社

欧阳五庆．2006．细胞生物学．北京：高等教育出版社

丘冠英，彭银祥．2004．生物物理学．武汉：武汉大学出版社

沈大棱，吴超群．2006．Cell Biology．上海：复旦大学出版社

翟中和，王喜忠，丁明孝．2007．细胞生物学．3 版．北京：高等教育出版社

赵南明，周海梦．2000．生物物理学．北京：高等教育出版社

Alberts，et al. 2007. The Molecular Biology of the Cell. Garland Publishing Inc，US

Choe S. 2002. Potassium channel structures. Nature Reviews Neuroscience，3：115-121

Chung S H，et al. 2007. Biological Membrane Ion Channels Dynamics，Structure，and Applications. Springer Science Business Media，LLC.

Hille B. 2001. Ion Channel of Excitable Membranes. 3rd ed. Massachusetts U. S. A.：Sinauer Associates，Sunderland

Jiang Y，et al. 2002. Crystal structure and mechanism of a calcium-gated potassium channel. Nature，417：515-522

第 5 章

电磁场生物效应

生物体在生存和发展的过程中都要受到非常复杂的环境的影响，在人类生存的自然环境中就存在着多种类型的电磁场。例如，太空向地球发射来的多种辐射，包括太阳风（微粒辐射）、X 射线、紫外线、可见光、红外线辐射、高频和低频电磁辐射，除此以外还有其他的宇宙射线；地球本身的电场和磁场（大气层电场、空气离子、空间电荷、传导电流、电晕放电、由雷暴产生的电磁信号等）、由放射性物质从地下发出的辐射等；人们在日常的生产和生活活动中由于电磁能的应用而产生的各种电磁场，如高压电线、电视塔及医疗器械的应用，还有手机、电视机、电冰箱、洗衣机、电炊具等各种家电的使用，都会在周围空间产生一定的电磁场。

事实上，我们正生活在一个非常复杂的电磁环境中，而且不断地受到周围电磁场的影响。随着电磁能和电磁波技术的不断发展与应用，一个尖锐的问题摆在了人们的面前：这些电磁场对生物体特别是对人体是否会产生影响或产生何种影响？研究表明，一定的电磁场的确可产生一定的生物学效应。电磁场的生物学效应在某种情况下会给人体的健康带来危害，因而需要防护；但同时又可以利用某种效应来治疗疾病，其中最引人注目的是在特定条件下磁场可以诱导肿瘤细胞发生凋亡，从而达到治疗疾病的目的。

本章首先对生物体本身所具有的电学特性和磁学特性做简单的介绍，然后再介绍电磁场对于生物体本身所产生的影响。

5.1 生物体的电特性

物质是由分子和原子组成的，而原子又由带正电的原子核和带负电的核外电子组成。原子核中含有质子和中子，质子带正电，中子不带电，并且一个质子所带的电量和一个电子所带的电量数值相等。物质内部固有地存在着质子和电子这两类基本电荷正是各种物体带电过程的内在根据。由于在正常情况下，原子核内的质子数目等于原子核外的电子数目，所以原子不呈现电性。这样，整个宏观物体也不呈现电性。但是，如果在一定的外界条件之下，原子或者分子失去电子，就会成为带正电的离子；相反，如果原子或者分子从外界获得了电子，就会成为带负电的离子。

生物体也是由分子和原子组成的，分子和原子中包含有带正电的质子和带负电的电子。生物体本身含有大量的水分子，水分子具有很强的电偶极作用。而且生物体内还存在 Na^+、K^+、Ca^{2+}、Fe^{2+}、Mg^{2+}、Cl^- 等大量的无机离子。组成蛋白质的 20 种氨基酸中，有 13 种在水中能离解产生离子基团或者表现出偶极性。此外，生物体内 DNA 大分子中的碱基和磷酸酯也存在离子基团和偶极性。由上述生物体本身的组成和结构特点可知，生物体本身具有电的特性，下面来做详细的介绍。

5.1.1 生物水的电特性

在生物体内含有大量的水，水起着不可或缺的作用。它不仅能够提供给细胞生存和生活环境，而且在很大程度上决定着生物大分子的构象和功能，在生化反应中起着重要的作用，是生命活动的必要条件。生物水具有许多特殊的性质，生物水的电特性就是其一。

在物理学的研究中已经知道，两个大小相等的电荷 $+q$ 和 $-q$，当两者之间的距离和讨论中的场点到它们的距离相比小得多时，这样一对等值异号电荷所组成的系统就称为电偶极子，如图 5.1 所示。电偶极子具有电偶极矩 $\boldsymbol{P}$，$\boldsymbol{P}=q\boldsymbol{l}$，电偶极矩是表征电偶极子性质的重要物理量。在静止的电偶极子周围空间存在着静电场。

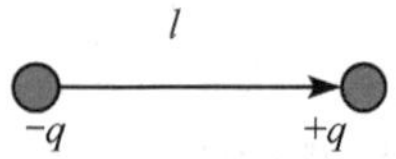

图 5.1 电偶极子示意图

水分子由一个大的氧原子和两个小的氢原子组成。电子在水分子中不是均分的，所有电子在绝大多数时间内停留在氧原子上。由图 5.2 可知，由于水分子的正电荷中心和负电荷中心不重合，可以采用如图 5.3 所示的简化示意图来描述它。和图 5.1 进行对比可以看出，它可以被等效为一个电偶极子，即使在没有外加电场的条件之下，它也具有一个固有的电偶极矩，因此水分子具有很强的偶极性。

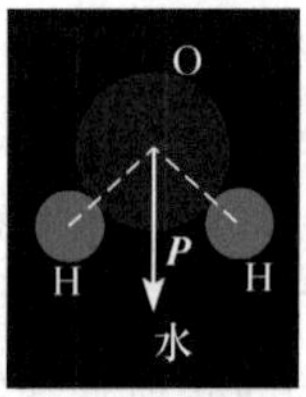

图 5.2 水分子的结构示意图

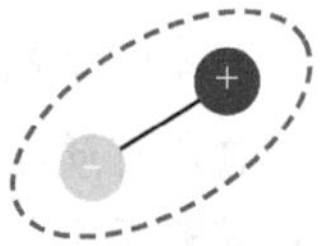

图 5.3 电偶极子示意图

化学家刘易斯（G. Lewis）和他的学生哈金斯（M. Huggins）在 1920 年首先提出氢键（或 H 键）的概念。他们认为，一个分子中的氢原子能和另一个分子中的氧原子以一种特定的方式作用，这种相互作用就称为氢键。水分子能与其他水分子、离子或生物大分子的极性基团之间形成氢键；水分子也可以与其他离子或生物大分子之间以氢键相联系形成某种结构。这种状态的水称为结构水，在生物体中有相当比例的水以结构水的形式存在。

上述特点均体现了生物水具有电的特性。

5.1.2 生物电阻抗

生物体在生命活动中所呈现的电生理现象也体现在它具有电阻、电容及电位的特性。这些电学性质，不同于非生物体，并非固定值，在活动时能发生很大的变化，在静息状态与活动状态下各电学参数均不相同。

细胞膜是以脂质双分子层为基本框架，其上嵌有蛋白质，膜中的蛋白质主要是 α 螺旋结构。蛋白质分子有的镶嵌在脂类双分子层之间，有的只附着于脂类双分子层表面。根据对细胞膜结构的研究发现，细胞膜具有电阻和电容的双重特性。

1. 膜电阻

生物膜是由脂质双分子层构成，因此其电阻值会很高，可达 $10^5\Omega\cdot cm^2$。由物理学知识可知，电阻值的大小反映电流的通导能力。同理，膜电阻大小可以体现离子穿透生物膜的难易程度。

如果细胞膜表面积用 $S(cm^2)$ 来表示，则其内外实际输入电阻为

$$R_{inp}=\frac{R_m}{S} \tag{5.1}$$

R_m（膜电阻）的大小与细胞环境、生理状态、代谢水平及功能特性等有关。表 5.1 中给出了几种组织的电阻值，由表中数值可以看出，不同组织的电阻值不同，而对于同一种组织在静息和兴奋时的电阻值相差很多。

表 5.1 几种组织的电阻和电容

生物材料	$R_m/(\Omega\cdot cm^2)$	$C_m/(\mu F\cdot cm^{-2})$
海胆卵	100	1.1
红细胞	7～10.6	0.7～1.0
猫运动神经元	1000	1～1.5
蚯蚓轴突	1.2×10^4	0.3
蟹人轴突	7×10^3	1
蛙皮肤极性细胞	2×10^3～6×10^3	2
鼠胃上皮	100～150	
豚鼠结肠平滑肌	1×10^5	1～2
蛙心房膈	2600	5.7
羊心肌 Purkije	1900	12.4

续表

生物材料		$R_m/(\Omega \cdot cm^2)$	$C_m/(\mu F \cdot cm^{-2})$
蛙骨骼肌		1628～2415	8.7～12
乌贼巨纤维	静息	1000	1.1
	兴奋	25	1.1
丽藻	静息	2.5×10^5	0.94
	兴奋	500	0.80
蛙有鞘纤维	结间	1.6×10^5	0.0025
	结	20	3

资料来源：丘冠英和彭银祥，2001。

2. 膜电容

由于细胞膜的电阻值很高，相对于它周围的含有大量带电离子的液体而言，可以将膜视为绝缘体，而细胞膜内外的液体作为导体。这样，膜外液（导体）、细胞膜（绝缘体）、膜内液（导体）三者可以组成一个电容器。由于膜非常薄（8～10nm），与细胞的直径相比导体间的距离很小，所以细胞膜可近似地看作是一种平行板电容器（C_m）。

膜电容的大小由下式确定

$$C_m = \frac{\varepsilon_m}{4\pi \cdot \Delta x}(\mu F \cdot cm^{-2}) \tag{5.2}$$

式中，ε_m 为膜的介电常数；Δx 为膜的双分子层厚度。表 5.1 同样给出了几种组织的电容值，由表中数据同样可以看出，不同组织的电容值不同；另外，丽藻和乌贼巨纤维在静息和兴奋时的电容值相差不大。

膜电容值能够反映膜积聚电荷能力的大小。膜电容不仅具有储存能量的静态电容的作用，还具有极化电容的性质。细胞膜电容在充放电过程中，能够消耗能量变为热能。

3. 人体组织和器官的电阻抗

由于生物膜具有电阻性质，会影响细胞内外液体中的离子在电场中的运动，呈现出一定的电阻抗特性。另外，细胞膜还具有电容性质，电容在充放电过程中有一定的能量损耗，呈现出容抗性。在直流或极低频率下，组织的容抗大，电流几乎不能通过细胞膜进入胞内空间；而在高频时，细胞膜容抗较小，电流多数通过细胞膜。

人体组织和器官的电阻抗差异较大。表 5.2 中给出了几种组织（心肌、肺、乳房、肾、脑等组织）在各种情况下的电阻率和电导率。通过比较可以看出，脂肪和骨骼、脑、肝等组织的电阻率较高，而血清的电阻率最低。对于同一组织在不同的条件下，它的电阻率也是不同的，例如，肺在呼气时的电阻率为 401Ω·cm，而在吸气时的电阻率为 744～766Ω·cm；乳房在正常时的电阻率为 430Ω·cm，而乳癌时的电阻率为 170Ω·cm，两者的数值相差很大。通过这些数值比较，可以得到一些有用的信息。在实际应用中，可以通过采用测量电阻抗的办法来判断生物组织器官处于什么状态以及是否正常。

表 5.2　几种组织的电阻率和电导率

组织名称		电阻率 /(Ω·cm)	电导率 /(10^{-4}Ω/cm)	组织名称		电阻率 /(Ω·cm)	电导率 /(10^{-4}Ω/cm)
心肌	有血	207～224	50～107	脑	灰质	480	
	无血				白质	750	
肺	呼气	401	5～55	肝		500～672	6～90
	吸气	744～766		脾		630	
乳房	正常	430		骨骼肌		470～711	58～90
	乳癌	170		全血		160～230	56～85
肾	髓质	400		血清		70～78	105
	皮质	610					
	脂肪	1808～2205		0.9%氯化钠		50	140

资料来源：刘亚宁，2002。

5.1.3　生物组织的介电性质

电介质是由中性分子构成的。所谓中性，是指分子中所有电荷的代数和为零，一般来说，正负电荷在分子中都不集中在一点。在外电场不存在时，分子的正负电荷中心重合的分子称为无极分子；分子的正负电荷中心不重合的分子称为有极分子。不论是无极分子组成的电介质，还是有极分子组成的电介质，在外电场的作用下，都会出现极化现象。

在生物体内含有大量的分子，在外电场的作用下，会使得这些分子产生极化现象。采用介电常数 ε 来表征介质的极化程度，生物组织的介电常数 ε 和外场频率相关。如表 5.3 所示，随着频率升高，肌肉、肝、肺、心肌、脂肪等各种组织的介电常数会逐渐减小。而在同一频率下，脂肪的介电常数最小，心肌的介电常数相对要大一些。

表 5.3　部分组织在几种频率下的介电常数

频率/(s^{-1})	肌　肉	肝	肺	心　肌	脂　肪
10	$<10^4$	$<1.6\times10^4$	<3 000	<7 000	/
100	800	850	450	820	150
1 000	130	150	90	320	50
10 000	60	60	70	110	20

资料来源：丘冠英和彭银祥，2001。

蛋白质分子是生命现象的主要物质基础。氨基酸是蛋白质的基本组成单位。氨基酸是含有碱性氨基和酸性羧基的有机化合物，由一个氨基（—NH_2）、一个羟基（—COOH）、一个氢原子和一个 R 基团所组成。图 5.4 为氨基酸的基本结构图。在中性 pH 溶液中，羟基会失去一个质子而带负电荷；而氨基会得到一个质子从而带正电荷，从而每个氨基酸都具有固有电偶极矩（类似电偶极子），它是蛋白质局部电偶极矩的来源。关于蛋白质的更详细的结构特性以及它的电学特性在第一章已经有了介绍；另外，细胞膜电位的存在进一步证实了生物体本身具有电的特性，生命活动中的许多现象，如腺体细胞的分泌活动、卵和精子的受精过程、免疫细胞的吞噬功能等都与细胞膜的电位变化有关。它是解释各种生物电磁现象的基础。这部分内容在第四章中做了相应的介绍，本章对这些内容不再重复讲述。

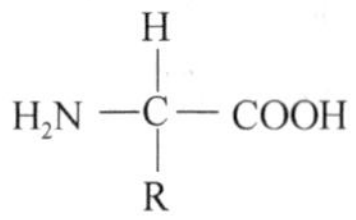

图 5.4　氨基酸基本结构

5.2　生物的磁效应

在很早以前，人们对磁性就有了认识，如在《史记》中就有利用磁矿石作为药物的一种成分的记载，当时把它称为慈石，顾名思义，可以知道磁矿石在治疗疾病中的疗效。地球上的一切生物都处于地磁场之中。广义的生物磁学包括两方面内容：一是研究生物物质的磁性和人体磁场；二是研究外磁场与人体相互作用。

5.2.1　生命物质的磁性

电场中的电介质由于被极化反过来会影响外电场。同样，处于磁场中的磁介质也能影响外加磁场。处于磁场中的磁介质，由于磁场的作用处于一种特殊的状态，称为磁化状态。所有物质都能够被磁化，但是不同的物质磁化的程度不同。

安培认为，由于电子的运动，每个磁介质分子（或原子）相当于一个环形电流，叫做分子电流（或束缚电流）。分子电流的磁矩叫做分子磁矩。在没有外磁场时，磁介质中各分子磁矩的方向是杂乱无章的，大量分子的磁矩相互抵消，所以宏观上磁介质不显磁性。当有外磁场时，各分子磁矩或多或少地转向外磁场方向，从而呈现出磁性，这就是磁介质的磁化。物质是否具有磁性可以通过在外加磁场作用下的磁化过程来认识，也可以通过测量磁性的仪器来测量。

1. 自由基的磁矩

自由基是具有非偶电子的基团或分子，它具有磁矩和高化学反应活性两个主要特征。自由基的形成是共用电子由于共价键断裂，被一方独占形成。这样，自由基便有一个未被抵消的电子，因此形成自由基的固有磁矩。

2. 生物分子的顺磁性

生物分子的顺磁性与生物大分子含有过渡族金属元素有关。人体含有的 13 种微量金属元素中，就有 8 种为 3d 或 4d 过渡族元素。强磁性主要来自于 d 壳层和 f 壳层未成对的电子。因此，含有过渡族金属的生物大分子具有顺磁性。例如，担负氧气输送的血红蛋白、影响光合作用的氧化还原素和负责碳水化合物氧化的琥珀酸脱氢酶等都含有过渡族金属 Fe 元素。又如，Co 元素是核糖核苷酸还原酶（DNA 生物合成）和谷氨酸变位酶（谷氨酸代谢）等的组分。

3. 生物分子的抗磁性

并不是所有的生物分子都表现出磁性，某些生物分子则显示抗磁性，这表明它们的固有分子磁矩为零。可以利用光学方法检测生物分子的取向反应，验证它是否具有抗磁性。

5.2.2 生物体的磁性

生物体在无外磁场（地磁场除外）时的正常情况下，其整体呈现弱磁性。这主要是因为生物体绝大部分是水，而水是抗磁质；另外，组成生物体的其他无机物和有机物大分子是顺磁质，两者相互抵消。

生物体磁场产生的原因主要有两方面。一是与生物组织成分结构有关。虽然体内组分多为弱磁质，但有些组织则含强磁质，如鸽子、金枪鱼、鲸、海豚、蜜蜂等体内就含有强磁质 Fe_3O_4。二是在生物体的新陈代谢过程中物质的输运（如离子的跨膜输运）、能量转换（呼吸链中的电子转移传递）和信息传递（动作电位、钙流）等，都有电子转移和离子电流的参与。离子运动产生的生物电流会在生物体内产生一定强度的磁场。一般情况下，生物磁场远低于地磁场，难于进行观测和研究。

5.3 磁场生物效应的相关问题

磁场的生物学效应取决于多种因素，如磁场的类型（恒定磁场、交变磁场、脉冲磁场等）、所加磁场的方向，以及磁场的强度、磁场作用的时间、作用于生物体的部位和生物体的组成材料等。

根据磁场的强度，可以将磁场的生物学效应分为强磁场效应、地磁场效应和极弱磁场效应。高于 10^{-2} T 的属于强磁场，低于 10^{-7} T 的属于极弱磁场或近零磁场。

由于极低频磁场普遍地存在于人们的日常生活的周围环境，因此本章主要介绍极低频磁场的生物效应。极低频（extremely low frequency，ELF）磁场是指电力设施、电力传输线（配电所、电灯、电线等）或家用电器（电视机、洗衣机、微波炉、电吹风、计算机等）等产生的频率低于 300Hz 的磁场。既然极低频磁场在人们的日常生活中是普遍存在的，那么人们自然会想到这样的问题：极低频磁场对于生物体有没有影响？如果对人体有危害，那么应该采取什么办法去避免或者去减小这种危害呢？因此，极低频电磁场生物学效应及其机理方面的研究，就成为当今电磁生物学的热点研究问题。

5.3.1 极低频电磁场生物效应的特点

目前认为，极低频电磁场对生物体产生的效应主要表现为非热效应。所谓非热效应指的是电磁场通过使生物体温度升高的热作用以外的方式改变生理生化的过程。

实验研究表明，电磁场的生物学效应具有“频率窗”、“功率窗”和“时间窗”的特性。Adey 和 Bawin 用微波电磁辐射照射新生鸡脑组织，发现细胞钙离子的释出只对 0.8mV/cm^2 的功率和 16Hz 的调制频率有最大的响应，即表现出对功率、频率的选择性，因此把前者称为“功率窗”，后者称为“频率窗”。Blankman 重现了此实验，结果发现“频率窗”不止一个而是一组。在后来的研究中又发现了“时间窗”，即在外加电磁场作用下的实验结果中显示了对于时间的依赖性。

生物体对满足一定条件的电磁场的响应是非线性的。一个微弱的电磁场作用于生物体后，可激发出较强大的反应。当电磁场作用于生命体后，它起了初始触发的作用。当这种触发达到一定的阈值之后，就能够有效地启动响应机制。

5.3.2 电磁场生物效应的研究

间隙连接是细胞之间相互连接的一种方式，细胞之间保持约 2nm 的狭道，亦可进行细胞之间的物质交换，被认为是细胞之间通信联络的一种方式。细胞通过它所介导的间隙连接，从而进行细胞间信息和能量的传递，进一步调节细胞生长、分化和发育过程，对于维持机体功能的发挥起着重要的作用。大多数肿瘤细胞没有或有很弱的间隙连接。姜槐等发现极低频电磁场对间隙连接通讯有直接的抑制作用。Ubeda 等用染料示踪法发现，极低频电磁场辐射 30min 后，能够拮抗褪黑激素所致的间隙连接通讯功能的增强。

钙离子是细胞内的第二信使，在细胞内传递信息和调节细胞的多种功能。细胞内部钙离子浓度的升高可激活各种细胞的信号路径，从而引发相应的生理反应。已有实验报道电磁场作用下小鼠胸腺细胞、淋巴细胞和人类淋巴细胞等细胞

内的 Ca^{2+} 浓度会发生变化。Karabakhtsian 等发现，低频电磁场作用于 HL-60 细胞后，胞内钙离子浓度明显下降；Pessina 等用脉冲电磁场处理人星形细胞瘤 U-373MG 细胞，发现钙离子浓度显著上升。

电磁场可以抑制细胞生长甚至导致细胞凋亡。Liu 等发现，当小鼠处于 0.2mT 和 6.0mT 极低频电磁场 2 周后，脑细胞和肝细胞的凋亡率均高于对照组。赵锐等采用流式细胞检测技术，检测了 25 名长期工作在 30×10^4V 高压环境中的工作者和 15 名正常对照者的 T、B 淋巴细胞凋亡的情况，结果显示：接触组 T 淋巴细胞凋亡率明显低于对照组；而接触组与对照组 B 淋巴细胞凋亡率没有明显差异。郭鸿勇的研究表明，工频匀强磁场可以促进体外培养的人类胃癌细胞的凋亡。

5.3.3　电磁场的医学应用

1892 年，法国物理学家、生理学家和医生 D. Arsonval 发现，当 10kHz 或者更高频率的交变电流通过人体时，会在人体组织中产生一种均匀温热的感觉，而且不伴随肌肉紧缩。由于电磁能能够实现深部加热，所以常被用作一种加热方式而被用于治疗上。但是早期的应用，仅限于用来松弛肌肉痉挛和减轻组织炎症。在 20 世纪 70 年代，电磁场应用于医学诊断和治疗的研究获得了广泛的注意和发展。

生物组织在受到微波局部加热时，组织温度升高会引起许多生理反应。例如，组织温度升高后会引起血流及毛细管压力的增加，并且使局部白细胞和抗体浓度增加，加速病菌、毒素和代谢物的排出。20 世纪 60 年代，微波在生物组织中产生热的治疗方法（即透热疗法），不仅在理疗领域获得了广泛地应用，而且也被应用于恶性肿瘤的治疗。

1. 在治疗癌症上的应用

近年来，许多实验研究发现，某种类型的磁场对某种类型的癌细胞有一定的抑制效应，这对肿瘤的早期治疗或辅助治疗有一定的价值。而在磁场诱发癌细胞发生凋亡的过程中，细胞内部钙离子浓度的变化对诱发凋亡起着关键性的作用，因此研究磁场对细胞内钙离子浓度影响的动力学特性不仅有助于揭示磁场诱发细胞凋亡的机制，而且可以科学地选择合适的磁场参数，对于肿瘤的临床治疗有一定的指导意义。

2. 低频电磁场在治疗骨折及骨质疏松中的应用

大量的研究表明，电磁场对于骨折的愈合有一定的治疗效果。早在 1989 年，Bassett 在总结了前人的研究成果基础之上，进一步肯定了电磁场的治疗效果，认定生物电在骨的代谢与重建过程中有十分重要的意义，并且预测电磁场将用于骨质疏松症的治疗。近年来，许多科研工作者做了大量的实验及临床方面的研究，从而证实低频电磁场的确能够促进骨折、特别是恢复过程已停止的接合不全的骨折的愈合，并且对骨质疏松症有一定的疗效。

3. 其他方面的应用

将微波辐射和针灸技术结合起来，可以组成一种新型的微针灸仪，它既有针刺作用，又是一种穴位理疗。微波针灸具有舒筋活血、消肿止痛、缓解经络等作用。临床研究表明，它对肩周炎、关节炎、神经痛等疾病具有较好的疗效。

另外，将手术刀刃和微波辐射器相结合可以组成一种新型的手术刀，它具有加温和凝血的作用，还在一定程度上具有灭菌的效果。这种手术刀特别适用于血管密集组织（如眼睛和肝脏）的手术。

利用脉冲电磁场使外援基因通过膜的穿孔进入细胞，并且插入细胞的基因组，从而建立起合适的遗传转化系统，这在生物医学中也有广泛的应用。

5.4 电磁场生物效应的实例

5.4.1 钙离子

钙离子 Ca^{2+} 是一种普遍存在的、重要的第二信使，在细胞信号转导过程中发挥着重要的作用。在细胞外和细胞质中均存在 Ca^{2+}。大多数细胞外的 Ca^{2+} 浓度在 100～1000μmol/L，在细胞处于静止状态时，细胞溶质 Ca^{2+} 浓度为 0.1μmol/L 左右，相差 3～4 个数量级。细胞外和细胞质中的 Ca^{2+} 浓度存在浓度差，当细胞膜受到刺激后，会使得细胞外的 Ca^{2+} 进入到细胞内部，从而实现钙信号的传递。同样，细胞质和钙库（如内质网、线粒体等）中的 Ca^{2+} 也存在浓度差，当受到刺激时，胞内钙库 Ca^{2+} 释放至细胞溶质，也会使细胞溶质内的 Ca^{2+} 浓度增高。

Ca^{2+} 从胞外流向胞内主要是通过细胞膜上的钙通道来完成的。钙通道大致可以分为电压门控钙通道、激动剂-受体门控钙通道、机械操纵性钙通道和钙库操纵钙通道。电压门控钙通道主要受膜电位的调控，主要存在于可兴奋细胞。当细胞处于静止状态，钙通道处于关闭状态；当细胞受到刺激之后，会引起细胞去极化，钙通道打开，使得胞外钙离子进入到胞内。电压门控钙通道开放时间大约 1μs，允许大约 3000 个 Ca^{2+} 通过。胞内钙库释放 Ca^{2+} 进入胞液也是通过钙通道，这已得到证实。

钙离子由胞外进入胞内（由钙库进入胞质）主要是通过钙通道来实现的，那

么 Ca^{2+} 由胞内流出到胞外（由胞质进入钙库）是通过什么系统来完成的呢？研究表明，普遍存在的高亲和力低容量的 Ca^{2+} 泵（Ca^{2+}-ATP 酶），与可兴奋细胞中存在的、低亲和力高容量的 Na^{+}-Ca^{2+} 交换器可以实现这种转运。钙泵是位于细胞膜上的一种膜蛋白，它由 ATP 提供能量；而 Na^{+}-Ca^{2+} 交换器主要通过钠、钙交换来转运 Ca^{2+}。

5.4.2　钙振荡

在外界的刺激之下，细胞内部的 Ca^{2+} 浓度周期性出现的钙峰称之为钙振荡，如图 5.5 所示。图中主要给出了正弦型、钉型、不对称型，以及从单个黏膜肥大细胞中测到的钙振荡随时间变化的特征。典型的钙振荡周期范围在 1s 到几分钟。对于一个特定类型的细胞，钙振荡的模式与所用的激动剂（刺激物）的种类和浓度有关。钙振荡种类繁多，特征复杂，其发生机制也不尽相同。

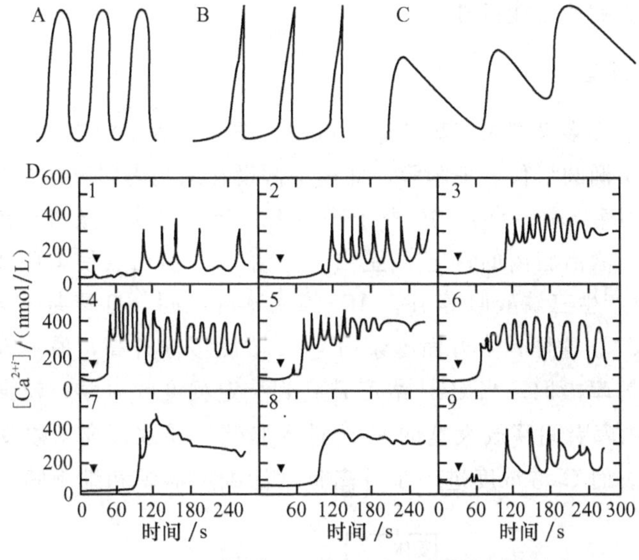

图 5.5　钙振荡特征（孙大业等，2001）

A. 正弦型；B. 钉型；C. 不对称型；D. 从单个黏膜肥大细胞中测到的不同钙振荡特征

▼表示加入抗原刺激的时间

钙振荡是胞质游离钙的一种较为普遍的运动形式。人们发现许多非兴奋性细胞受到外部的生物化学刺激后，会随着细胞内部的钙离子浓度振荡做出反应。而且能够观察到与时空相关的钙信号。其中比较典型的例子是在非洲蛙卵母细胞中出现的螺旋状的钙波。胞质内钙离子通常以浓度振荡的方式转导多种生理学信息，影响细胞分化、成熟和凋亡等各种生理过程。

5.4.3 电磁场对于胞液钙振荡影响的理论研究

在过去的几年里，人们进行了许多实验来研究电磁场和生物组织之间的相互作用。大部分实验表明当细胞处于外部电磁场中时，在细胞内部会出现钙振荡。胞液钙离子浓度的迅速增加是电磁场作用于细胞之后所出现的早期信号之一。因此，研究电磁场对胞液钙振荡的影响有助于揭示细胞生命过程的本质。

目前，电磁场对于胞液钙振荡影响的理论研究已有了一些报道，在所报道的研究中，分析问题的角度和采用的方法各不相同。大部分的研究是把电磁场作为一种周期性的信号来处理的。

众多的实验结果表明，细胞膜为低频电磁场作用的靶点，低频电磁场能够影响胞内钙离子的浓度分布。理论上也有人提出了电磁场可以改变膜对离子的通透性，打开或者关闭蛋白质通道的观点。根据上述实验及理论的研究结果，本章从电磁场可以改变细胞膜对于钙离子的通透性的角度出发，给出另外一种关于电磁场对于钙振荡影响的可能机理。

1. 钙振荡模型

人们提出了许多模型来解释钙振荡机制，图 5.6 表示由 Goldbeter 提出的钙振荡模型。图中椭圆形代表细胞膜，此模型假设在细胞内同时存在两种钙库：一种是 IP_3 敏感钙库，另一种是 IP_3 非敏感钙库。激动剂（刺激物）首先刺激细胞膜表面的受体，激活膜内的特定 G 蛋白。激活的 G 蛋白会使磷脂酶 PLC 活化，导致 PIP_2 水解产生三磷酸肌醇 IP_3。IP_3 渗入胞内区间，打开离子通道从 IP_3 敏感钙库释放 Ca^{2+}。这样，一方面胞浆内 Ca^{2+} 浓度缓慢升高，另一方面，胞浆钙被 IP_3 非敏感钙库摄取。当 Ca^{2+} 浓度升高到一定程度的时候，就会触发已充填的 IP_3 非敏感钙库瞬间释放大量的 Ca^{2+} 进入胞浆，导致钙离子浓度迅速上升形成钙振荡尖峰。而 Ca^{2+} 浓度进一步升高将激活细胞器膜和细胞膜上的钙泵，将

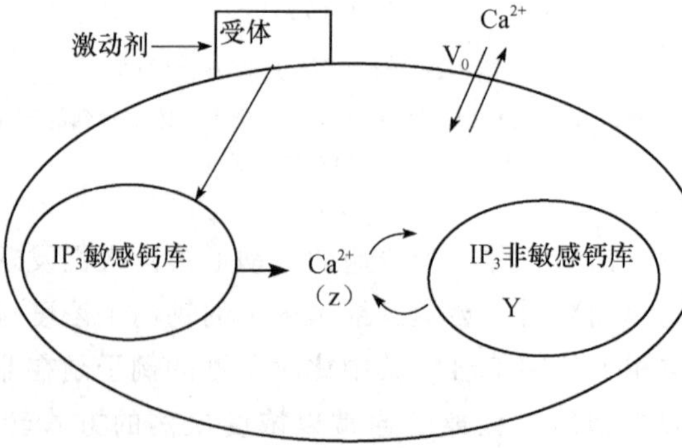

图 5.6 钙振荡模型

胞浆中 Ca^{2+} 泵回钙库或泵出细胞，从而形成调节 Ca^{2+} 浓度水平的反馈机制。因此，钙振荡是钙库周期性地释放钙和钙泵将胞浆中的 Ca^{2+} 泵出胞外、泵回钙库所产生的结果。

此模型中对应的钙振荡方程为

$$\frac{dZ}{dt}=v_0+v_1\beta-v_2+v_3+k_fY-kZ \tag{5.3}$$

$$\frac{dY}{dt}=v_2-v_3-k_fY \tag{5.4}$$

Goldbeter 在给定模型中指出，细胞膜上 Ca^{2+} 的流入速率 v_0 的增加也可以引起细胞内部产生钙振荡。同时，实验也同样表明当细胞外没有 Ca^{2+} 时钙振荡也会消失；如果将 v_0 的值减小到 0，那么最终会抑制钙振荡。由上述分析可知，在没有激动剂刺激的时候，如果有足够大的 Ca^{2+} 的流入速率 v_0，也可以自发的产生钙振荡。

2. 电磁场作用下钙通道通透机制的研究

Correa 等通过实验给出了 Na^+ 通道打开概率随膜电位的变化关系，并且根据玻尔兹曼分布给出了与实验曲线一致的分布曲线。由玻尔兹曼分布所给出的钠通道打开概率 P_0 如下式：

$$P_0=\{1+\exp[-zF(V-V_H)/RT]\}^{-1} \tag{5.5}$$

式中，P_0 代表通道打开概率；Z 为等效的门控粒子数；F 为法拉第常量；R 为普适气体常数；T 为绝对温度；V_H 为通道打开概率为 50% 所对应的电压值（也称为半数激活电压）；V 为细胞膜上所加电压。

由于钙离子通道在分子结构上与钠通道有相似性，因此利用钠通道打开概率公式对电磁场作用下的钙通道打开概率做定性讨论。

在外加电磁场作用下，细胞膜上的电压变为 $V=V_0+V_m\cos\omega t$，其中，V_0 为细胞的膜电位；V_m 为外加磁场产生的感生电场的附加跨膜电位幅值；ω 为磁场的角频率。姜常珍等计算了极低频磁场中的球细胞的跨膜电位 V_m 的值为

$$V_m=\frac{\omega B_0Cd}{2}\cdot\frac{\sigma_i}{\sigma_m} \tag{5.6}$$

式中，B_0 为外加磁场的磁感应强度幅值；C 为细胞与磁场中心距离；d 为细胞膜厚度；σ_i，σ_m 为细胞内部和细胞膜上的电导率。由（5.5）式和（5.6）式可以得出在一个磁场变化周期内，钙通道打开概率随电压的变化关系曲线，如图 5.7 所示。

3. 电磁场对于钙振荡的影响的结果与讨论

Grassi 的实验结果表明，单通道钙离子流几乎不受外加磁场的影响，极低频电磁场作用下细胞内部钙离子浓度升高的主要原因应是打开的钙通道数目的增

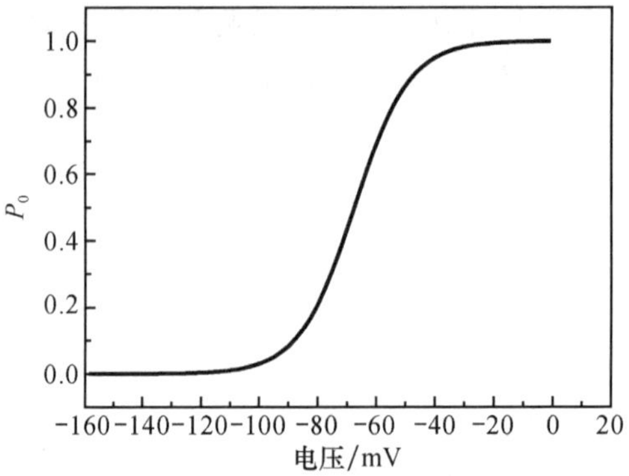

图 5.7　在一个磁场变化周期内钙通道打开概率随电压的变化关系曲线

加。由上述分析可知，磁场作用于细胞，引起跨膜电位改变，进而影响细胞膜上钙通道的打开和关闭概率，进一步影响通过细胞膜的钙离子流速率，结果调制着胞内钙振荡的形式。在无外场作用时，通过细胞膜流入胞浆内的钙离子速率为 v_0，有外加磁场调制时，其形式变为

$$v_0 \times \frac{P_0}{P_0'} \tag{5.7}$$

式中，P_0'是无外加磁场时通道的打开概率；P_0 是有外加磁场时通道的打开概率。我们将速度 $v_0 \times \frac{P_0}{P_0'}$代入方程（5.3），替换方程中的 v_0，然后由方程（5.3）和方程（5.4）通过数值计算研究极低频磁场对细胞钙振荡的影响。

图 5.8 给出了 $B_0=1.0\text{mT}$，频率分别为 10Hz、50Hz、100Hz 的钙振荡曲

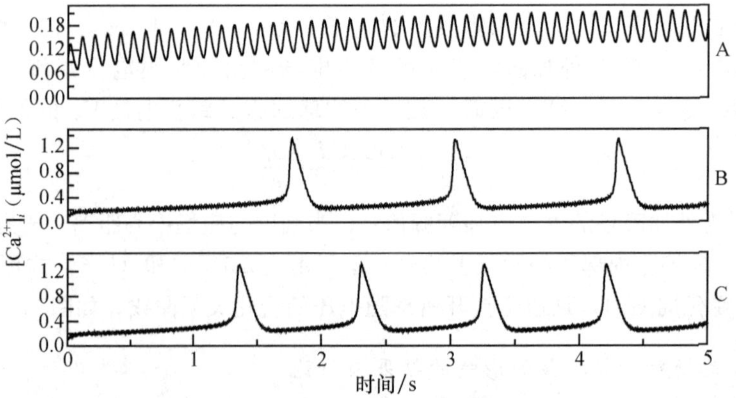

图 5.8　加磁场作用下胞浆内钙离子浓度随时间的变化关系（$B_0=1.0\text{mT}$）

A. $f=10\text{Hz}$；B. $f=50\text{Hz}$；C. $f=100\text{Hz}$

线。对比图 5.8A～C 可知，当频率为 10Hz 时，外加磁场不会诱发细胞产生钙振荡；当频率为 50Hz 和 100Hz 时，会诱发细胞产生钙振荡，但是振荡的频率是不同的。根据所得的结果可知，在没有激动剂刺激的情况下，某种类型的电磁场的确可以诱发细胞内部产生钙振荡。胞浆游离钙是细胞内的第二信使，其浓度的周期性涨落，必然会引起它所介导的生理效应，如收缩舒张、分泌等过程呈周期性起伏，进而改变细胞的一系列生理效应。

习　题

1. 简述生物体具有哪些电学特性。
2. 结合所学物理知识，解释生物水的电特性。
3. 简述钙离子、钙通道、钙振荡之间的联系。
4. 细胞溶质的成分与胞外液体的成分有很大区别，为什么穿过质膜的渗透流没有使细胞涨破（或收缩）呢？
5. 简述生物体内磁场的来源。
6. 我们生活在一个复杂的电磁环境中，你能不能说出几种电磁场对于人类有害的影响？电磁场对人类有益的方面又有哪些？

参考文献

郭鸿涌. 2004. 工频匀强磁场对正常细胞和肿瘤细胞凋亡与增殖影响的研究. 天津：河北工业大学博士学位论文

姜常珍，等. 2004. 轴对称 ELF 磁场中的球细胞感应电场及跨膜电位. 天津大学学报，37 (8)：713-716

李缉熙，牛中奇. 1990. 生物电磁学概论. 西安：西安电子科技大学出版社

刘亚宁. 2002. 电磁生物效应. 北京：北京邮电大学出版社

罗二平，张志远. 2001. 电磁场非热效应机理的研究. 世界医疗器械，1：55-57

丘冠英，彭银祥. 2001. 生物物理学. 武汉：武汉大学出版社

沈强. 2001. 超低频电磁场与人类健康. 国外医学生物医学工程分册，19 (3)：125-131

孙大业，等. 2001. 细胞信号转导. 3 版. 北京：科学出版社

叶晖，等. 1997. 超低频磁场对鼠肉瘤细胞核参数的影响. 华中理工大学学报，25 (增 1)：45-47

张红锋，丁荔萍，张利华. 2003. 极低频电磁场生物效应及其机理研究进展. 生物学教学，28 (2)：6-8

张辉，等. 2007. 极低频磁场对胞内钙振荡影响的机理分析. 中国医学物理学杂志，24 (3)：189-192

赵南明，周海梦. 2004. 生物物理学. 北京：高等教育出版社

Correa A M, Francisco B, Ramon L. 1992. Gating kinetics of batrachotoxin-modified Na^+ channels in the squid giant axon. Biophys J, 61: 1332-1352

Goldbeter A, Dupont G, Berridge M J. 1990. Minimal model for signal-induced Ca^{2+} oscillations and for their frequency encoding through protein phosphorylation. Proc Natl Acad Sci, 87: 1461-1465

Grassi C D, et al. 2004. Effects of 50 Hz electromagnetic fields on voltage-gated Ca^{2+} channels and their role in modulation of neuroendocrine cell proliferation and death. Cell Calcium, 35: 307-315

Jacob R, et al. 1988. Repetitive spikes in cytoplasmic calcium evoked by histamine in human endothelial cells. Nature, 335: 40-45

Marino C, Antonini F. 1995. 50Hz magnetic field effects on tumoral growth in vivo systems. *In*: Seventeen Annual BEMS Meeting, Bostom, Massachusetts, Abstract Book: 171-172

Sneyd J, et al. 2004. Control of calcium oscillations by membrane fluxes. PNAS, 105 (5): 1392-1396

Tofam S, Barone D. 2001. Static and ELF magnetic fields induce tumor growth inhibition and apoptosis. Bioelectromagnetics, 22 (6): 419-428

Traitcheva N, Angelova P. 2003. ELF fields and photooxidation yielding lethal effects on cancer cells. Bioelectromagnetics, 24 (2): 148-150

Verheyen G R, et al. 2003. Effect of coexposure to 50 Hz magnetic fields and an aneugen on human lymphocytes, determined by the cytokinesis block micronucleus assay. Bioelectromagnetics, 24 (3): 160-164

第 6 章

神经生物物理

脑是最神秘、最精密的、最有效的处理存储信息的物质系统，其结构和功能具有高度复杂性。人脑由多达 140 亿个神经细胞组成，每个神经细胞可以与多达 1 万个其他神经细胞相联系。人脑能同时接收来自触觉、听觉、视觉等多种感觉系统的信息，每秒处理多达 10 万种化学反应，每天能够记录 8000 多万条信息。揭示脑的结构、功能及其工作原理，预防、诊断和治疗脑的各种疾病，深入认识脑的高级功能是神经科学研究的主要任务。

本章主要介绍脑结构的基本单元——神经细胞的结构及其特点、突触的分类及其机制、脑电的特征及其观测意义。

6.1　神经元结构与分类

神经系统主要由两类细胞组成：神经胶质细胞和神经细胞。神经胶质细胞是神经系统中广泛存在的细胞，主要起支持、滋养神经细胞的作用。从数目上来说，神经系统内神经细胞数目较少，但神经细胞是神经系统实现功能的基本单位，是神经系统机能的基础。神经细胞通常被称为神经元。

6.1.1　神经元的结构

神经元是在绝大多数生物体内都存在的一类细胞。与生物体内的其他细胞一样，神经元也是被细胞膜包围，它的内部也包含细胞核、细胞质、线粒体及其他细胞器，它也能够实现合成蛋白质、产生能量等细胞的基本功能。典型的神经元结构主要包括胞体、轴突、树突三部分（图 6.1）。

胞体是神经元的核心部分，是神经元的营养、代谢中心。胞体的大小差别较大，其直径为 5～150μm。胞体的形态各异，常见的形态有星形、圆形、锥体形等。

轴突是发自胞体的纤维管状突起。自胞体发出的部分圆锥形突起称为轴丘。轴突较长，一般其在终止前可延伸长达数微米甚至数米的距离。轴突一般不分支，但在轴突末端分支较多，这些分支形成轴突终末。轴突的主要功能是将电信号自胞体沿轴突方向传递到轴突终末。不同种类的神经元轴突粗细有差别，一般较粗的轴突传导速度较快。轴突外层被一种称为髓鞘的膜包围，该膜具有高度的

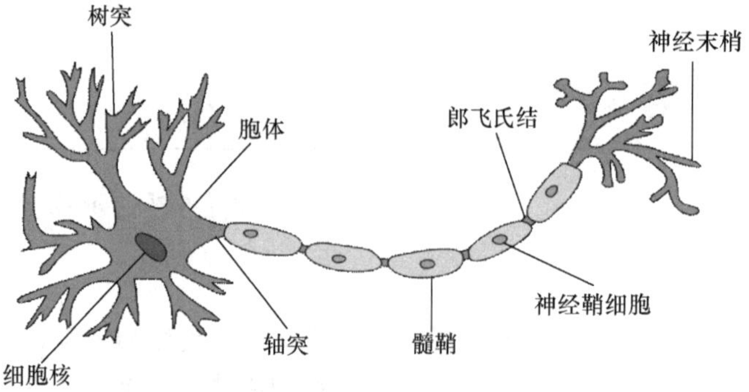

图 6.1　典型神经元结构图（译自维基网）

绝缘作用，可防止电信号向周围扩散，保证了传导的准确性。髓鞘之间的无髓鞘部分称为郎飞氏结。郎飞氏结的电阻比相邻两结之间的电阻小得多，因此该结的存在能够极大地提高轴突传导电信号的速度。

自胞体发出的树枝状突起称为树突。与轴突相比，树突粗而短，且有多重分支，一般情况下一个神经元只有一个轴突，但可以有多个树突。树突的主要作用是将从其他神经元和胞体其他部位接收到的信息传递到胞体。在一些神经元的树突上存在着无数的指状突起或增厚区，称为树突棘。树突棘是神经元接受其他细胞输入信号的部位。树突的分支和树突棘的存在增加了神经元接受刺激的面积。

6.1.2　神经元的分类

神经元的种类繁多，常常可以根据其形态和功能进行分类。

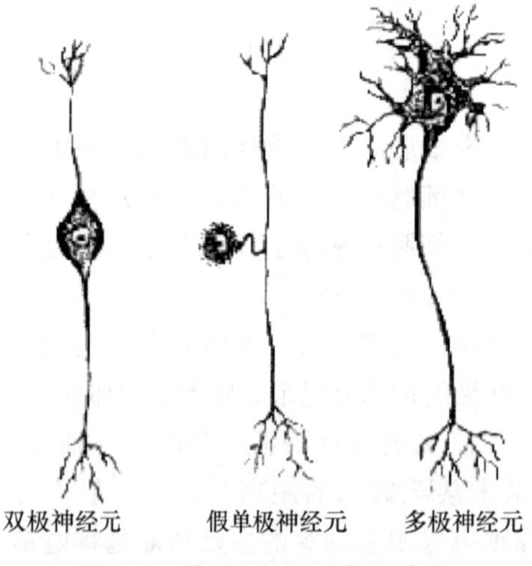

图 6.2　神经元按突起数目分类

1. 根据神经元突起的数目分类

自神经元胞体上延伸出的突起的形状、长短、数量是多种多样的，因此可以根据突起的数目将神经元分为单极神经元、双极神经元和多极神经元（图 6.2）。

单极神经元：从神经元胞体延伸出一个突起，该突起在离胞体不远处分为两支。其中一支细长，伸向周围，称周围突；另一分支伸向中枢，称中枢突。周围突虽然在结构上与轴突相同，但从功能上来讲它相当于树突，能感受到刺激并将电信号传向胞体。中枢突从功能上来讲相当于轴突，它将电信号传给另一个神经元。单极神经元也称为假单极神经元。

双极神经元：该神经元胞体近似菱形，从菱形相对的两角各发出一个突起，一个是树突，另一个是轴突。双极神经元主要分布在视网膜和前庭神经节内。

多极神经元：该神经元胞体延伸出多个突起，其中一个突起为轴突，其余为树突。多极神经元是人体中分布最广、数量最多的一类神经元。多极神经元又可以根据轴突的长短和分支情况分为高尔基Ⅰ型神经元和高尔基Ⅱ型神经元。高尔基Ⅰ型神经元胞体较大，轴突较长，在行径途中发出侧支。高尔基Ⅱ型神经元胞体较小，轴突较短，在胞体附近发出侧支。

2. 根据神经元传递信息的方向进行分类

按照神经元传递信息的方向，将神经元分为感觉神经元、中间神经元和运动神经元。

感觉神经元也称为传入神经元，它的主要作用是将来自受体或感觉器官的信息传到中枢神经系统。感觉神经元的胞体位于脑、脊神经节内，它的突起构成周围神经的传入神经纤维，神经纤维末梢在皮肤和肌肉等部位形成感受器。感觉神经元多为单极神经元。

中间神经元主要作用是在感觉神经元和运动神经元之间传递信息，所以它也被称为联络神经元。中间神经元主要分布在中枢神经系统内，它是多极神经元。

运动神经元主要作用是将中枢神经系统的信息传递到肌肉和各种腺体，因此它也称传出神经元。运动神经元的胞体位于中枢神经系统的灰质和植物神经节内，其突起构成传出神经纤维。运动神经元多数为多极神经元。

3. 根据神经元所释放的神经递质不同进行分类

胆碱能神经元：该神经元的轴突末梢释放乙酰胆碱。

胺能神经元：该神经元能够释放单胺类神经递质，如肾上腺素、去甲肾上腺素、多巴胺、组胺等。如果释放的单胺类物质为肾上腺素，则可将该神经元称为肾上腺素能神经元。

氨基酸能神经元：该神经元主要释放谷氨酸、γ-氨基丁酸等神经递质。

肽能神经元：该神经元释放脑啡肽、P 物质等肽类物质。肽能神经元所释放的物质总称为神经肽。现在普遍认为神经肽不能直接引起效应细胞的改变，仅对神经递质的效应起调节作用，因此将神经肽称为神经调质。

6.2　神经元的电信号

神经元细胞膜是可激发膜，在接受刺激、传播神经冲动和信息处理中起重要作用。

6.2.1 静息电位

神经元在未受刺激时，细胞膜处于极化状态，此时细胞膜两侧的电位差称为静息电位，其值在－30～－90mV。目前认为静息电位的产生有三个基本因素：①细胞膜两侧离子浓度不同；②膜上跨膜蛋白离子通道的离子选择通透性；③膜上依赖 ATP 酶的跨膜蛋白钠钾泵的作用（图 6.3）。

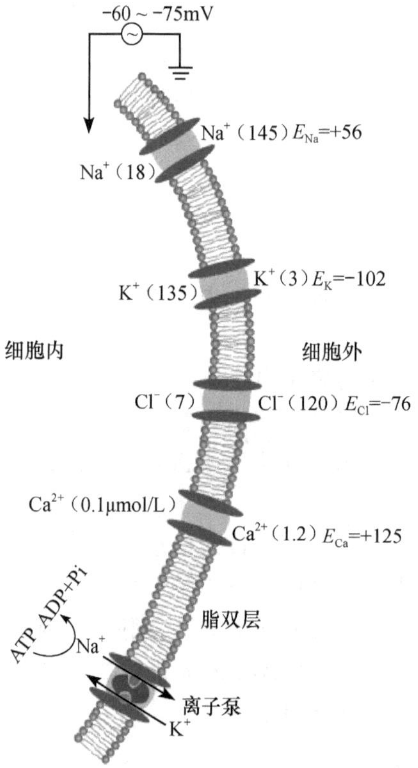

图 6.3 细胞膜内外不同的离子分布（Byren and Roberts，2004）

正常情况下细胞膜内外体液的化学成分和离子浓度有着显著差别，细胞内液中 K^+ 较多；而细胞外液中则正好相反，K^+ 较少，Na^+ 和 Cl^- 较多，从而使细胞膜内外由于两侧离子浓度差而造成电位差。

静息时细胞膜对 K^+ 的通透性远远大于 Na^+ 的通透性，且细胞内液中的 K^+ 浓度远远大于细胞外液中的 K^+ 浓度，因此 K^+ 顺着浓度梯度从胞内向胞外扩散，K^+ 的外移使膜内变为负电性而使膜外变为正电性，这种外正内负的电场力，将对 K^+ 的继续透出起阻碍作用。最后，促使 K^+ 外移的膜两侧的浓度势差与膜两侧阻止 K^+ 外移的电势差达到一个平衡，不再有 K^+ 的跨膜移动，细胞膜两侧的电位差也稳定于某一数值，此电位差称为 K^+ 的平衡电位。它的精确数值可根据物理化学上著名的 Nernst 方程算出

$$E_k = \frac{RT}{ZF} \text{In} \frac{[K^+]_o}{[K^+]_i} \tag{6.1}$$

式中，E_k 为 K^+ 的平衡电位；T 是热力学温度；R 是普适气体常数；F 是法拉第常量；Z 是离子价数；$[K^+]_o$ 和 $[K^+]_i$ 分别代表细胞膜外和细胞膜内的 K^+ 浓度。

细胞膜上特殊的膜蛋白钠钾泵不断地把胞外的 K^+ 泵入胞内，同时把胞内 Na^+ 泵出，从而维持了细胞膜两侧离子浓度的差异，保持了 K^+ 浓度的动态平衡。钠钾泵一般一次循环泵出三个 Na^+，泵进两个 K^+。

6.2.2 动作电位

神经元在未受到外界刺激时，其膜电位为负值，且膜内侧电位比膜外侧电位

低，如果认为膜外侧电位是零，则膜内侧电位是负值。通常，把细胞膜里正外负的这种状态称为极化。膜电位数值向负值减少的方向变化称为去极化，向负值增大的方向变化称为超极化。

当神经元受到的刺激强度超过阈值时，它会产生动作电位。动作电位本质上是一个短暂的峰形电位（图 6.4），主要是在神经元的轴丘处触发的。神经元阈值电位的值一般比静息电位的值要大，比如典型神经元的轴丘的静息电位为－70mV，而阈值为－55mV。当神经元受到刺激时，膜电位发生改变，产生去极化，只有当刺激强度超过阈值时，触发动作电位，膜电位继续去极化，膜电位数值急剧地增加，经常能够达到＋100mV（该段称为动作电位的上升相）；然后膜电位快速下降，称为复极化（该段也称为动作电位的下降相）。在上升相、下降相两相中膜电位发生逆转，即膜电位由原来的内负外正变为内正外负（大于零的部分称为超射）；动作电位下降相在有些可兴奋细胞还会越过静息电位水平，从而形成超极化相后，方回到静息膜电位水平。对于绝大多数神经元来说，动作电位的持续时间小于1ms，每秒产生动作电位的个数为 10～100。

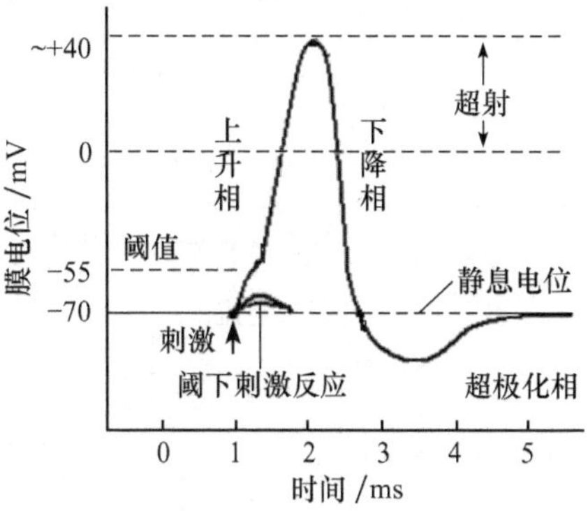

图 6.4　动作电位

动作电位产生的离子机制可概括为以下几个要点（图 6.5）。

（1）当神经元未受刺激时，细胞膜内、外液各种离子（如 Na^+、K^+ 等）浓度不同，细胞膜对这些离了的通透性不同以及钠钾泵的作用，使得膜电位维持在静息电位。

（2）当轴突膜受到刺激时，膜产生去极化，当膜电位的值达到电压门控钠通道的阈值电位时，钠通道被打开，允许 Na^+ 大量涌进，产生较大的内向电流 I_{Na}，膜内正离子浓度急剧增加，膜电位爆发式地去极化，从而形成了动作电位的上升相。

（3）紧接着钠通道失活，使内向电流 I_{Na} 下降。

（4）钠通道失活的同时，钾通道活化，K^+ 外流形成较大的外向 I_K，从而形成了动作电位的下降相。由于钾电导的变化没有失活化现象，只是在膜电位逐步恢复的过程中逐渐降低，因此延时较长，产生了正后电位。

（5）依靠钠钾泵完成泵出 Na^+ 泵进 K^+ 的任务，维持膜内外离子浓度差，从而使膜电位恢复到静息水平。

由上述分析可知，动作电位的产生首先决定于钠通道能否打开。在不同的膜电位水平或动作电位发生过程中，钠通道有三种基本状态：①备用状态，其特征

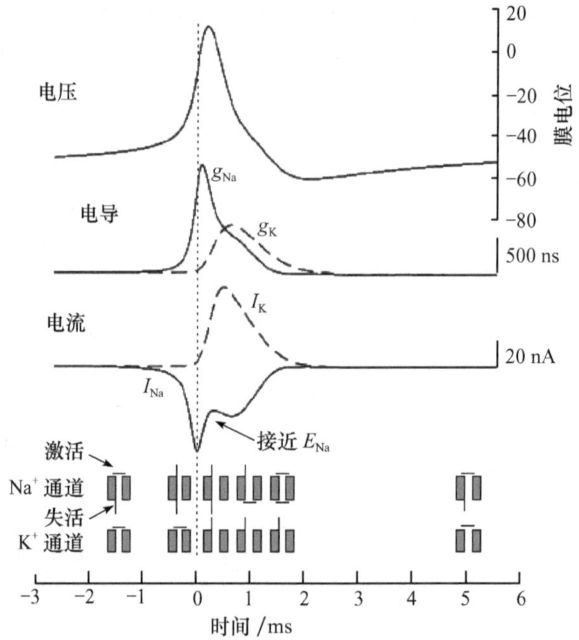

图 6.5 动作电位的微观机制（Byrne and Roberts，2004）

是通道呈关闭状态，当受到刺激时可产生反应而迅速开放；②激活状态，通道开放，离子可经通道由膜外侧向膜内侧扩散；③失活状态，主要特征是通道关闭，即使再强的刺激也不能使通道打开，此时钠通道必须经过一段时间才能由失活状态恢复至备用状态。因此当一个动作电位刚刚产生，无论对轴突施加多大的刺激，都不会产生动作电位，这段时间称为绝对不应期。绝对不应期约相当于动作电位发生的时间，所以动作电位不会发生叠加，而且产生动作电位的最高频率也受到绝对不应期的限制。相对不应期紧跟绝对不应期，在相对不应期内增加刺激电流的强度，可以产生动作电位。

动作电位的强度是神经元的内秉特性，不同神经元的动作电位形态不同。动作电位的性状和功能有以下几点：

（1）“全或无”式脉冲反应。当刺激强度小于阈值时不产生动作电位（无），只有当刺激强度一旦达到阈值以及超过阈值，触发动作电位，并快速达到固定的最大值（全），然后再恢复到静息膜电位水平。

（2）不衰减传导。当神经元细胞膜某处触发动作电位时，则使该处的膜电位暴发式地变为内正外负，此时该处膜电位便可以相当于电源，对仍处于静息膜电位的相邻部位产生刺激，且其强度明显超过阈值，这样，便可诱发相邻部位产生动作电位，由于动作电位具有全或无反应，所以可以不衰减地向远距离传导。

（3）动作电位的主要生理功能：①作为快速而长距离传导的电信号；②调控

神经递质的释放、肌肉的收缩和腺体的分泌等。

6.3　突　触

突触是一个神经元与另一个神经元传递电信号和化学信号的连接点。一般来说，突触可以分为突触前膜、突触后膜和介于其间的突触间隙三部分。对于绝大多数突触来说，突触前膜位于轴突上，但也有少数突触前膜位于树突和胞体上。按照突触传递信号机制的不同，可以分为电突触和化学突触。

6.3.1　电突触

电突触是相邻两个神经元的电导连接。相邻神经元形成非常小的缝隙，缝隙宽度大概是 3.5nm，因此电突触也称为缝隙连接。电突触的突触前膜、突触后膜上分别排列多个由 6 个蛋白质亚基组成的“颗粒”，颗粒的中心是一个亲水性的通道，该通道使得两个细胞的胞质连通（图 6.6A），该通道不仅允许离子通过，也允许分子质量小于 1.2kDa 的小分子通过。当突触一侧的膜电位发生变化

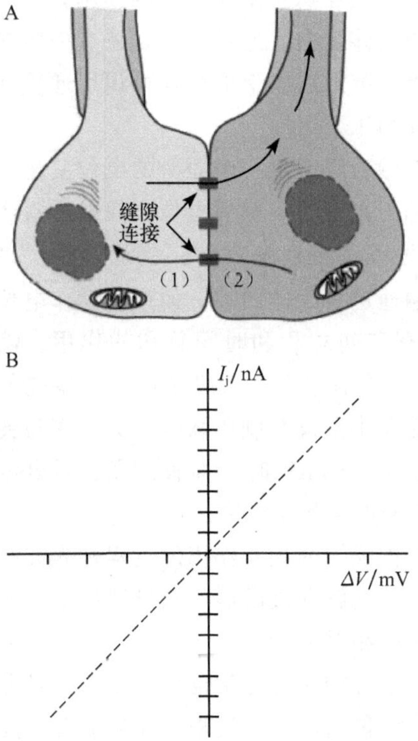

图 6.6　双向电传递（Byrne and Roberts，2004）
A. 电突触结构；B. 突触电流与突触两端跨膜电压关系

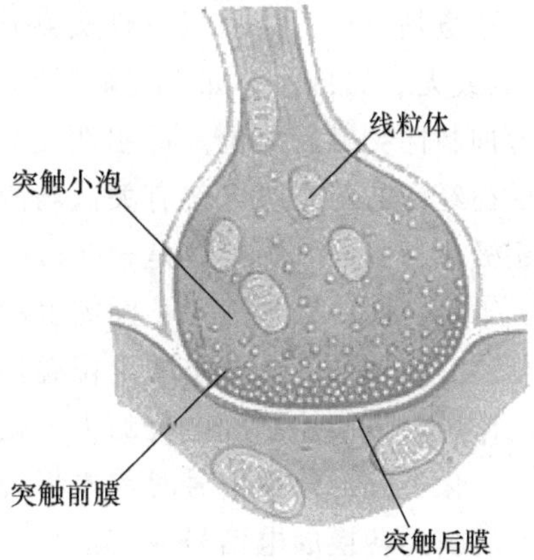

图 6.7　化学突触的结构

时，促使离子通过通道移动，从而引起突触另一侧膜电位发生变化。实验测得突触电流与突触两侧电压成正比（图 6.6）。电突触传递信号速度快，不存在时间延迟，电突触对信号的传递是双向的。

6.3.2 化学突触

化学突触是一种特殊的连接，它既可以是神经元与神经元之间的连接，也可以是神经元与其他细胞的连接（图 6.7）。

化学突触传递信号具有从一个神经元到另一个神经元的方向性和极性。

突触前膜接触部位的明显特征是具有大量的突触小泡。突触小泡是神经递质的储存场所，当动作电位传到突触前膜时，突触小泡便贴附于突触前膜并与前膜融合，通过胞吐作用释放神经递质。神经信号通过这类突触时有明显的突触延搁存在，为 0.5～2ms。

化学突触间隙大概为 20nm。在突触间隙内有大量的含糖基的物质，其作用可能是使突触前膜和突触后膜产生连接，这有利于神经递质扩散到突触后膜。突触间隙内的物质可能有特异性，在细胞之间的相互识别中有一定的作用。

突触后膜上有多种特异性蛋白，主要是受体蛋白、通道蛋白，还有一些能分解神经递质使其失活的酶类，如胆碱酯酶等。突触后膜上的受体可识别递质并与之结合，产生生理效应，完成信息的传递和加工。

神经递质作用于突触后膜，可以引起突触后膜产生一个短暂的电位变化。如果这种电位引起突触后膜去极化，该电位称为兴奋性突触后电位。突触后膜产生去极化的原因是它对一价阳离子的通透性增强，特别是对 Na^+ 的通透性。兴奋性突触后电位与动作电位不同：突触后膜钠通道是配体门控，而产生动作电位的钠通道是电压门控；兴奋性突触后电位具有空间总和和时间总和的作用，没有“全或无”的特性。如果突触后膜的电位变化是引起突触后膜超极化，该电位称为抑制性突触后电位。抑制性突触后电位的大小不仅与刺激强度有关，也与突触后神经元的静息膜电位有关。当静息膜电位是－80mV 时，抑制性突触后电位是超极化；当静息膜电位是－90mV 时，则不产生抑制性电位。

来自同一个神经元不同突触的电信号在神经元内相互作用的过程称为突触整合。突触整合不是简单的电位叠加，其本质是突触处被激活的电导和离子流的对抗作用，从而控制膜电位的去极化和超极化的相对数量。

化学突触传递信号时首先将突触前的电信号转化为化学信号，化学信号在突触后膜再转换成电信号或其他化学信号，这种传递信号的过程往往伴随有时间延迟，化学突触传递信号的过程易于受到调制，即化学突触具有可塑性。这是脑学习记忆功能的基础。

6.3.3　神经递质和神经调质

神经递质是在化学突触传递信号过程中起着信使作用的化学物质，它通过改变突触后膜离子通透性而快速触发突触后膜电位。目前已知的神经递质达 60 种左右，按照化学性质，可分为胺类、氨基酸类和嘌呤类等。

（1）乙酰胆碱：它是第一个被确定的神经递质，广泛地存在于中枢神经系统和周围神经系统中。

（2）生物胺类：生物胺类主要包括去甲肾上腺素、肾上腺素、多巴胺、5-羟色胺等化学物质。去甲肾上腺素、多巴胺和肾上腺素属儿茶酚胺，有共同的合成途径：多巴胺合成后，可转化为去甲肾上腺素，后者又可转化为肾上腺素。

（3）氨基酸类：氨基酸类主要包括谷氨酸、γ-氨基丁酸、甘氨酸等化学物质。谷氨酸是中枢神经系统中重要的兴奋性神经递质，和学习、记忆有关。

（4）嘌呤类：该类神经递质主要分布在胃肠的臂内神经丛中。

（5）神经肽：有些肽类物质也是神经递质，如下丘脑的室旁核向脑干，其神经递质为催产素。肽类物质作为神经递质也存在于周围神经系统中，如血管活性肠肽存在于自主神经的某些纤维终末的大颗粒小泡中。

近年来，普遍认为一氧化氮也可能是神经递质。但一氧化氮的作用方式不同于经典的神经递质，它通过化学/自由基反应发挥作用并灭活。在突触可塑性变化、长时程增强效应中起到逆行信使的作用。一氧化氮在突触后生成，通过弥散，作用于突触前的鸟苷酸环化酶。

神经调质是调节信息传递效率、影响神经递质效应的一类化学物质。神经递质和神经调制的作用机制不同，神经递质是作用于突触后膜上的受体后，通过直接改变离子通透性从而使突触后膜产生快速兴奋或抑制的化学物质；而神经调质是作用于突触后膜上的受体后，通过第二信使作用改变突触后膜的兴奋性或其他递质释放的化学物质。按照这种观点，乙酰胆碱、氨基酸类等是神经递质，肽类物质通常被认为是神经调质。通常神经递质和神经调质统称为神经递质。

6.4　神经元的动力学模型

1952 年，霍奇金（A. L. Hodgkin）和胥黎（A. F. Huxley）利用电压钳实验测定了鱿鱼（乌贼）巨轴突上膜电流与膜电压的关系，建立了一套使人信服的数学模型，称为 Hodgkin-Huxley 方程。该方程能够精确描述动作电位的形状、不应期等动作电位的生理特征、动作电位沿轴突的传播等。在生物学上，定量的、具有预言性的理论是非常少的，作为利用实验和计算方法联合研究神经科学重要课题的许多成功工作中最突出的一个，霍奇金和哈克斯利 1963 年获得了诺贝尔生理学或医学奖（图 6.8）。

Alan Lloyd Hodgkin　　Andrew Fielding Huxley

图 6.8　1963 年诺贝尔生理学或医学奖获得者

Hodgkin-Huxley 方程的等效电路如图 6.9 所示。在图 6.9 中，电容和电导的并联电路表示细胞膜的电特征。电容表示生物膜的介电特性，电导表示膜上不同离子的跨膜通道，电源表示膜内外离子浓度所造成的电化学势梯度，电流主要包含与膜电容有关的电流和离子移动造成的电流两部分。

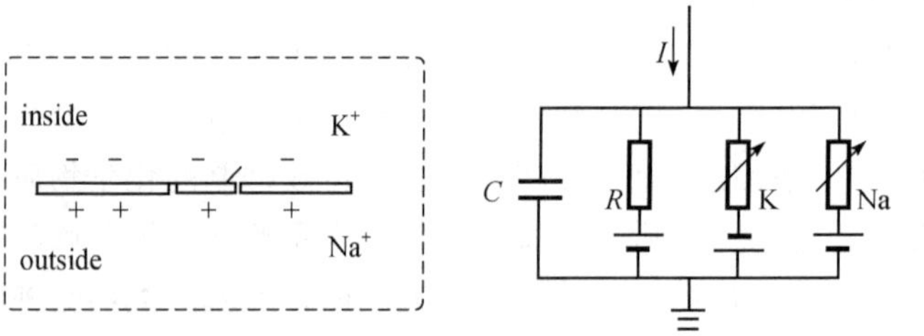

图 6.9　Hodgkin-Huxley 方程的等效电路

Hodgkin-Huxley 方程可表示为

$$\frac{\mathrm{d}V}{\mathrm{d}t}=\frac{1}{C_M}[I-\bar{g}_{Na}m^3h(V-V_{Na})-\bar{g}_Kn^4(V-V_K)-\bar{g}_L(V-V_L)] \tag{6.2}$$

$$\frac{\mathrm{d}m}{\mathrm{d}t}=\alpha_m(V)(1-m)-\beta_m(V)m \tag{6.3}$$

$$\frac{\mathrm{d}n}{\mathrm{d}t}=\alpha_n(V)(1-n)-\beta_n(V)n \tag{6.4}$$

$$\frac{\mathrm{d}h}{\mathrm{d}t}=\alpha_h(V)(1-h)-\beta_h(V)h \tag{6.5}$$

式中，V 表示膜电位，单位为 mV；C_M 表示单位面积膜电容，单位为$\mu F/cm^2$；$\bar{g}_{Na}$、$\bar{g}_K$ 和 $\bar{g}_L$ 分别代表 Na^+ 通道、K^+ 通道和 Cl^- 等泄漏离子通道电导的最大值，单位为 mS/cm^2；V_{Na}、V_K 和 V_L 分别代表 Na^+、K^+ 和 Cl^- 等泄漏离子的平衡电位，单位为 mV；I 为施加在神经元上的外界刺激；n 表示某种粒子或过程处于正确位置时打开钾通道的概率，α_n 为钾通道从关闭状态到开启状态的速度常数，β_n 为钾通道从开启状态到关闭状态的速度常数；m 为钠通道活化过程参数；h 为钠通道失活化过程参数；α_m、β_m、α_h 和 β_h 均为描述钠通道状态变化的速度常数。α_n、β_n、α_m、β_m、α_h 和 β_h 分别表示为

$$\alpha_n(V)=\frac{0.01(V+10)}{\exp[(V+10)/10]-1} \tag{6.6}$$

$$\beta_n(V)=0.125\exp[V/80] \tag{6.7}$$

$$\alpha_m(V)=\frac{0.1(V+25)}{\exp[(V+25)/10]-1} \tag{6.8}$$

$$\beta_m(V)=4\exp[V/18] \tag{6.9}$$

$$\alpha_h(V)=0.07\exp[V/20] \tag{6.10}$$

$$\beta_h(V)=\frac{1}{\exp[(V+30)/10]+1} \tag{6.11}$$

Hodgkin 和 Huxley 的工作是生物物理研究领域的一个里程碑，直到现在，他们的实验研究和定量模型仍然有深远影响。

6.5　脑电活动的特征及观测意义

脑电正常节律的基础是神经元的静息电位；当神经元产生动作电位时，通过突触将动作电位传递给下一个神经元。当动作电位传到突触后膜时，引起突触后膜电位的极化，产生突触电位。突触电位持续时间比动作电位持续时间长约 20 倍，因此大脑某一区域内许多神经元同步产生的突触电位是脑电的主体电活动。大脑各区的情况不同，同步的神经元个数也有所差别，因此脑电活动的频率、波幅也就不同。

6.5.1　脑电波的特征及常见的脑电波

1. 脑电波的特征

脑电波是构成大脑的大量神经元持续不断产生的电活动。通常取时间为横轴，取脑电波的空间特征为纵轴，将脑电波的波幅、周期（频率）以及位相的相互关系用图形表示出来，该图称为脑电图。波幅、周期（频率）、位相是脑电波的基本特征。

波幅是指波峰与波谷之间的距离，单位为 μV。脑电波的序列多是振荡的，测量波幅时先将相邻的两个波谷相连，作为一条谷底直线，然后将两波谷之间的波峰与谷底直线的中点相连，此连线的距离为该波的波幅。如图 6.10 所示，波幅的差异多是由于参加同步放电的神经元数目不同引起的。周期是相邻的波峰与波峰或波谷与波谷之间的时间，单位为 ms。频率为单位时间内的周期数目，单位为波/s。频率与周期是倒数关系。

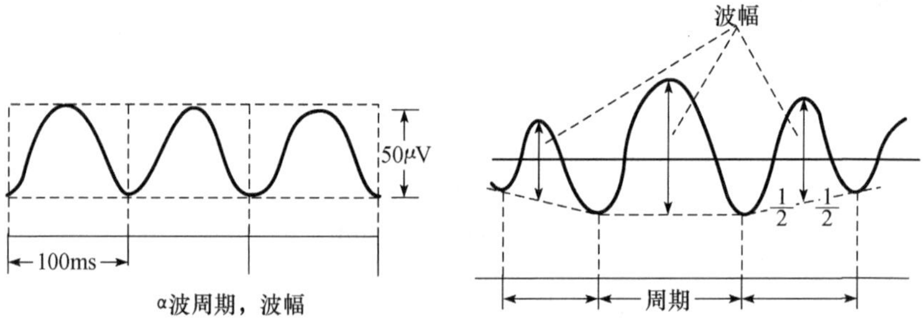

图 6.10　脑电波的周期、波幅（王德堃，1992）

脑电波的位相包含两种含义：①脑电波的极性。以基线为准绳，基线上部为负相，这样的脑电波称为负性波；基线下部为正相，这样的脑电波称为正性波。②脑电波的时间差。测量位相差时，以它们对应的时间为单位，用 ms 表示。

脑电波的频率与波幅，有助于认识生理、心理、病理状态下神经电信号的性质及其强度；位相反映了神经电信号产生的部位，判断具体脑电波的极性，有助于推断病理波的来源和病灶位置的深浅。频率、波幅以及位相体现了中枢神经系统活动的特征，其中频率最为重要。频率携带的信息实际是用被编了码的神经电信号的数目来表述的，被传送的刺激强度越大，频率越大。

2. 四种基本脑电波

脑电图由 α 波、β 波、θ 波和 δ 波四种基本脑波组成（图 6.11）。

α 波：震荡频率为 8～13 波/s，波幅为 10～100μV，波形为类正弦波，为负性波。α 波容易受到外界刺激影响，比如当人处于惊疑状态时，α 波受到抑制，若外界刺激持续存在，α 波又可以恢复。α 波的波峰与两侧的波谷的连线大体上为等腰三角形，若波峰向左或向右移动，破坏了等腰三角形，则表示中枢系统处于疲劳状态。

β 波：震荡频率为 18～30 波/s，波幅为 10～25μV，负性波。一般来说，β 波是一种有意识的波，当皮层神经元兴奋性增高时，会产生这种 β 波。

θ 波：震荡频率为 4～7.5 波/s，波幅为 10～150μV，多数为单形态类正弦样波，少数为多形态复形波。当人们处于幻想或刚入睡是经常会产生 θ 波。

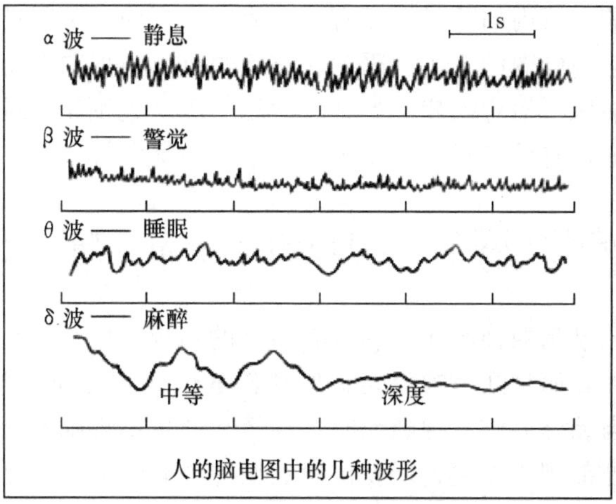

图 6.11　四种基本脑电波

δ 波：震荡频率为 0.5～3.5 波/s，波幅为 10～500μV，有时会更高，多数为多形态的复形波，少数为单形态的类正弦波。当人们处于沉睡无梦时会发出δ 波。

6.5.2　脑电图观测的意义

脑电活动是脑内大量神经元活动的综合表现，脑电图是在大脑皮层表面同时放置多个电极，将电极记录到的信号经过高倍放大描记而成的。脑电图是一种无损伤的记录脑内实时电活动的方法，对观察大脑的总体状况、了解大脑的信息处理过程、发现脑宏观活动的异常情况等具有重要价值，而且在临床医学上有重要应用。

脑电图与中枢神经系统的兴奋状态密切相关。脑电波的频率和波幅受到各种因素的影响，如影响感觉、听觉、视觉等感觉器官的物理因素、生理因素、药物因素，但最重要的是脑的兴奋状态。例如，α 波在大脑各处都可以记录到，该波容易受到外界刺激干扰，如闭眼休息时，α 波最为明显。θ 波与心理活动密切相关，当人精神愉快时，θ 波会消失，可见中枢神经系统的兴奋性对脑电图起着重要作用。

神经元的动力学活动是非线性的，单个神经元通过突触与周围的其他大量神经元相连，这种结构容易引起各种频率的振荡，从而产生不同频率和波幅的脑波。脑电活动是记录点附近许多神经元活动的综合，可以将记录点的电振荡活动等效为电偶极子的振荡，在实际大脑的工作过程中，许多脑区在同时活动，每一脑区对应一个偶极子，采用逆运算算法重建脑电活动。虽然目前通过增加偶极子数和定位精度，都不能达到实际需要的精度，但脑电图作为了解大脑的整体功能状态具有一定的意义。

脑电图与大脑皮层内的神经活动有关。病变或损伤会引起神经系统及其联系的变化，继而引起脑电图的变化，因此在实际中可以根据脑电图的异常，判断病变或损伤，并在临床上治愈疾病。如棘波常见于癫痫大发作，观察出现棘波的位置以及棘波的特征，有助于对癫痫患者的诊断和病灶定位。

*6.6 噪声作用下两个 FitzHugh-Nagumo 神经元的同步活动

在生物体内记录到的神经元活动具有高度的不规则性。单个神经元的动作电位链不具有周期性，而且几个神经元触发动作电位模式之间的关联也是随机的。一些实验证明，当无外界刺激神经元时，神经元产生不规则的动作电位，这种自发的活动显然和外部刺激无关，反复试验表明神经元响应的变化有可能是由神经元和神经系统本身的随机因素引起的。

影响神经元动力学活动的随机因素——噪声可分为两类：一类为内秉的噪声源，这种噪声对神经元动力学行为的影响比其他噪声的效应要小；另一类为外部的噪声源，主要包括离子通道电导的波动性以及由信号传递带来的随机性。噪声从不同的方面来影响神经元的动力学活动。已经证明噪声可以提高神经元的响应。最典型的例子就是随机共振。理论研究表明，在弱周期和周期信号的刺激下，噪声可以增加触发动作电位时间的可靠性。

大量实验证明，神经元活动的同步化现象，在神经系统中广泛存在。例如，在哺乳类视觉中，同一功能柱内细胞间存在同步的电振荡活动；癫痫的发作与神经细胞的同步电振荡活动有关。为了了解同步振荡活动产生的机理，本文主要讨论噪声对神经元触发动作电位、神经元同步活动的影响。

6.6.1 噪声作用下 FitzHugh-Nagumo 神经元的活动

Hodgkin-Huxley 方程在提供给我们数学框架来对神经元兴奋性建模方面硕果累累，但 Hodgkin-Huxley 方程是高度非线性的，这种复杂性使我们对它的工作很难有一个直观的理解。在某些情况下，粗糙的模型足够用来描述兴奋性动力学的定性的和定量的特征。因此，通过简化 Hodgkin-Huxley 方程建立低维兴奋膜的模型和应用非线性动力学理论，神经元的动力学特征可以被理解、预言和翻译。被广泛应用的兴奋系统的低维模型是 FitzHugh-Nagumo 模型，该模型描述了兴奋神经元膜对外界刺激的响应。因此在本节中选用 FitzHugh-Nagumo 模型，考虑噪声的作用，则单个 FitzHugh-Nagumo 神经元动力学行为表示为

$$c\frac{\mathrm{d}V(t)}{\mathrm{d}t}=V(t)-V^3(t)-y(t) \tag{6.12}$$

$$\frac{\mathrm{d}y(t)}{\mathrm{d}t}=\gamma V(t)-y(t)+b+\sqrt{2\mathrm{D}}\xi(t) \tag{6.13}$$

其中 $\xi(t)$ 表示高斯白噪声，其关联为

$$\langle \xi(t) \rangle = 0 \quad \langle \xi(t)\xi(t') \rangle = \delta(t - t') \tag{6.14}$$

D 表示噪声强度。在本节计算中，参数 $c=0.05$，$\gamma=1.5$，$b=0.5$。当噪声强度 $D=0$ 时，如果没有外界的刺激，神经元将保持在静息状态；当有扰动存在时，神经元能够不断地触发动作电位，这说明噪声可以不断地驱动 FitzHugh-Nagumo 神经元产生动作电位序列，如图 6.12 所示。

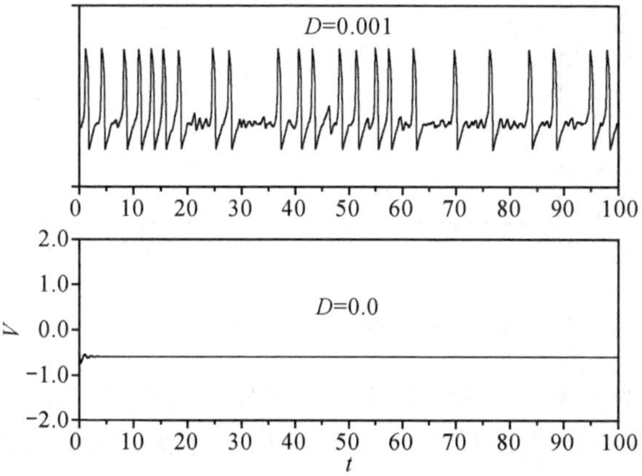

图 6.12　不同噪声强度下膜电位与时间的关系曲线

6.6.2　噪声对单个神经元触发动作电位频率的影响

动作电位具有“全或无”的特点，其本身并不包含信息，不能反映刺激强度。实验发现神经元触发动作电位的频率和刺激强度有关，当刺激强度越大时，神经元触发动作电位的频率越高，这奠定了频率编码的基础。按照这种思想可知，神经元将信息编码为一定时间段的触发动作电位的平均频率。这样，神经元的同步活动可以被理解为是频率的同步。动作电位具有“全或无”的特点，因此相邻动作电位之间的动力学行为被忽略，神经元的输出被简化为 δ 函数序列，这样的点过程可以表示为

$$z(t) = \sum_{n=1}^{N} \delta(t - t_n) \tag{6.15}$$

当膜电位沿上升相通过特定阈值时，动作电位可以被记录。这种记数的方式忽略膜电位快速地重复穿过阈值的情况。这样，对于特定的神经元我们可以记录到它触发动作电位的时间序列 $\{t_n\}$。

定义触发动作电位的平均频率为

$$\omega = \lim_{N \to \infty} \frac{1}{N} \sum_{n=1}^{N} \frac{2\pi}{t_{n+1} - t_n} \tag{6.16}$$

求解方程（6.12）和（6.13），可以得到噪声强度与单个神经元触发动作电位的平均频率关系，如图 6.13 所示。

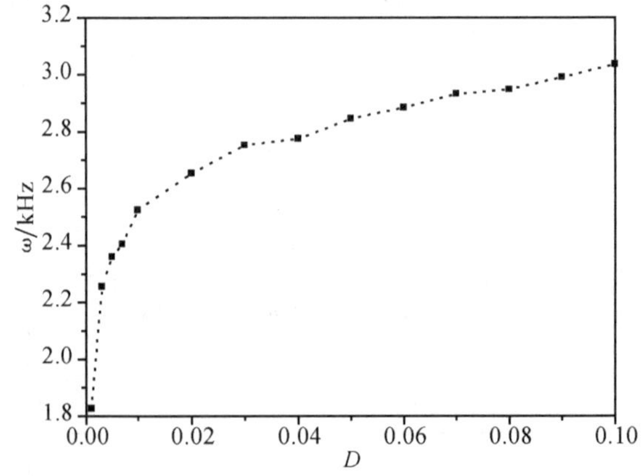

图 6.13 触发动作电位的平均频率和噪声强度的关系

由图 6.13 可见，对于受噪声作用的单个神经元来说，随着噪声强度的增加，触发动作电位的频率也随之增加。这说明可以通过改变噪声强度，从而改变神经元的触发动作电位的频率，这恰恰是噪声可以诱发神经元同步活动的基础。

6.6.3 噪声对两个神经元频率同步活动的影响

采用电突触耦合的形式，将两个 FitzHugh-Nagumo 神经元组成系统，讨论噪声对系统同步活动的影响，用 g 表示电突触耦合强度，下角标 1 和 2 分别表示第一个神经元和第二个神经元。

作为一个单个的神经元，1 号神经元触发动作电位的平均频率随着噪声强度的增加而增加。这样，对于相同的、对称耦合的两个神经元，同步活动时噪声强度必然是相同的，这一点可以从图 6.14 中看出来。从图 6.14 中分析可以得到，当耦合强度非常小时，噪声强度非常小的改变可以使系统由同步活动过渡到非同步活动，此时噪声对神经元之间的同步活动起着非常关键的作用；随着耦合强度的增加，例如，$g=0.1$，在非常大的噪声强度范围内，神经元都可以保持同步活动，这时噪声对神经元之间的同步活动起着次要作用。

从图 6.15 可以分析得到噪声强度和耦合强度对神经元的同步活动起着相互补充的作用：当耦合强度较小时，同步活动的范围非常狭窄，此时耦合强度对同步活动起次要作用，而噪声起主要作用；当耦合强度增加时，同步活动的范围也随之增加，说明耦合强度对同步活动起主要作用。

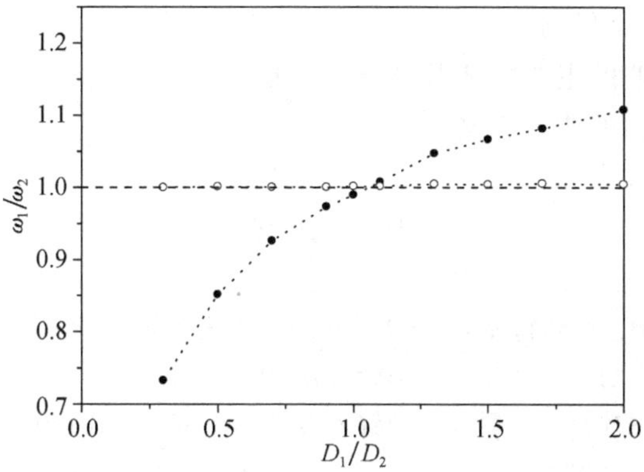

图 6.14　一定耦合强度作用下，触发动作电位的平均频率和噪声强度的关系（实心点：$g=0.01$；空心点：$g=0.1$）

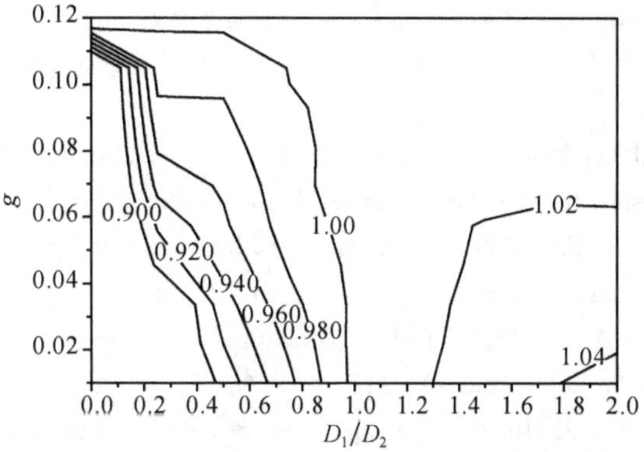

图 6.15　两个耦合神经元的同步活动图（$D_2=0.001$）

习　　题

1. 简要阐述神经科学的研究目标。
2. 神经元的主要结构及其功能是什么？
3. 试叙述电突触的结构特征。
4. 试叙述化学突触的结构特征。
5. 比较电突触与化学突触有什么相同点及不同点。
6. 神经递质主要分为哪些类？
7. 什么是神经调质？
8. Hodgkin-Huxley 方程的数学表达式和各参数的意义是什么？

9. 脑电波的产生机制?

10. 简述脑电波的主要特征及其常见波形。

11. 简述观测脑电波的意义。

参考文献

丘冠英，彭银祥. 2001. 生物物理学. 武汉：武汉大学出版社

寿天德. 2001. 神经生物学. 北京：高等教育出版社

宋杨. 2007. 二维映射神经元模型对各种输入特性的研究. 天津：河北工业大学硕士学位论文

王德堃. 1992. 实用脑波图谱学. 上海：上海远东出版社

许科. 2003. 神经生物纲要. 北京：科学出版社

袁常青. 2010. 神经元及其网络电活动温度特性的研究. 天津：河北工业大学博士学位论文

赵南明，周海梦. 2004. 生物物理学. 北京：高等教育出版社

Abbott L, Sejnowski T J. 1998. Neural Codes and Distributed Representations. Cambridge, MA: MIT Press

Byrne J H, Roberts J L. 2004. From molecules to Networks: an Introduction to Celluar and Molecular Neuroscience. London: Elesvier Academic Press

Hodgkin A L, Huxley A F. 1952a. Currents carried by sodium and potassium ions through the membrane of the giant axon of *LOligo*. J Physiol (London), 116: 449-472

Hodgkin A L, Huxley A F. 1952b. The components of membrane conductance in the giant axon of *LOligo*. J Physiol (London), 116: 473-496

Hodgkin A L, Huxley A F. 1952c. The dual effect of membrane potential on sodium conductance in the giant axon of *LOligo*. J Physiol (London), 116: 497-506

Hodgkin A L, Huxley A F. 1952d. A quantitative description of membrane current and its application to conduction and excitation in nerve. J Physiol (London), 117: 500-544

Hoppensteade F, Izhikevich E. 2001. Canonical neural models. In: Arbib M A ed. Brain Theory and Neural Networks. Cambridge, MA: MIT Press

Huguenard J, McCormick D A. 1994. Electrophysiology of the Neuron. New York: Oxford Univ Press

Wulfram G, Werner M K. 2002. Spiking Neuron Model. Cambridge: Cambridge University Press

Zhang S H, et al. 2005. Synchronization Numerical Simulation of two FitzHugh-Nagumo Neurons, Int. J Nonli Sci & Num Simu, 6: 435-440

第 7 章

抑癌基因网络及调控

国际抗癌联盟 2010 年发布数据表明，2008 年全球约有 1270 万人患癌，死亡人数高达 760 万，占当年全世界死亡人数的 13%。同时，癌症也已成为中国城市和农村居民的第一位死因。根据卫生部统计，中国癌症发生率正处于快速上升期，过去 30 年中国癌症死亡率增加了 80%，近年来癌症发病人数每年约 260 万，死亡 180 万人。癌症已经成为人类健康面临的严峻问题，是危害人类健康的重大疾病之一。

癌症主要是由遗传信息的载体 DNA 的突变而引发的疾病。抑癌基因 *p53* 是迄今发现的与人类肿瘤最为相关的基因之一。研究发现，人类有一半以上的癌症的发生与 *p53* 基因及其编码的蛋白网络的功能缺失有关。近 30 年来，人们把 *p53* 基因及其蛋白网络作为癌症研究的重点目标之一，从不同的角度来研究以 *p53* 基因为核心的抑癌基因网络及其调控机制。本章将介绍癌症的基本特征，*p53* 基因及其相关调控基因的基本结构和调控关系，采用非线性动力学方程的方法来描述和研究单细胞体系下 *p53* 基因及其蛋白网络调控机制，最后简要介绍 *p53* 基因在治疗癌症方面的应用。

7.1 抑癌基因网络及调控概述

有机体是受到严格调控机制作用下的不同类型细胞形成的复杂整体。由于癌细胞脱离了生命体的调控和制约，表现出细胞增殖失控和侵袭并转移到机体其他部位生长的特征，其结果导致破坏组织器官的正常生理功能。

动物体内因细胞分裂调节失控而无限增殖的细胞称为肿瘤细胞。具有转移能力的肿瘤称为恶性肿瘤，上皮组织中的恶性肿瘤称为癌。目前癌细胞已经成为恶性肿瘤细胞的通用名称。其主要特征包括以下四个方面。

(1) 细胞的生长和分裂失去控制。正常生命体细胞的增殖、衰老细胞的死亡处于动态平衡之中，维持组织器官的平衡，这一过程严格受到细胞的调控。而癌细胞的增殖失去调控，成为“永生”的细胞，分裂速度加快，破坏正常组织的结构与功能。

(2) 具有侵润性和扩散性。癌细胞间黏着性下降，具有侵润性和扩散性的特征，易于侵润周围健康的组织，或通过血液和淋巴系统转移到有机体的其他部位黏着和增殖，破坏其正常生理功能。

（3）细胞间相互作用改变。正常细胞之间的识别主要依赖于细胞表面的特异性蛋白的相互作用，通过细胞连接形成特定的组织和器官。癌细胞打破了细胞识别作用的束缚，表达某些特异的膜蛋白，逃避免疫系统的监视。正常细胞生长到彼此接触时，其生长和分裂活动将会停止，即接触抑制行为。体外培养的癌细胞将失去这种接触抑制行为。

（4）基因、蛋白质的表达谱系及活性改变。癌细胞的种种生物学特征主要归结于其基因表达和调控方式的改变。多数癌细胞中会出现在胚胎细胞中表达的蛋白质，具有较高的端粒酶活性且纤连蛋白减少，相关蛋白激酶和转录因子表达过量。

癌症的产生与多种基因和基因以外的变化有关，单独一个基因的突变不足以引发癌症，多种基因变化的积累才能导致控制细胞生长和分化的机制紊乱，使细胞的增生失控而癌变。在这些基因的变化中最常发生异常变化的两类基因是癌基因（oncogenes，或称原癌基因 proto-oncogenes）及抑癌基因（cancer suppressor genes，或称肿瘤抑制基因，tumor suppressor genes）。

癌基因是指其编码的产物与细胞的肿瘤性转化有关的基因。它以正向作用方式对细胞生长起促进作用，并促进细胞转化。许多癌基因由于单碱基突变，导致癌基因产物中单个氨基酸的替换，从而丧失其调节的活性。第一个被鉴定的人类癌基因是 *ras* 基因，因首先发现于大鼠肉瘤病毒而得名。该基因参与细胞增殖、分化，在人类癌细胞中常发生突变。目前已经发现了近百种癌基因，其编码的蛋白质主要包括生长因子、生长因子受体、信号转导因子、基因转录调节因子、细胞凋亡蛋白、DNA 修复和细胞周期调控蛋白等。

抑癌基因正常时起抑制细胞增殖和肿瘤发生的作用。许多癌症均被发现抑癌基因的两个等位基因缺失或失活，失去细胞增生的负向调节因素，从而对肿瘤细胞的转化和异常增生起作用。人们在研究儿童视网膜母细胞瘤中发现了 *Rb* 基因，该基因是第一个被鉴定的抑癌基因。有些抑癌基因的突变是导致人类肿瘤发生的最常见的分子改变，如抑癌基因 *p53* 在大多数的人类癌症（如白血病、淋巴瘤、肉瘤、脑瘤、乳腺癌、胃肠道癌及肺癌等癌症）中常呈失活现象，该基因的突变可见于高达 50％以上的癌症患者中，它是人类恶性肿瘤中最常见的基因改变，被称为癌症治疗研究中的“明星分子”。

肿瘤的发生是基因突变逐渐累积的结果。DNA 在复制过程中的基因突变率为 10^{-6}，人一生中细胞约分裂 10^{16} 次，因此在人的一生中，每个基因都有可能发生 10^{10} 次突变。癌症的产生还受到辐照等物理因素、化学诱变剂和肿瘤病毒等生物因素的影响。DNA 的损伤，特别是癌基因和抑癌基因的损伤是癌症产生的最主要的原因，因此 DNA 损伤的修复对于正常细胞来说具有重要的意义。

抑癌基因 *p53* 及其相关网络在 DNA 损伤修复的过程中发挥重要的作用，主要体现在对细胞周期的调控上。真核细胞的细胞周期分为生长期（G_1 期）、复制期（S 期）、准备期（G_2 期）和分裂期（M 期）。同种细胞的细胞周期时间长短相似或相同，不同种细胞的细胞周期时间相差很大。有的细胞周期为几分钟，有的长达几年。其中 M 期的时间最为保守，通常是 30min 左右。

DNA 损伤导致细胞转导出一个使 P53 蛋白蓄积和激活的信号，*p53* 基因的激活会使细胞周期终止在 G_1 期，中止细胞周期的进程，留给细胞充分的修复时间，称为 G_1 期检验点，细胞周期中还存在 G_2 期检验点和 M 期纺锤体连接检验点，如图 7.1 所示。

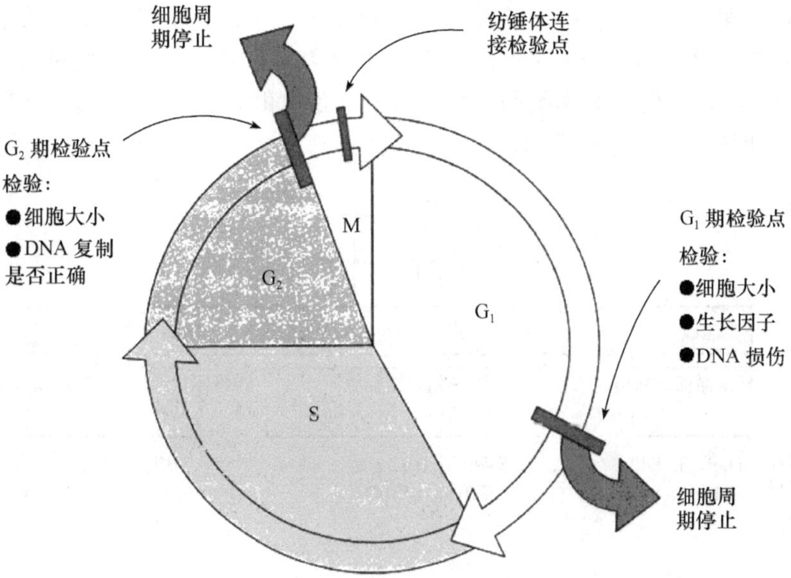

图 7.1　细胞周期的组成和检验点的分布

7.2　抑癌基因 PMP 网络结构及功能

随着近期对细胞电离辐射实验研究的深入，人们发现了抑癌基因 *p53* 及其网络在 DNA 损伤修复和肿瘤形成过程中的重要性。*p53* 基因与其相关基因 *mdm2* 和 *p14/19arf* 组成的复杂蛋白调控网络被称为 PMP 网络，它处于细胞对电离辐射应激反应的轴心位置。正常状态下，PMP 网络可以中止 DNA 损伤细胞的周期并修复损伤，PMP 网络功能失活则会破坏细胞周期的正常调控功能。PMP 网络及其调控机制是研究电离辐射导致的细胞 DNA 损伤和修复的关键。

下面对 PMP 网络中的 *p53* 基因、*mdm2* 基因和 *p14/19arf* 基因的结构与功能逐一介绍。需要特别说明的是，本章中提及的 *p53*、*mdm2* 和 *p14/19arf* 代表基因名称，它们的功能主要是通过其编码的蛋白 P53、MDM2 和 P14/19ARF 来体现，请读者注意二者的区别和联系。

7.2.1 *p53* 基因结构与功能

1. *p53* 基因结构

p53 基因最早在 1979 年被发现，此后在小鼠、狗、鸡等哺乳动物中发现同源基因。在进化程度存在明显差异的动物中，*p53* 基因有相似性很高的基因结构，其基因长度为约 20kb，包括 11 个外显子和 10 个内含子。其中第 1 个外显子不编码，第 2、4、5、7、8 个外显子分别编码 5 个进化上高度保守的结构域，*p53* 基因转录成 2.5kb 的 mRNA，编码 393 个氨基酸蛋白，分子质量为 53kDa，因而得名 P53。其转录翻译编码的野生型 P53 蛋白由 393 个氨基酸残基组成，包含多个功能域，如图 7.2 所示。

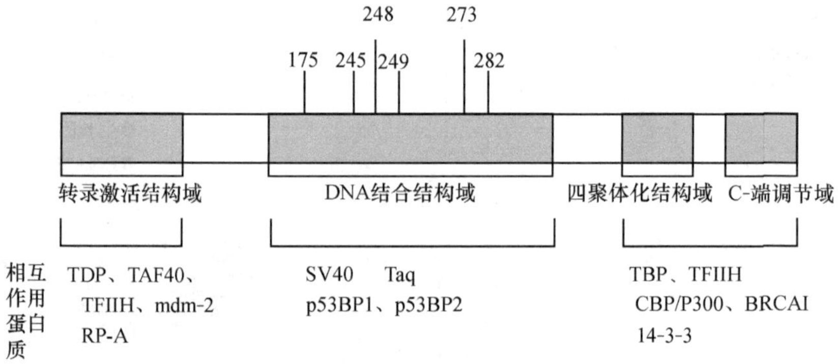

图 7.2 抑癌基因 *p53* 的结构、蛋白结合位点和高突变位点（祝峙、朱明华，2003）

其中在 *p53* 基因的 C 端有一个非专一的 DNA 调节结构域，当 DNA 损伤存在时，修复蛋白结合在双链断裂部位，形成 DNA 双链断裂复合体（$DSBC_S$）来修复双链断裂，可以启动 DNA 的修复机制，通过毛细血管共济性失调基因 ATM（ataxia telangiectasia mutated）编码蛋白的磷酸化提供 DNA 损伤信号。其中三个特定部位的氨基酸残基（第 19 位的苯丙氨酸、第 23 位的色氨酸、第 26 位的亮氨酸）是 P53 蛋白与 MDM2 蛋白相互作用所必需的。

p53 基因的翻译产物 P53 蛋白在细胞中的定位主要集中于细胞核内的核仁区，能够与 DNA 特异结合，P53 蛋白的活性受磷酸化调控。P53 蛋白在维护细胞基因组完整的过程中具有十分重要的作用。在 G_1 期，该蛋白质负责检查是否

有 DNA 损伤存在。当细胞内 DNA 损伤存在，P53 蛋白将阻止 DNA 复制，使细胞周期停留在 G_1 期检验点，为细胞周期提供足够的时间修复损伤的 DNA；如果 DNA 修复失败，P53 蛋白则激活细胞凋亡程序。*p53* 基因本身是一种抑癌基因，如果细胞中的 *p53* 基因突变导致功能丧失，将失去 G_1 期检验点的功能，细胞周期无法中止，受到损伤的 DNA 无法被修复，导致错误的信息向子代遗传，引起细胞癌变。P53 蛋白在周期调控中的具体功能如图 7.3 所示。

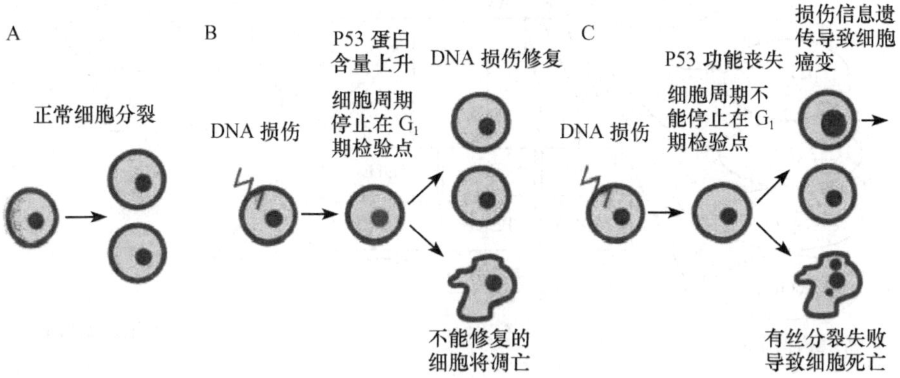

图 7.3　P53 蛋白在 DNA 损伤修复过程中的关键作用

2. *p53* 基因的功能与调控机制

能够激活 *p53* 基因的上游事件包括：电离辐射造成的 DNA 损伤激活、化学药物、紫外线、蛋白激酶抑制剂诱导和细胞的异常生长。P53 蛋白的细胞内活性作用是介导 DNA 损伤后细胞的应急反应，能够维持细胞遗传系统的稳定。这主要体现在对细胞周期的阻滞、促进细胞凋亡和 DNA 修复。此外，P53 蛋白还参与细胞分化、衰老的调节以及抑制血管生成，这些功能依赖于 P53 蛋白与 DNA 的相互作用。作为转录因子，P53 蛋白可以调控下游多种基因的表达。基因芯片研究表明，因 *p53* 基因转录激活而上调的基因有 107 种，因该基因转录抑制导致表达下调的基因有 54 种。*p53* 基因的功能主要表现在四个方面，如图 7.4 所示。

1）阻滞细胞周期

在细胞周期中，P53 蛋白的调节功能主要体现在其参与到 G_1 期检验点的监控过程。P53 蛋白可以激活 *p21* 基因（其编码蛋白是一个依赖细胞周期蛋白激酶的抑制剂），被 P53 蛋白激活的 P21 蛋白可与细胞周期的调控蛋白结合，抑制细胞的周期，使细胞停留在检验点。

2）启动细胞凋亡

P53 蛋白通过 Bax、Bcl-2 等蛋白激活细胞凋亡，完成对细胞凋亡的调控作

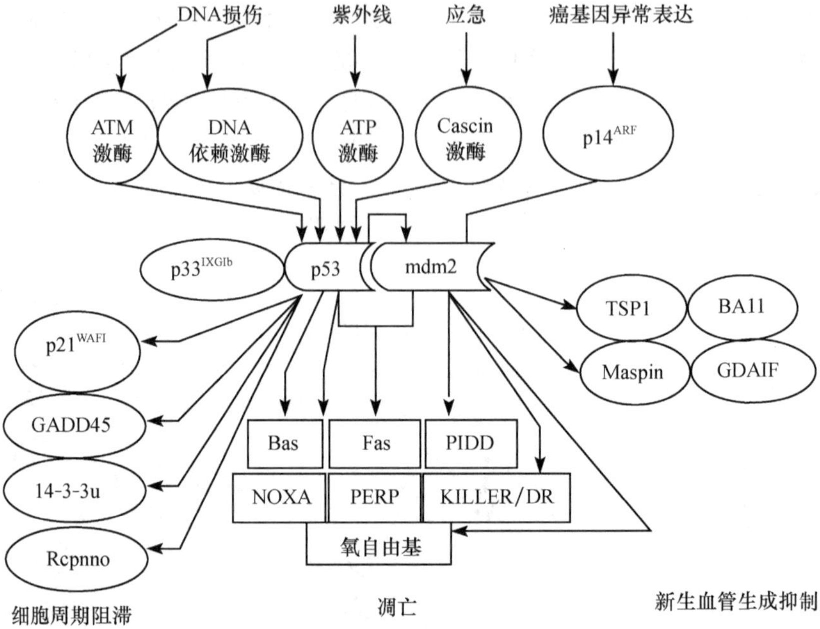

图 7.4　*p53* 基因网络调控关系（祝峙、朱明华，2003）

用。其中 Bcl-2 蛋白可阻止细胞凋亡形成因子如细胞色素 c 等从线粒体释放出来，具有抗凋亡作用。而 Bax 蛋白可与细胞线粒体上的电压依赖性离子通道相互作用，介导细胞色素 c 的释放，具有促进凋亡的作用。P53 蛋白可以上调 Bax 的表达水平，以及下调 Bcl-2 的表达，共同完成促进细胞凋亡作用。

3）修复损伤的 DNA

当 DNA 受损后，由于 DNA 错配修复的累积，致使受损细胞的基因组变得不稳定，基因序列发生错误。P53 蛋白可以直接对受损的 DNA 序列进行修复，P53 蛋白的序列特异的 DNA 结合结构域位于氨基酸 100～300 位间，本身具有内切核酸酶的活性，可切除错配 DNA 序列。P53 蛋白还可通过与 P21 等蛋白质形成复合物，利用 P53 蛋白本身具有的外切核酸酶活性，在不同原因导致的细胞内 DNA 损伤修复的过程中发挥作用。

4）抑制肿瘤血管生成

当细胞癌变生长到一定程度后，需要通过自分泌途径形成促血管生成因子，刺激瘤体实质内营养血管的增生。激活的 P53 蛋白能激活抑制血管生成基因表达，从而抑制瘤体实质内营养血管的增生。

正常体细胞内 P53 蛋白浓度取决于其降解的速度而不是其生成的速度。其中 MDM2 蛋白是细胞内调节 P53 蛋白浓度及活性的重要蛋白质，两者构成类似电流环路中负反馈的调控机制，彼此相互进行精细的调节。

7.2.2　*mdm2* 基因结构与功能

1. *mdm2* 基因结构

双微体基因 *mdm2*（murine double minute 2）是一种重要的抑癌基因，其分子质量为 90kDa。人的 *mdm2* 基因的第 1～784 位核苷酸是可读框，起始密码 ATG 从 312 位核苷酸开始，第 181～185 位密码子为基本核定位信号，第 305～322 位密码子为酸性活化域。编码区全长 1473 个碱基，编码一个长度为 491 个氨基酸的蛋白质。*mdm2* 基因突变或表达异常将导致 *p53* 基因调节的破坏，从而上调 *p53* 基因的表达，研究表明这与细胞转化和肿瘤发生有密切关系。

2. *mdm2* 基因的功能与调控机制

mdm2 基因作为抑癌基因，其编码的 MDM2 蛋白与 P53 蛋白密切关联形成负反馈式的调控关系，影响细胞 DNA 损伤的修复及细胞的周期。MDM2 蛋白以两种形式对 P53 蛋白的功能进行调节。

1）介导 P53 蛋白降解

P53 蛋白在正常的细胞内的含量处于低水平，其本身是动态调节的分子。P53 蛋白的活性只在核内发挥作用，它是通过 C 端固有的核定位信号定位于核内，然而 P53 蛋白并没有核输出序列，其从核内向外输出依赖 MDM2 蛋白。人类 MDM2 蛋白含有一个核输出序列，P53 蛋白可被 MDM2 蛋白捕获，并在 MDM2 蛋白的介导下穿过核膜进入胞浆，从而使 P53 蛋白能经过依赖泛素化的降解途径，被胞浆中的蛋白水解酶识别并降解；同时 P53 蛋白本身就是 *mdm2* 基因的转录因子，细胞核内 P53 蛋白浓度的降低又可减少 *mdm2* 基因转录，将 P53-MDM2 蛋白负反馈环路关闭，使 P53 蛋白回到维持正常功能状态的水平。

2）抑制其转录活性

在野生型 *p53* 基因的诱导下，*mdm2* 基因转录表达增强，使细胞中 MDM2 蛋白水平升高。MDM2 蛋白与 P53 蛋白结合形成复合物，抑制 *p53* 基因的转录活性，严格控制 P53 蛋白表达水平。*mdm2* 基因的过量表达对于细胞来说也是有害的，使 P53 蛋白功能丧失，将导致细胞周期检验点丧失和细胞增生，使细胞发生癌变。

7.2.3　*p14/19arf* 基因结构与功能

1. *p14/19arf* 基因结构

P14/19ARF 蛋白的编码基因是 *INK4a* 基因，即 *p14/19arf* 基因。该位点编码两个重叠的基因：*p19* 和 *arf*，*p19* 基因在小鼠中的同源基因是 *p14* 基因。1995 年，研究者在试图确定 *INK4a* 基因的转录起始点时，首先发现新的序列即

后来被确定的 *p14/19arf* 基因。*p14/19arf* 基因含有两个外显子，其基因转录的产物普遍存在于出生后的组织中。P14/19ARF 蛋白是一种核蛋白，位于亚核区，蛋白质折叠产生一个由 5 个大约 32 个氨基酸残基锚蛋白组成的椭圆形分子。该蛋白质相对稳定，半衰期接近 6h，经过蛋白酶体途径降解。

2. P14/19ARF 蛋白的功能与调控机制

P14/19ARF 蛋白（人细胞内为 P14ARF 蛋白，小鼠细胞内为 P19ARF 蛋白）在机体中所起到的生长抑制或监视功能主要体现在对 P53 蛋白的调节作用上，其主要是减弱 MDM2 蛋白对 P53 蛋白的降解作用，增强 P53 蛋白的含量和功能。在一些癌基因作用下，将产生异常的有丝分裂信号，激活 *p14/19arf* 基因的表达。同时，DNA 损伤使 ATM 磷酸化后可以激活 *INK4a* 基因的启动子的磷酸化，启动 P14/19ARF 蛋白对 P53 和 MDM2 蛋白的振荡行为的调节。P14/19ARF 蛋白的第 2～14 位氨基酸与 MDM2 蛋白的第 210～304 位氨基酸结合，从而引起 MDM2 蛋白构型改变，使其位于第 466～473 位的核定位信号位点暴露出来，在它与 P14/19ARF 蛋白位于第 2～14 位和第 82～101 位的富含精氨酸的核定位信号位点协同作用下，使 MDM2 蛋白和 P14/19ARF 蛋白形成的二聚体定位于核仁，不能被运送到细胞基质，从而抑制了 MDM2 蛋白对 P53 蛋白的降解功能。P53 蛋白参与形成 P14/19ARF-MDM2-P53 复合物使 P53 蛋白不能被降解，从而发挥抑制肿瘤的作用。P53 蛋白还可以通过 PMP 网络来调降 P14/19ARF 蛋白的含量。

临床治疗中发现提高肿瘤细胞中的 P14/19ARF 蛋白的表达量，将会对肿瘤的生长有明显的抑制作用。*p14/19arf* 基因功能的激活机制与癌基因如 *c-myc*、*E2F1*、*CARF*、*H-ras* 等有着密切的关系，如何正确地认识并理解这些机制，特别是 P14/19ARF 蛋白在 PMP 网络中的重要调节功能和机制，将对肿瘤发生的研究有重要的意义。本章将重点介绍 P14/19ARF 蛋白含量的上升对 PMP 网络振荡行为和 P53 蛋白水平的影响。

7.2.4 *p53* 基因网络的实验研究进展

1. 多细胞 P53 蛋白免疫印迹实验研究

2000 年，阿诺德李维（A. J. Levine）等通过伽马射线照射细胞及蛋白免疫印迹实验研究 P53 蛋白及其网络的行为，观察到 P53 蛋白和 MDM2 蛋白间的相互作用是一种振荡的关系，且 MDM2 蛋白的振荡滞后于 P53 蛋白，存在着一定的时间延迟，具体实验结果如图 7.5 所示。此实验结果第一次证实了细胞内对细胞周期起关键调节作用的 P53 蛋白，在电离辐射作用下，存在着周期性的振荡行为；同时发现与 P53 蛋白密切相关的 MDM2 蛋白也存在类似的振荡行为。鉴于 P53 蛋白和 MDM2 蛋白间的负反馈振荡行为，阿诺德李维等提出了 *p53* 抑制癌基因基因网络的概念。此实验结果也提示可以从非线性动力学方程的角度出发，以蛋白 P53、MDM2 和 P14/19ARF 组成的 PMP 网络为目标，研究 PMP 网络中的 P53 蛋白和 MDM2 蛋白的负反馈振荡行为，以及 P14/19ARF 蛋白对 PMP 网络的调节作用，并研究不同外界因素的影响。

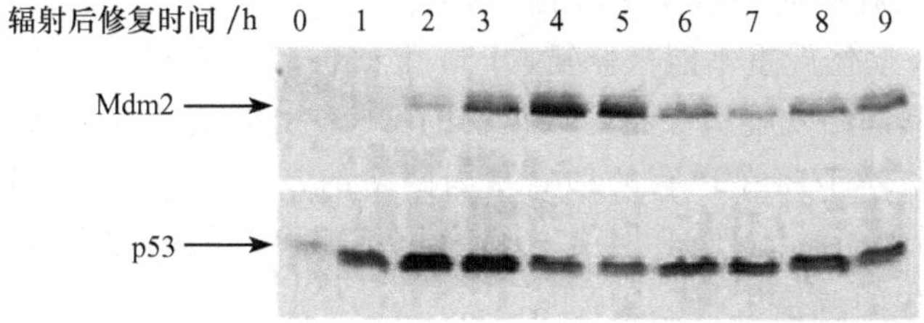

图 7.5 免疫印迹方法检测到的细胞内 P53 蛋白和 MDM2 蛋白含量变化呈明显的振荡特征 (Lev B R et al.，2000)

2. 单细胞荧光标记实验

随着实验研究的进一步深入，2004 年，阿诺德李维等在群体细胞免疫印迹实验的基础上通过荧光标记的办法分别给 P53 蛋白和 MDM2 蛋白标记上绿色荧光蛋白和红色荧光蛋白，利用激光共聚焦显微镜观察到了单体活体细胞中的 P53 蛋白和 MDM2 蛋白实时振荡关系，这是实验技术上的重要进步，这一实验结果证明在活体细胞内由于电离辐射导致 DNA 损伤引起的 P53 蛋白和 MDM2 蛋白振荡。2006 年该小组进一步在单细胞荧光标记实验中增加了观察时间和观察样本的数量，并得到了一系列的精确的振荡关系曲线。

针对上述实验结果，研究人员已经建立了一些初步的动力学模型，从不同的角度来讨论 P53 蛋白和 MDM2 蛋白振荡关系，这些模型都是在实验的基础上对 PMP 网络的动力学行为进行研究，随着实验研究的不断深入，人们不断发现 P53 蛋白调控网络的新的调节因素。这些新的实验结论需要在其基本动力学行为上给出解释和分析，这对于理解以 P53 为核心的 PMP 网络功能对于生命体修复 DNA 损伤维持基因组的稳定来说具有特别重要的意义。在接下来的 7.3 节中，将通过建立关于 PMP 网络的非线性动力学方程，来模拟 PMP 网络的振荡行为，并对其调控关系进行分析和研究。

7.3 单细胞 PMP 网络调控的物理模型

电离辐射所导致 DNA 损伤的识别、信号转导和损伤修复机制对于生物体来说具有极其重要的意义。在损伤修复的过程中，由蛋白质 P53、MDM2 和 P14/19ARF 组成的 PMP 网络发挥着关键的作用，其基本过程是：细胞受到电离辐射，会导致 DNA 双链断裂（DSB），修复蛋白结合损伤部位形成复合体（DSBC）并启动快速的修复机制。如果损伤严重不能被完全快速修复，则必须终止细胞周期，启动细胞的应答反应。DSB 和 DSBC 激活 ATM 使其磷酸化，磷酸化的 ATM^* 能够快速达到饱和，激活 PMP 网络功能，通过 P21 蛋白与周期调控蛋白的作用终止细胞周期并修复受损的 DNA。

如果 DNA 损伤严重不能被修复，P53 蛋白将启动细胞的凋亡机制。在此过程中，P53 及其网络功能失控将导致损伤的 DNA 复制遗传到子代，这是细胞癌变的重要原因。本节将在现有的抑癌基因网络的基础上，建立物理模型来研究 DNA 损伤信号如何激活 PMP 网络、PMP 网络的调控关系动力学行为，以及不同因素在网络中的调控机制。

7.3.1 电离辐射激活 PMP 网络的开关机制

电离辐射实验表明在细胞内由各种不同的原因造成的 DNA 损伤中，随着 DNA 损伤信号形成，细胞快速启动由损伤信号启动的信号转导，其中毛细血管共济性失调基因 ATM 在电离辐射造成的 DNA 双链断裂（DSB）的信号转导中发挥关键作用。DNA 损伤分为单链断裂（single strand break，SSB）和双链断裂（DNA double strand break，DSB）。单链断裂通常是在 H_2O_2 作用下产生的，可以得到快速的修复从而并不引起细胞毒性反应。电离辐射（IR）是形成 DNA 双链断裂（DSB）的最主要原因，DSB 可以导致细胞的凋亡。细胞在电离辐射的作用下，DNA 损伤并形成双链断裂，修复蛋白（repair proteins，RP）结合在双链断裂部位，形成 DSB-RP 复合体（DSBC）来修复双链断裂，可以启动一个快速的修复机制，被修复完成的双链断裂释放出修复蛋白（RP）。如果双链损伤不能及时修复，双链断裂（DSB）和 DSB-RP 复合体（DSBC）的累积会促进 ATM 的磷酸化，将损伤信号向 ATM 传递，磷酸化的 ATM（ATM^*）可以进行自身磷酸化。有实验表明，细胞受到 0.5Gy 的辐射后，经过 15min，ATM 就完成了自身磷酸化。

在未受到辐射的正常细胞中，ATM 是以二聚体的形式存在的，其中一个 ATM 分子的活性被另外一个配对的分子所抑制。当受到电离辐射后，DSB 促使 ATM 二聚体解聚并实现自身磷酸化。磷酸化的 ATM^* 会进一步通过激活 P53 蛋白的磷酸化并引起 P53-MDM2-P14/19ARF 的振荡行为，当损伤修复后 P53 蛋白通过未知的途径使 ATM^* 去磷酸化并终止振荡。ATM 和 ATM^* 的总量基本保持不变。实验表明，辐射剂量为 0.2Gy 时 ATM 磷酸化开始进行，在 0.5Gy 时达到饱和，这样的辐射强度只能造成很少的 DSB，以上结论说明，ATM 是

DNA 损伤的极其敏锐的探测蛋白。

需要特别说明的是，DNA 损伤介导的 ATM 的磷酸化的过程类似于“开关”效应。图 7.6 给出了辐射剂量在 0.01～10Gy 变化的时候，ATM* 的含量变化，从图中可以看出，其变化关系类似于一个阶梯函数，在 0.1～0.2Gy 时启动激活并在 0.4～0.5Gy 时快速达到饱和，此过程可以通过方程来模拟。

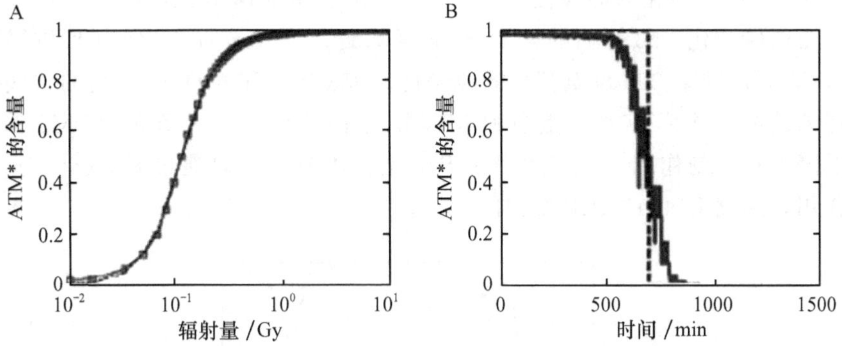

图 7.6 ATM* 含量随辐射剂量和时间的变化（Ma L et al.，2000）

从时间效应上看，随着修复的完成，ATM* 被迅速去磷酸化。基于 ATM* 的磷酸化的快速饱和、快速去磷酸化的特性，在本节建立的物理模型中，给出一个开关函数 $IR(t)$，代表电离辐射对 PMP 网络的启动和关闭的机制，即电离辐射通过 ATM 的“开关”机制激活 PMP 网络的振荡，$IR(t)$ 定义见公式（7.1）。采用 1 或 0 的“开关”机制来表示电离辐射所导致的 DNA 损伤信号，即“开”取 1，是指电离辐射迅速使 ATM 磷酸化达到饱和状态，激活 PMP 网络振荡响应；“关”取 0，指电离辐射导致的 DNA 损伤被细胞完全修复完成，损伤信号迅速消失，PMP 网络的振荡被终止。

$$IR(t) = \begin{cases} 1 & t \leqslant \tau_T \\ 0 & t > \tau_T \end{cases} \tag{7.1}$$

当细胞受到电离辐射后会引起 DNA 损伤，激活 ATM，导致 P53 蛋白含量的振荡产生。从分子生物学的角度来看，损伤信号 $IR(t)$ 处于“开”的状态，当经过 PMP 网络的响应，DNA 损伤得到修复，损伤信号消失，损伤信号 IR(t) 处于“关闭”的状态。将其描述为方程（7.1）。这里 $\tau_T = n\tau_C$，其中 τ_C 是 P53 蛋白的特征周期，在该周期内，蛋白质浓度对信号作出振荡响应产生一个脉冲。τ_T 就是细胞对振荡响应的总的时间。根据实验数据 τ_C 取值是 413min，n 为非负整数。

7.3.2 PMP 网络中蛋白质的调控关系

2004 年，研究者在乳腺癌细胞 MCF7 中分别用绿色荧光蛋白 CFP 和红色荧光蛋白 RFP 标记 P53 蛋白和 MDM2 蛋白，经过 5Gy 的 γ 射线辐射后，在激光共聚焦显微镜下观测到 P53 蛋白和 MDM2 蛋白的活性出现了周期性的振荡行为，而且两种蛋白质的振荡存在时间上的相关性，存在着一定时间延迟。如图 7.7 所示，此振荡由电离辐射导致的 DNA 损伤启动，并在 DNA 修复的过程中发挥重要的功能。P53 蛋白和 MDM2 蛋白之间是负反馈关系，此关系在前文已经描述。ATM 磷酸化后能够使 P53 的第 20 位氨基酸磷酸化，同时也可以通过 CHK2 蛋白磷酸化 P53 蛋白的第 15 位的氨基酸。磷酸化的 ATM 还可以同时激活 MDM2 蛋白的第 395 位氨基酸的磷酸化。P53 蛋白和 MDM2 蛋白的这些位点氨基酸的磷酸化将阻碍 P53 蛋白和 MDM2 蛋白的结合，从降低 MDM2 对 P53 蛋白的降解和抑制作用。有实验表明 P53 蛋白本身对可以通过对 β-catenin 的负调节作用，抑制 P14/19ARF 蛋白的水平。

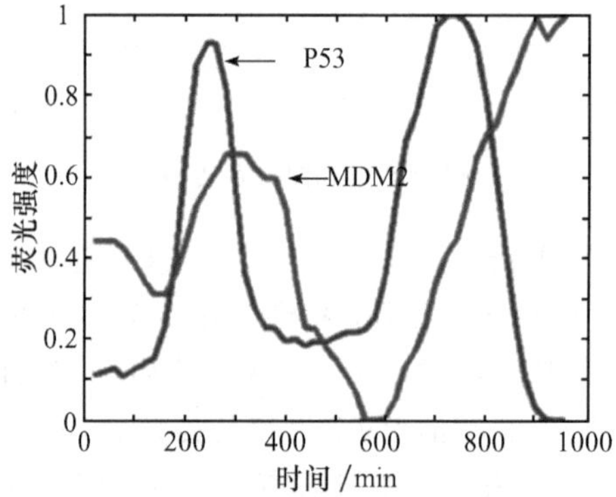

图 7.7 单细胞中 P53 蛋白和 MDM2 蛋白的含量的振荡关系（Lahav et al.，2007）

可以将这种蛋白质含量随时间变化的系统称为动力系统。如同通过微分方程 $\frac{d^2x}{dt^2}+\omega^2x=0$ 来描述弹簧振子模型中位移随时间周期变化的规律一样，利用非线性动力学方程可以描述 P53 蛋白和 MDM2 蛋白含量随时间的周期变化的动力学行为。

7.3.3 PMP 网络调控物理模型

调控 P53 蛋白的网络关系极其复杂，还有很多尚未知道的机制。研究 P53 蛋白的调控机制应当从核心的部分入手。从前面的分析中可以看到 P53、MDM2 和 P14/19ARF 蛋白通过相互之间密切的调控构成了 PMP 网络，并在电离辐射导致的 DNA 损伤的修复过程中发挥重要作用。根据这种密切调控关系，将复杂的调控网络简化为一个最为核心、最为明确关系的网络，即 PMP 网络。

本节将借助于动力学方程来描述 PMP 网络中各蛋白质含量随时间变化的情

况。所谓动力学方程是指用来描述状态变量随时间变化的定量关系的数学方程，也称为运动方程。方程中的状态参量可以是物理中的粒子坐标和动量，热学中的温度、压强和体积，蛋白质的浓度等，这类状态变量随时间变化，也就是处于非平衡态时的系统称作动力系统。

利用动力学方程建立模型的目的，一方面来描述和再现实验中获得的 PMP 网络中蛋白调控关系，另一方面通过模型中相关参数的调节来研究 PMP 网络中蛋白调控机制，从而帮助理解电离辐射导致的 DNA 损伤修复中 PMP 网络的重要作用。在 PMP 网络研究的基础上，可以引入更多调控因子，来研究更复杂网络的相互关系。

根据前文所叙述的 PMP 网络关系，首先给出关于从电离辐射信号到 PMP 网络激活的模式图（见图 7.8），在此模式图的基础上，建立动力学模型。

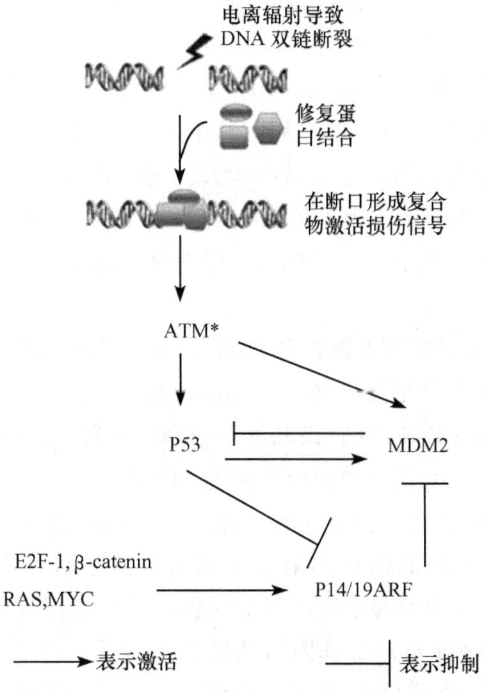

图 7.8　PMP 网络（P53-MDM2-P14/19ARF）调控关系模式图

在模型中，根据 ATM* 的磷酸化过程快速饱和的特性，将电离辐射导致的 DNA 损伤信号等效为 ATM* 的 0 或 1 的开关函数 $IR(t)$，ATM* 激活 P53 蛋白和 MDM2 蛋白的磷酸化，DNA 损伤信号通过 ATM 磷酸化来启动 PMP 网络振荡。分别用 $P53(t)$、$M(t)$ 和 $P19(t)$ 来表示单细胞内 P53、MDM2 和 P14/19ARF 的蛋白质含量，考虑到 P53 蛋白作为 *mdm2* 基因的转录因子，存在着基因转录和翻译的时间延迟，在方程中加入了时间延迟。在 P53-MDM2 负反馈调控关系的基础上建立方程（7.2～7.5）来描述 PMP 网络调控关系。

$$\frac{\mathrm{d}P53(t)}{\mathrm{d}t} = \mathrm{S_{P53}} - \alpha_{\mathrm{P1}} M(t) P53(t)(1 - \gamma_{\mathrm{P1}} IR(t)) - \mu_{\mathrm{P1}} P53(t) \tag{7.2}$$

$$\frac{\mathrm{d}M(t)}{\mathrm{d}t} = \mathrm{S_M} + \alpha_{\mathrm{M}} T(t) - \mu_{\mathrm{P19}} P19(t) M(t) - \mu_{\mathrm{M}} M(t) \tag{7.3}$$

$$\frac{\mathrm{d}P19(t)}{\mathrm{d}t} = \mathrm{S_{P14/19ARF}} - \alpha_{\mathrm{P2}} P53(t) P19(t) - \mu_{\mathrm{P2}} P19(t) \tag{7.4}$$

其中：

$$T(t) = \frac{\{P53(t-\tau)\}^{\mathrm{N}}}{\mathrm{K^N} + \{P53\}(t-\tau)^{\mathrm{N}}} \tag{7.5}$$

方程（7.2）表示 P53 蛋白浓度随时间变化满足的动力学方程，其中 $P53(t)$ 代表 P53 蛋白的浓度，单位为 μmol/L。方程右边第一项 $\mathrm{S_{P53}}$ 代表正常细胞内 P53 蛋白的合成速率，单位是 μmol/(L・min)；第二项代表由 DNA 损伤信号激活 MDM2 蛋白导致的 P53 蛋白的降解，其中 α_{P1} 表示 MDM2 蛋白对 P53 蛋白降解的作用程度，γ_{p} 代表损伤信号的对由 MDM2 蛋白引起的 P53 蛋白降解的抑制作用的能力和程度；第三项代表不依赖于 MDM2 蛋白的 P53 蛋白的降解，其中 μ_{P1} 表示降解速率，单位是 min^{-1}。$IR(t)$ 代表电离辐射引起的 DNA 损伤信号开关，由方程（7.1）定义。

方程（7.3）表示 MDM2 蛋白浓度随时间变化满足的动力学方程，其中 $M(t)$ 代表 MDM2 蛋白的浓度，单位为 μmol/L。方程右边第一项 $\mathrm{S_M}$ 代表细胞内与 P53 蛋白无关的 MDM2 的转录和翻译速率，单位是 μmol/(L・min)；第二项表示由于 P53 蛋白浓度变化增加而引起的 MDM2 的合成，α_{M} 表示 P53 蛋白引起的 MDM2 蛋白合成的最大合成速率，单位是 μmol/(L・min)；$T(t)$ 是一个函数，其中 τ 表示在基因的活化和由此引起的合成之间，转录及翻译的时间延迟，K 表示由蛋白浓度而引起浓度增加的阀值，N 代表函数的陡度，定义见方程（7.5），代表 P53 蛋白对 *mdm2* 基因激活的延迟效果；第三项表示 MDM2 蛋白的基本降解作用，μ_{M} 表示降解速率，单位是 min^{-1}。第四项表示依赖于 P14/19ARF 蛋白的降解作用，μ_{P19} 表示降解速率，单位是 min^{-1}。

方程（7.4）表示 P14/19ARF 蛋白浓度随时间变化满足的动力学方程，其中 $P19(t)$ 代表 P14/19ARF 的浓度，单位为 μmol/L。方程右边第一项 $\mathrm{S_{P14/19ARF}}$ 表示 P14/19ARF 蛋白合成速率，单位是 μmol/（L・min)；第二项代表由 P53 蛋白导致的 P14/19ARF 蛋白降解，其中 α_{P2} 表示作用的强度；第三项代表不依赖于 P53 蛋白的 P14/19ARF 降解，其中 μ_{P2} 表示降解速率，单位是 min^{-1}。

7.3.4　PMP 网络调控模型分析

利用有关单细胞测量的最新实验结果来确定模型的参数，实验结果表明，P53 蛋白浓度的振荡的一个周期对应的时间为（350±160)min；第一个损伤的振荡峰值发生在 DNA 受辐射损伤后（360±240)min；两个相邻振荡的峰值相差(440±110)min；时间延迟 τ 为 100min。

由于目前实验数据依然十分有限，精确地确定模型中的全部参数还需要进一步的电离辐射的实验支持。这里根据实际生物学过程估计某些参数的值。例如，方程（7.2）中的参数 μ_{p1} 取值很小，这是因为考虑到实际过程中虽然其他的生物过程对 P53 的降解有一定的影响，但是这些作用相对来说很小，很多数据表明对降解起着最主要的作用在细胞未受辐射损伤的情况下，P53 的半衰期为 20～25min，因此降解速率 μ_{p1} 选为 0.05min^{-1}，P14/19ARF 的半衰期是 6h，降解速率 μ_{p2} 选为 0.0028min^{-1}。

根据实验结果结合相关模型参数的选取模型中的参数确定为 $S_{P53}=0.5\mu\text{mol}/(\text{L}\cdot\text{min})$，$\alpha_{P1}=1.8$，$\gamma_p=0.996$，$\mu_{P1}=0.00025\text{min}^{-1}$，$S_M=0.00235\mu\text{mol}/(\text{L}\cdot\text{min})$，$\alpha_M=0.1\mu\text{mol}/(\text{L}\cdot\text{min})$，$\mu_M=0.05\text{min}^{-1}$，$S_{P14/19ARF}=0.5\mu\text{mol}/(\text{L}\cdot\text{min})$，$\alpha_{P2}=0.00025$，$\mu_{P2}=0.0028\text{min}^{-1}$，$K=120$，$N=10$，$P_{53}(0)=5.89\mu\text{mol/L}$，$M(0)=0.047\mu\text{mol/L}$，$P19(0)=0.5\mu\text{mol/L}$，$\tau=100\text{min}$。

通过求解动力学方程可得到 PMP 网络中 P53、MDM2 和 P14/19ARF 蛋白含量的动力学行为的变化曲线，见图 7.9。

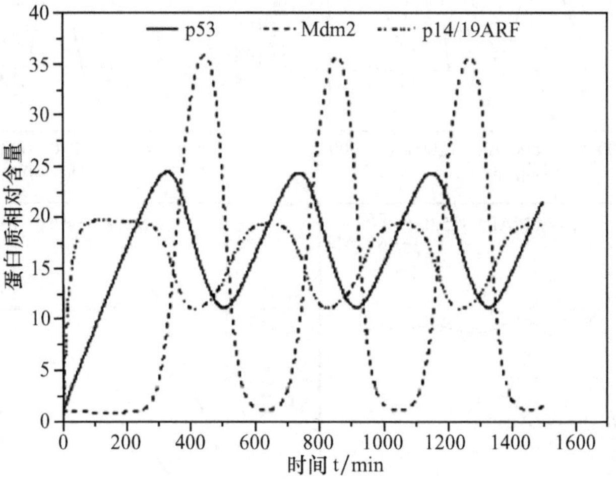

图 7.9　P53、MDM2 和 P14/19ARF 蛋白的相对含量振荡变化

从图 7.9 中可以看到，在正常的没有电离辐射损伤时，P53 蛋白的浓度保持

在较低的水平，受到基因调控网络的严格控制。P53 蛋白以恒定的速率合成并激活 *mdm2* 基因的表达，同时 MDM2 蛋白通过结合 P53 蛋白经过依赖泛素化的降解途径降解 P53 蛋白，使 P53 蛋白保持低浓度。随着 DNA 辐射损伤信号的产生，P53 蛋白与 MDM2 蛋白的结合性被破坏，抑制了 P53 蛋白的降解，从而使 P53 蛋白浓度迅速上升，用来终止细胞周期和启动细胞的凋亡。同时 P53 蛋白可以激活 MDM2 蛋白的生成，并抑制 P14/19ARF 的活性；MDM2 蛋白的浓度上升后，由负反馈作用将 P53 蛋白带到核外降解，P53 蛋白浓度降低；P14/19ARF 的活性被抑制后，它对 MDM2 的抑制作用同时被削弱，促进 MDM2 蛋白的浓度上升，启动了 PMP 网络的动力学振荡行为。

从图 7.9 中得到的 P53 和 MDM2 的蛋白浓度具有如下动力学特征：第一个振荡的宽度为 328min；峰峰间隔是 413min，时间延迟为 100min，都与实验吻合的很好。P14/19ARF 是重要的抑癌基因，它在 PMP 网络中有重要调节功能。*Ras*、*MYC*、*β-catenin* 和 *E1A* 等多个基因都会激活 P14/19ARF 蛋白的合成。下面通过调节 PMP 网络中的 P14/19ARF 蛋白合成速率研究对 PMP 动力学方程影响，在 P14/19ARF 蛋白浓度逐渐上升的过程中，P53-MDM2 负反馈网络的振荡行为和动力学行为也逐渐变化，其演变过程见图 7.10 和图 7.11。

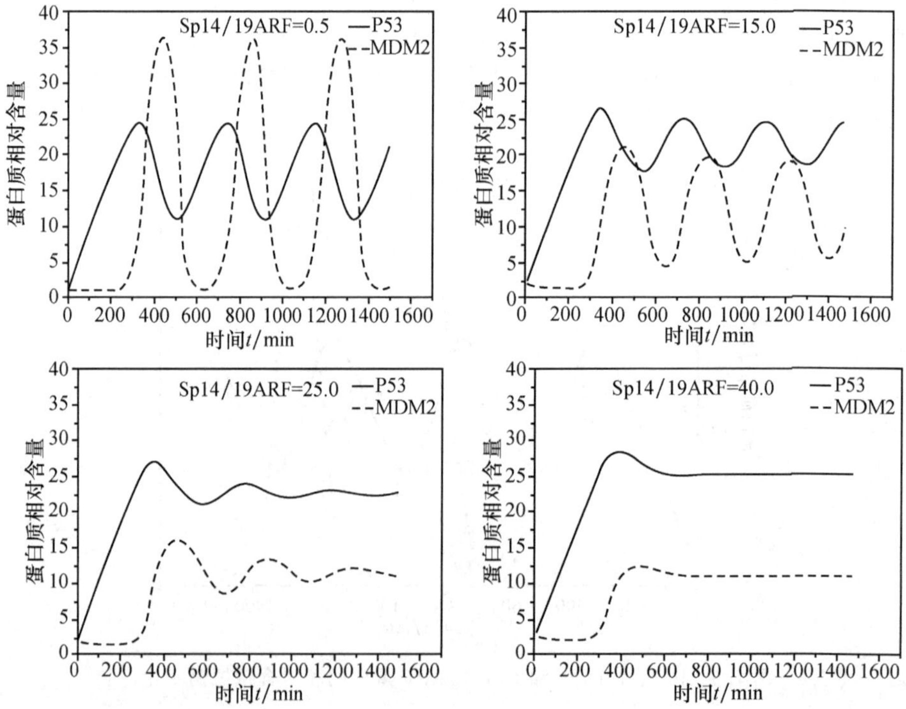

图 7.10 随着 $S_{P14/19ARF}$[μmol/(L·min)] 的增加 P53 蛋白和 MDM2 蛋白相对含量的振荡行为

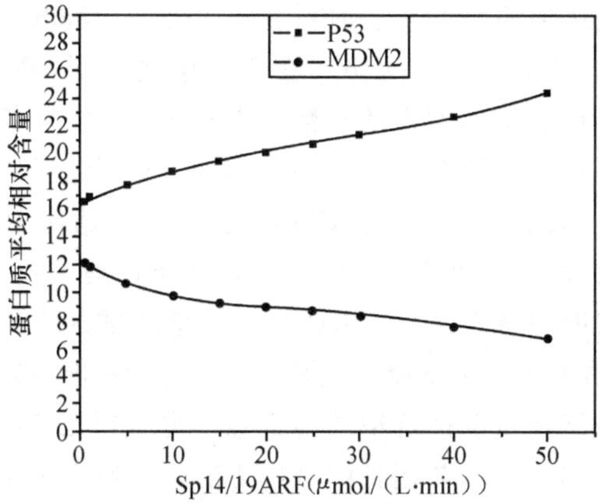

图 7.11 P53 和 MDM2 蛋白平均相对含量随 $S_{P14/19ARF}$ 的变化关系

图 7.10 所展示的是在 P14/19ARF 蛋白浓度逐渐上升的过程中 P53-MDM2 负反馈网络的振荡行为和动力学行为的变化表明，P14/19ARF 蛋白作为肿瘤生长激发的信号，是抑制肿瘤基因 *p53* 的上游激活因素，其在由电离辐射作用激发的 P53-MDM2 蛋白负反馈振荡中发挥重要作用，对 P53-MDM2 蛋白负反馈振荡的动力学行为产生根本性的影响。当肿瘤细胞受到电离辐射的作用时，其动力学行为与正常细胞将有所不同，其振荡行为明显减弱。随着 P14/19ARF 蛋白浓度的上升，负反馈振荡逐渐减弱，首先变化的是振荡的振幅，随后为振荡的周期，此结果与实验结论一致。

从图 7.11 中可以得到，在 PMP 网络中，P14/19ARF 蛋白对 P53 和 MDM2 蛋白的平均浓度的影响关系如下。随着 P14/19ARF 蛋白含量的上升，P53 蛋白平均水平上升，MDM2 蛋白的平均水平下降。考虑到 MDM2 蛋白对 P53 蛋白降解作用，MDM2 蛋白浓度的下降将进一步促进 P53 蛋白平均含量上升。基于 P53 蛋白水平对电离辐射导致的 DNA 损伤的修复和肿瘤的治疗有密切关系，大部分肿瘤细胞都缺乏 P53 蛋白基因，从而缺少 P53 蛋白的功能。P14/19ARF 蛋白浓度的上升有利于维持高水平的 P53 蛋白水平，有利于 DNA 损伤的修复、细胞周期的终止和肿瘤的凋亡，结果符合实验结论，即 PMP 网络中 P14/19ARF 蛋白通过维持 P53 蛋白水平的稳定促进依赖于 P53 蛋白的细胞凋亡。通过建立的 PMP 网络动力学模型的模拟，得到一个重要的结论就是 P14/19ARF 蛋白浓度的上升有利于维持高水平的 P53 蛋白水平。

电离辐射所导致 DNA 损伤的识别、信号转导和损伤修复机制对于生物体来说具有重要的意义。在损伤修复的过程中抑癌基因网络 PMP（P53-MDM2-P14/19ARF）发挥着关键作用。本节在最新的单细胞电离辐射实验的基础上，建立了电离辐射诱导下的单细胞抑癌基因 PMP 动力学物理模型，根据 DNA 损伤修复过程中ATM的快速饱和及迅速去饱和的调控机制，将电离辐射的损伤信号以“开关”机制来代替，激活PMP网络。在模型中模拟了PMP网络中的调节关系，并根据实验结果确定了模型中的参数，得到了PMP网络动力学模型的数值解。数值模拟的结果很好地符合了实验中获得的P53蛋白和MDM2蛋白振荡关系，两者存在着负反馈的关系，同时MDM2蛋白的振荡比P53蛋白的振荡存在时间的延迟。通过研究PMP模型中P14/19ARF蛋白对P53-MDM2负反馈网络的相互影响，结果表明随着P14/19ARF蛋白含量的增加，P53蛋白的平均水平上升，MDM2蛋白的平均水平下降，说明P14/19ARF蛋白对于维持P53蛋白的高水平有利，即可以维持负反馈网络的稳定性，促进对DNA损伤的修复和细胞凋亡，基本符合实验结论。本节用到的基本方法对于研究抑癌基因网络的调控特性具有推广意义，通过建立动力学方程并得到数值模拟结果，可以帮助人们深入理解包括抑癌基因网络在内的网络调控的规律。如果通过基因疗法能抑制*mdm2*基因的活性，提升*p14/19arf*基因的活性将是治疗癌症的重点研究目标，这些结果对于研究癌症的发生、治疗和抑癌基因网络的调控关系有重要的意义。

7.4 癌症的传统疗法和基因疗法

7.4.1 癌症的传统治疗

1. 中药治疗

中医在肿瘤治疗方面的优势在于缓解症状的效果明显，对癌症放化疗当中的继发医源性损害有良好的辅助治疗作用，能够针对病原治疗。现在对于肿瘤的治疗多数采取中西医结合的治疗方式，理论上早诊断、早治疗，早中期手术、放化疗有少数的根治机会，结合中药可以起到减毒增效的作用。手术、放化疗以后利用中药能起到一定的预防复发和转移的作用。晚期患者利用中药扶正固本、减少痛苦、提高生活质量是目前姑息式临终关怀的有效途径。现在治疗肿瘤采用中西医结合的手段可使两者优势互补，以达到提高综合疗效的目的。

2. 手术治疗

手术治疗通常包括根治性手术、姑息性手术、探查性手术。①根治性手术。由于恶性肿瘤生长快，表面没有包膜，它和周围正常组织没有明显的界限，局部浸润厉害，并可通过淋巴管转移。因此，手术要把肿瘤及其周围一定范围的正常组织和可能受侵犯的淋巴结彻底切除。这种手术适合于肿瘤范围较局限、没有远处转移、体质好的患者。②姑息性手术。对于肿瘤范围较广，已有转移而不能做根治性手术的晚期患者，为减轻痛苦，维持营养和延长生命，可以只切除部分肿瘤或做些减轻症状的手术。③探查性手术。对深部的内脏肿物，有时经过各种检查不能确定其性质时，需要开胸、开腹或开颅检查肿块的形态，切取一小块活组织快速冰冻切片检查，明确诊断后再决定手术和治疗方案，为探查性手术。

3. 放射治疗

放射治疗简称放疗，它是利用高能电磁辐射线作用于生命体，使生物分子结构改变，达到破坏癌细胞目的的一种治疗方法。放射能够治疗癌症是因为癌细胞对放射线敏感。目前临床上应用的放射线有 X 射线治疗和伽马射线治疗两种。放射治疗对癌症是否有效，取决于许多因素，如临床时间的早晚、肿瘤病理类型和它对放射的敏感性、患者的整体状况和肿瘤周围情况等。肿瘤对放射敏感性的高低与肿瘤细胞的分裂速度、生长快慢成正比。同一种肿瘤的病理分化程度与放射敏感性成反比，即肿瘤细胞分化程度低则放射敏感性高，而分化程度高者则放射敏感性低。

4. 化学治疗

化学疗法是将药物经血管带到全身，对身体所有细胞都有影响。这种疗法有时也称为“胞毒疗法”，因化学疗法为所用药物都是有害，甚至是带毒性的，体内细胞，无论是否恶性细胞，都受到破坏。化学治疗的临床应用有 4 种方式：①晚期或播散性肿瘤的全身化疗，因对这类肿瘤患者通常缺乏其他有效的治疗方法，常常一开始就采用化学治疗，近期的目的是取得缓解；②辅助化疗，是指局部治疗后，针对可能存在的微小转移病灶，防止其复发转移而进行的化疗；③新辅助化疗，针对临床上相对较为局限性的肿瘤，但手术切除或放射治疗有一定难度的，可在手术或放射治疗前先使用化疗，其目的是希望化疗后肿瘤缩小，从而减少切除的范围，缩小手术造成的伤残；化疗还可抑制或消灭可能存在的微小转移，提高患者的生存率；④特殊途径化疗，包括腔内治疗、椎管内化疗和动脉插管化疗。

7.4.2　重建 *p53* 基因功能的癌症基因疗法

近 30 年来对 *p53* 基因网络功能的研究结果表明，*p53* 基因在癌症发生过程中有重要作用，人类超过一半以上的癌症与 *p53* 基因的功能缺失有关，在癌症患者的基因组中重建 *p53* 基因并恢复其功能具有重要的意义，是治疗癌症的重要手段。本节将主要介绍以 *p53* 基因为目标的癌症基因治疗药物的研制和应用情况。

重组人 *p53* 腺病毒注射液是肿瘤的基因治疗制品。基因治疗是指以改变人的遗传物质为基础的生物医学治疗。肿瘤是一种基因病，因此基因治疗针对的是肿瘤发生的根源。2003 年末，中国研制成功的、拥有自主知识产权的重组人 *p53* 腺病毒注射液新药获得了国家食品药品监督管理局颁发的新药证书，是世界首个获准上市的基因治疗药物。该药物是肿瘤基因治疗药物，由正常人肿瘤抑制基因 *p53* 和改构的 5 型腺病毒基因重组而成。前者是重组人 *p53* 腺病毒注射液发挥肿瘤治疗作用的主体结构，后者主要起载体作用，携带治疗基因 *p53* 进入靶细胞内发挥作用。

该药物可特异地引起肿瘤细胞程序性死亡，或者使肿瘤细胞处于严重冬眠状态，而对正常细胞无损伤。在肿瘤细胞内存在的受损 DNA 是重要的 *p53* 基因表达的激活因素。高表达的 P53 蛋白能有效刺激机体的特异性抗肿瘤免疫反应，局部注射可吸引 T 淋巴细胞等肿瘤杀伤性细胞聚集在瘤组织。*p53* 基因可调节细胞 G_1 期生长，防止细胞癌变，它是细胞内关键的“基因组保护神”，具有上调多种抗癌基因和下调多种癌基因的活性，并有抑制血管内皮生长因子基因和药物多抗性基因表达的作用，从而使其抑癌效应瀑布性增强。

该品属缺陷性重组腺病毒，在体内对细胞只发生一次性感染，不能繁殖，使用安全性高，亦不会导致人群传染和环境污染。腺病毒 DNA 不整合到人细胞基因组中，无遗传毒性。自 1995 年批准重组腺病毒制品用于临床试验至今，尚无遗传性损害的报道。国内外 10 余年来批准的有关重组人 *p53* 腺病毒制品的临床试验达 58 项，均未发现严重不良反应，与 DNA 损伤性肿瘤治疗方法（如放、化疗）联合应用时，未增加重组腺病毒的整合率。

重组人 *p53* 腺病毒注射液临床试验及临床应用已使用的给药途径包括局部和全身（静脉）给药，均证实使用安全。主要不良反应是自限性发热，发生频率约 32 %人次。发热反应多发生在注射后 3h 左右，一般持续约 4h 后可自行消退。重组人 *p53* 腺病毒注射液静脉滴注时，中度发热患者比例增加；个别患者在滴速较快时，出现一过性低血压，未治疗自行缓解，无其他严重不良反应发生。

对参加重组人 *p53* 腺病毒注射液Ⅰ期临床试验的 12 例喉癌患者 4～6 年的随访表明，截至 2005 年 11 月，11/12 例患者存活，平均生存时间 5.9 年，无病生存者 9/12 例；5 年生存率 91.7%。根据美国癌症联合委员会报道，喉鳞状细胞癌 5 年生存率：Ⅰ期 68.6%～71.1%，Ⅱ期 55.5%～59.9%，Ⅲ期 46.4%～50.1%。中国国内文献报道各类各期喉癌的 5 年生存率为 69.96%。Ⅰ期临床试验随访结果表明，重组人 *p53* 腺病毒注射液可预防肿瘤（喉癌）复发并明显延长患者生存期。

重组人 *p53* 腺病毒注射液与放疗、化疗、手术及热疗等联合使用具有显著的协同效果，可将疗效提高 3 倍以上。在重组人 *p53* 腺病毒注射液治疗头颈部鳞癌多中心、随机对照临床试验中，入组患者 77%为Ⅲ～Ⅳ期（中晚期）；多数患者已接受过放疗或化疗治疗但已复发（治疗失败），或不能耐受化疗或放疗以及无法手术的患者。结果显示，重组人 *p53* 腺病毒注射液联合放疗组的肿瘤完全消退率达 64%，肿瘤部分消退率 29%，有效率 93%；单纯放疗组肿瘤完全消退率为 19%，肿瘤部分消退率为 60%，有效率为 79%；两组结果有显著差异。基因治疗联合放疗将单纯放疗的肿瘤完全消退率提高约 3.4 倍，临床应用结果显示重组人 *p53* 腺病毒注射液疗效显著。

习　题

1. 什么是肿瘤？什么是恶性肿瘤？什么是癌？
2. 癌症产生的根本原因是什么？癌症的基本特征有哪些？
3. 什么是癌基因？什么是抑癌基因？
4. P53 蛋白在 DNA 损伤修复中的重要作用是什么？
5. 能够激活 *p*53 基因的上游事件包括哪些？
6. *p*53 基因的重要功能包括哪些？
7. 构成 PMP 网络的 P53、MDM2 和 P14/19ARF 的调控关系是什么？
8. 癌症的传统治疗方法有哪些？
9. 针对 *p*53 基因的基因药物的治疗原理是什么？

参考文献

黄越承，蔡建明. 2004. MDM2 功能及其调控机制. 国外医学肿瘤学分册，31：336-339

刘秉正，彭建华. 2004. 非线性动力学. 北京：高等教育出版社

柳辉. 2010. 电离辐射作用下抑癌基因 PMP 网络调控机制的研究. 天津：河北工业大学博士学位论文

丘冠英，彭银祥. 2001. 生物物理学. 武汉：武汉大学出版社

解春文，解春艳. 2008. 重组人-p53 腺病毒注射液. 中外医疗，17：21-22

翟中和. 2007. 细胞生物学. 3 版. 北京：高等教育出版社

张丽娟. 2007. 复杂多体系统的非平衡统计理论及若干问题的研究. 北京：首都师范大学硕士学位论文

祝峙，朱明华. 2003. *p53* 基因网络的研究进展. 癌症，22：547-551

Harris S L，Levine A J. 2005. The P53 pathway：positive and negative feedback loops. Oncogene，24：2899-2908

Hui L，et al. 2007. Stochastic simulations in the dynamical model of P53-mdm2 feedback loop regulated by P19ARF. Journal of Computational and Theoretical Nanoscience，7-8：1305-1310

Lahav G，et al. 2004. Dynamics of the P53-MDM2 feedback loop in individual cells. Nature

Genetics, 36: 147-150

Lev B R, et al. 2000. Generation of oscillations by the P53-MDM2 feedback loop: a theoretical and experimental study. Proceedings of the National Academy of Sciences of the United States of America, 97: 11250-11255

Ma L, et al. 2005. Stolovitzky GA. A plausible model for the digital response of P53 to DNA damage. Proceedings of the National Academy of Sciences of the United States of America, 102: 14266-14277

Ogunnaike B A. 2006. Elucidating the digital control mechanism for DNA damage repair with the P53-MDM2 system: single cell data analysis and ensemble modeling. Journal of the Royal Society Interface, 3: 175-184

Shiwei Y, Yizhong Z. 2006. A unified model for studying DNA damage-induced P53-MDM2 interaction. Physica D, 220: 157-162

Ute M M, Oleksi P. 2003. The MDM2-P53 interaction. Molecular Cancer Research, 14: 1001-1008

第 8 章

光生物物理

生命系统是能够复制自己的能量转换器。生命在于运动。生命体系中的各种运动都需要机械能。生命系统具有能够将化学能转换成机械能的特殊功能。这种化学能主要是储存在 ATP（腺苷三磷酸）这样的有机分子中。地球上的绿色植物、藻类和光合细菌能够捕捉太阳光，并利用光的能量来合成 ATP，实现由光能到化学能的转换，从而为整个生物链提供能源。理解光与生命的关系需要应用深入的物理学知识。本章对光生物物理的几个主要内容进行简介。

8.1 光生物物理概述

光是生命的能量起源。光生物物理学研究光对机体作用的光物理和原初光化学过程。这些过程包括生物分子吸收光到激发态的跃迁（10^{-15}s）、振动弛豫（10^{-12}s）、发荧光（$10^{-10}\sim10^{-8}$s）、发磷光（10^{-3}s），以及光生电子、质子的转移等。

生命体系中这些重要的光生物物理学过程是在分子水平上实现的，所以需要在分子水平上理解生命。机体中能够吸收光的分子或分子体系叫做生色团或光感受体，如植物中的叶绿素分子和光合系统、蛋白质中的色氨酸和酪氨酸等。光生物物理学的主要研究内容就是要在了解这些光感受体的分子结构的基础上，利用有关光与物质分子的相互作用的物理学知识，找出这些生物分子的各种光激发和弛豫过程的机理及规律。光生物物理学不但是理解生命本身的关键内容，也为利用各种光谱测量技术（如荧光光谱等）研究生物体系提供了理论依据。

在生物体中，与光的作用有关的分子和分子体系有很多。下面是两个重要的例子。

(1) 叶绿体。光合作用是光合细胞捕获光能并将其转变为化学能的过程。绿色植物的光合作用是在植物细胞中的叶绿体上实现的，见图 8.1。叶绿体中的类囊体膜上镶嵌着众多光反应系统。每个光反应系统由多个大的跨膜蛋白和几个小的蛋白质组成。很多色素分子（包括叶绿素、血红素、β-胡萝卜素等）和金属离子团簇镶嵌在这些蛋白质分子上。叶绿素分子能有效地吸收波长为 680nm 左右的红光和一部分蓝光，因而使整个植物细胞在日光的照射下呈现绿色。光反应系统能够利用吸收到的光能完成 ATP 的合成，从而将光能转化为化学能。

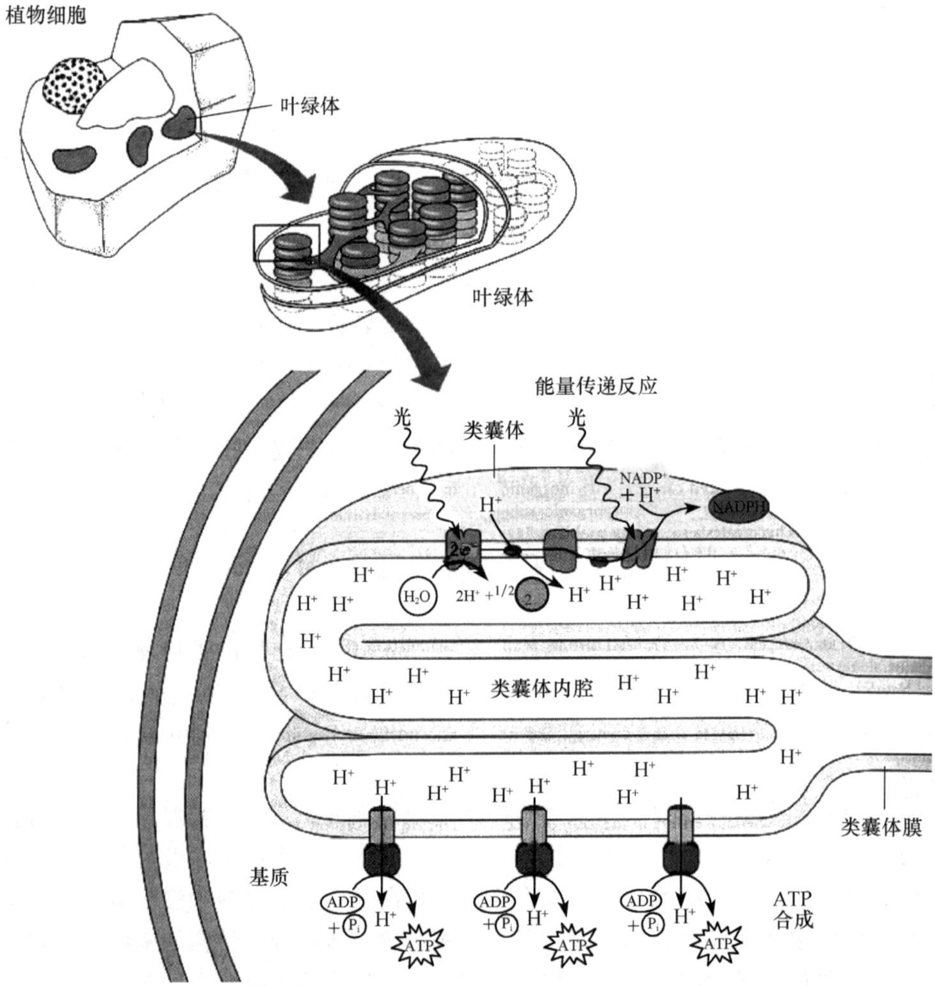

图 8.1　叶绿体及光反应系统

(2) 绿色荧光蛋白 (GFP)。绿色荧光蛋白 (GFP, 蛋白质编号 1gfl, 图 8.2) 是在一种水母体内发现的。这种蛋白质可以从阳光中吸收紫外线，然后以能量较低的绿光形式 (2.44eV) 发射出来。GFP 控制光的部位是其自身的一部分，仅由氨基酸构建而成，该部位含有一段三个氨基酸组成的特殊序列：丝氨酸-酪氨酸-甘氨酸 (有时丝氨酸会被相似的苏氨酸取代)。当蛋白质链折叠时，这段短片段就被深埋在蛋白质内部，然后，发生一系列化学反应，甘氨酸与丝氨酸之间形成化学键，生成一个新的闭合环，随后这个环会自动脱水。最终，经过大约 1h 的反应，周围环境中的氧攻击酪氨酸的一个化学键，形成一个新的双键并合成荧光发色团。

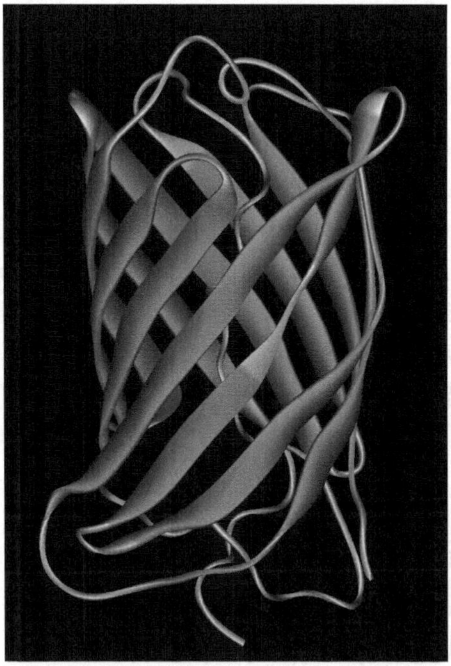

图 8.2　绿色荧光蛋白 1gfl 的结构

下村修、马丁·查尔菲和钱永健因为发现和改造绿色荧光蛋白分获 2008 年诺贝尔化学奖。钱永健为钱学森的堂侄，见图 8.3。

图 8.3　2008 年诺贝尔化学奖获得者下村修（Osamu Shimomura）、马丁·查尔菲（Martin Chalfie）和钱永健

8.2 分子的激发与弛豫

根据量子力学原理，分子的存在状态是量子化的。在这些量子态中，分子的能量只能取一些量子化的离散值，其中能量最低的量子态称为基态，其他的量子态称为激发态。当分子与光或其他分子的相互作用满足某种特定条件时，分子会在这些量子态之间发生跃迁。分子从基态到激发态的跃迁称为激发，分子从激发态到基态的跃迁称为弛豫。光与生物分子的相互作用与分子的这种量子态结构密切相关。

分子是由多原子组成的。分子的量子态包含电子量子态与核运动量子态。核运动量子态包含振动态、转动态、平动态三种形式。通常，由于相邻的平动量子态的能级间隔非常小，可以认为分子的平动能量是连续分布的。

8.2.1 分子的电子量子态

生物分子主要是由 C、H、O、N 等原子通过共价键结合而成的。原子结合成分子之后，其电子已经属于整个分子。应用量子力学方法计算分子中电子的量子力学状态可以证明电子态的存在方式是量子化的。

氢分子（H_2）是最典型的共价结合分子。组成氢分子的两个氢原子中的两个电子在组成氢分子时可以达到一种低能的稳定态，其能量低于它们分别属于两个氢原子时的能量之和。这个稳定态就是氢分子的电子基态。确定氢分子电子波函数的量子力学方程（薛定谔方程）具有如下形式：

$$\hat{H}\Psi = E\Psi \tag{8.1}$$

式中，Ψ 为氢分子的电子波函数；E 为能量；$\hat{H}$ 为系统哈密顿量，是具有如下形式的算符：

$$\hat{H} = \left[-\frac{1}{2}\nabla_1^2 - \frac{1}{r_{a1}}\right] + \left[-\frac{1}{2}\nabla_2^2 - \frac{1}{r_{b2}}\right] + \left[-\frac{1}{r_{a2}} - \frac{1}{r_{b1}} + \frac{1}{r_{12}} + \frac{1}{R}\right] \tag{8.2}$$

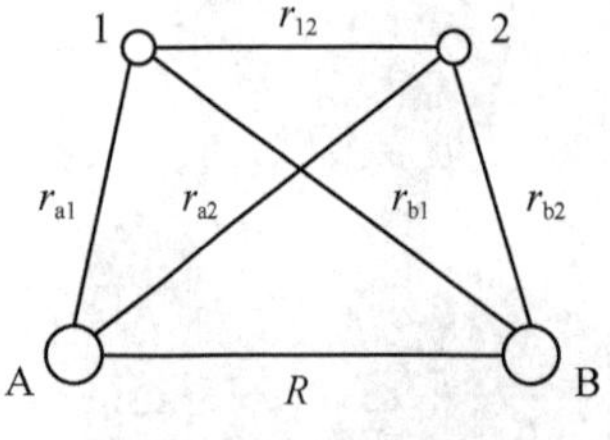

图 8.4 氢分子的各个坐标变量的定义

图中 1、2 代表两个电子，A、B 代表两个原子核

方程（8.2）中各量的含义如图 8.4 所示，其中 r_{a1} 代表电子 1 与 A 核之间的距离，r_{b1} 代表电子 1 与 B 核之间的距离，r_{a2} 代表电子 2 与 A 核之间的距离，r_{b2} 代表电子 2 与 B 核之间的距离，r_{12} 代表电子 1 与电子 2 之间的距离，R 代表两个原子核之间的距离。∇_1^2 代表关于第一个电子坐标的拉普拉斯算符，∇_2^2 代表关于第二个电子坐标的拉普拉斯算符。方程（8.2）中采用了原子单位制，因而使方程具有最为简洁的形式。

方程（8.1）的建立已经采用了波恩-奥本海默近似，即在求解电子波函数的过程中不考虑原子核的运动，将两个原子核的间距 R 作为固定参数。由此方程解出的分子电子态能量是量子化的，而且每个量子化能量的值都与核间距 R 有关。使电子态基态能量达到最小值的核间距称为平衡核间距。平衡核间距定义了化学键的键长。键的强度定义为使两个原子从最稳定核间距完全分离开所需要的解离能。氢分子的共价键键长为 0.7414Å，其键的强度为 432.1kJ/mol。

离散的量子化能级结构如图 8.5 所示。生物分子的激发和弛豫过程主要发生在电子基态和第一激发态之间。这两个量子态的能级差的量值通常在 1～20eV。例如，氢分子的第一激发态与基态之间的能级差为 11.36eV；色素分子叶绿素 a 的第一激发态与基态的能级差为 1.82eV。分子的电子态能量与核间距之间的关系如图 8.6 所示。

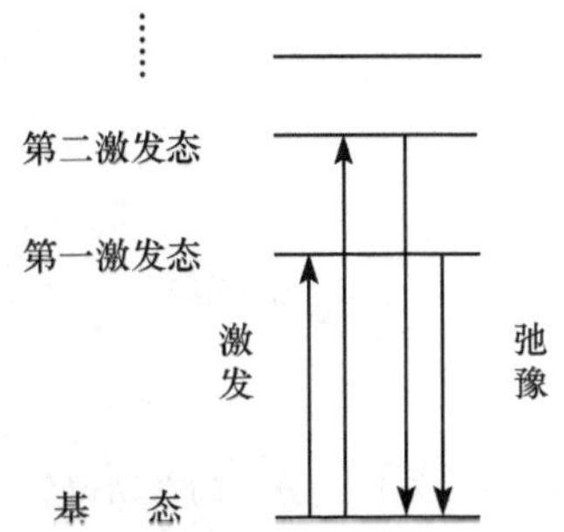

图 8.5　分子的电子量子态能级

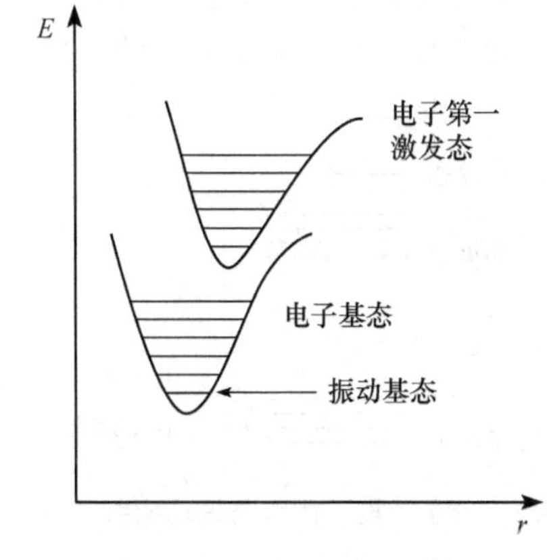

图 8.6　分子的电子态能量与核间距的关系

当照射到分子上的光的能量等于分子某一激发态到基态的能级差时，分子就会吸收光子而激发，即分子中处于基态的电子跃迁到激发态。根据爱因斯坦关系，频率为 ν 的光子具有的能量为

$$E = h\nu \tag{8.3}$$

式中，h 为普朗克常量。可见光的能量是 1.55～3.26eV。通常，生物分子的第一激发态到基态的能量差在紫外-可见光区，所以这个范围内的光与生命系统的关系最为密切。

分子由激发态回到基态的弛豫过程有多种途径，包括发射光子和与周围交换热量等。

8.2.2　分子的振动和转动量子态

根据量子理论，分子的振动和转动能级也是量子化的。分子的总的量子态能级是三套能级的叠加。三种运动的能级差如表 8.1 所示。

表 8.1 三种运动的能级差、波数、波长范围及光谱名称

	ΔE/eV	$\bar{\nu}$/cm^{-1}	λ/μm	光谱名称
分子转动	10^{-4}～0.05	1～400	10^4～25	远红外光谱或微波谱
分子振动	0.05～1	400～10^4	25～1	红外光谱
电子运动	1～20	10^4～10^5	1～0.1	紫外及可见光谱

由表 8.1 可见，分子转动的能级差比电子能级差和振动能级差小很多。其数值为典型的热运动能量，即在 0.01eV 左右。在表示不同量子化能级叠加关系的图中，没有画出转动能级，见图 8.7。

分子的振动量子态能级是通过求解关于核振动的薛定谔方程得到的。图 8.8 给出了双原子分子的有关参量的定义，其中 r 代表两个原子核的间距，r_1、r_2 分别代表两个原子核到分子质心的距离，m_1、m_2 分别代表两个原子的质量。

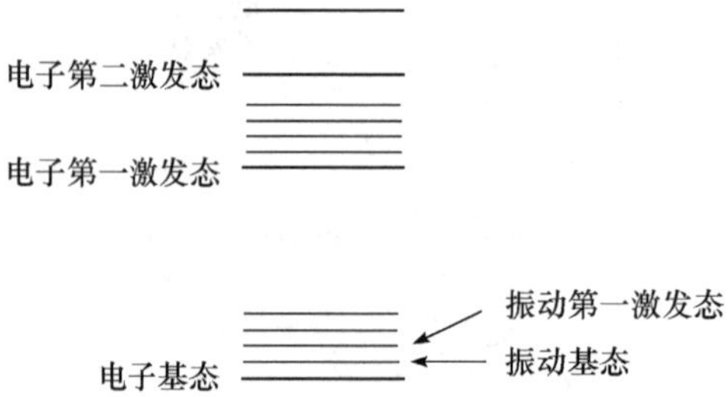

图 8.7 分子的电子能级与振动能级的叠加

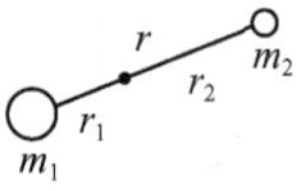

图 8.8 双原子分子的振动模型
振动发生在两个原子的连线方向

在建立关于分子的振动量子态的薛定谔方程时，由电子量子态确定的共价键的作用被简化为与核间距有关的势函数。当这种势函数被近似为简谐振子势的形式时，双原子分子的振动量子态的薛定谔方程可以写成如下形式：

$$\left[-\frac{\hbar^2}{2\mu}\frac{\mathrm{d}^2}{\mathrm{d}q^2}+\frac{1}{2}kq^2\right]\Psi = E\Psi \tag{8.4}$$

式中，Ψ 为分子振动波函数；E 为振动能量；q 为两原子核间距与平衡核间距之差；μ 为约化质量，$\mu=(m_1\times m_2)/(m_1+m_2)$；$\hbar$ 为约化普朗克常量；k 为简谐势的刚度系数，其值取决于图 8.6 中分子的电子态能量与核间距的关系。

在简谐势近似下，双原子分子的振动量子化能级表达式为

$$E_n=\left(n+\frac{1}{2}\right)h\nu,\quad n=0,1,2,\cdots \tag{8.5}$$

式中，E_0 为基态振动能量，被称为零点能。分子在振动能级间的激发和弛豫过

程受到选择定则的限制。在简谐势近似下，选择定则限定跃迁只能在相邻能级间发生。由于此时相邻能级的能量差是常数，可以预言异核双原子分子的振动光谱（在红外区内）会有一个单独的吸收峰。这个预言已被实验证实，但实验结果显示还有一些小的吸收峰存在，说明简谐势只能近似地描述原子之间的相互作用，同时相应的选择定则也不是一种绝对的限制。

分子的转动也和振动一样受量子力学规律的支配。在建立转动量子态的薛定谔方程时，双原子分子被简化成一个刚性转子，其哈密顿量中只包含转子的转动动能算符。由此，双原子分子的转动量子态的薛定谔方程可以写成如下形式：

$$\frac{1}{2I}\hat{L}^2\Psi = E\Psi \tag{8.6}$$

式中，I 为分子绕其质心的转动惯量；$\hat{L}^2$ 为转子的角动量平方算符。双原子分子的转动量子化能级为

$$E_J = J(J+1)\frac{\hbar^2}{2I},\quad J = 0,1,2,\cdots \tag{8.7}$$

关于转动量子态跃迁的选择定则限制跃迁只能发生在相邻转动能级之间，由此可以推知，双原子分子的吸收光波数由下式确定：

$$\bar{\nu} = \frac{\Delta E}{ch} = \frac{E(J+1)-E(J)}{ch} = 2B(J+1) \tag{8.8}$$

式中，c 为光速；h 为普朗克常量；B 为转动常数

$$B = \frac{h}{8\pi^2 Ic} \tag{8.9}$$

生物大分子的结构通常要比双原子分子复杂得多，但是由双原子分子得到的分子中各种量子结构的结果极有代表性，是理解各种复杂分子的量子行为特别是光谱结构的基础。

8.2.3　激发与弛豫的各种途径

由于分子有着不同层次的量子态结构，分子的激发和弛豫也具有多种途径。

分子可以吸收光子跃迁到激发态。当光子的能量处于紫外-可见光区时，分子会由电子基态跃迁到电子激发态；当光子的能量处于红外-微波区时，分子会由振动或转动基态跃迁到振动或转动激发态。此外，分子还能通过偶极共振的方式将处于激发态的分子的能量以非辐射共振能量转移的形式传递给处于基态的分子，使其跃迁到激发态。

分子由激发态回到基态的弛豫过程可以有多种形式，其中包括发荧光和发磷光的辐射弛豫，以及非辐射共振能量转移或内转换的非辐射弛豫。分子中的电子具有自旋。当分子中的所有配对电子自旋反向时，分子的总自旋为零，此时的分子被称为处于自旋单态；当配对电子中有一个电子自旋发生了翻转，使两个电子

的自旋平行，此时的分子被称为处于自旋三重态。当分子从电子激发态单态以发射光子的方式跃迁到基态单态时，所发出的光子称为荧光。但是处于单态激发态的电子也可能发生自旋翻转，使分子变成自旋三重态，这个过程叫系间交叉。处于三重态的电子的能量要比单态激发态低。这个电子从三重态跃迁到基态时所发出的光子叫磷光，见图 8.9。如果基态是单态，从三重态向单态的跃迁概率比从单态激发态向单态基态跃迁的概率要小得多，这使得处于三重态激发态的电子能够在这个量子态上保持很长时间。因此，能够发磷光的分子的磷光寿命要比荧光寿命长很多。

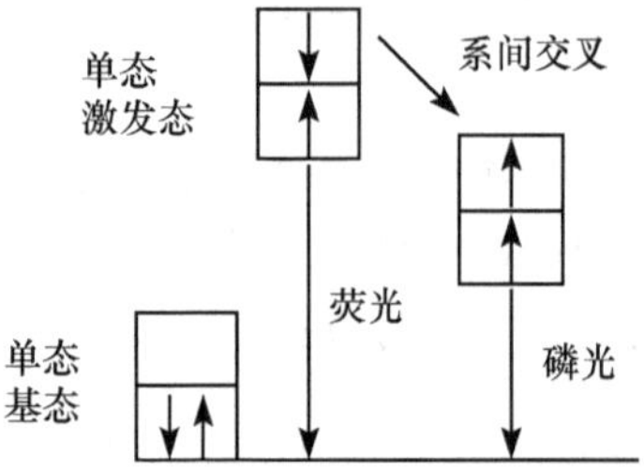

图 8.9 荧光、磷光与系间交叉

除了辐射弛豫的方式以外，分子之间还可以用非辐射的方式释放和交换能量，这包括非辐射共振能量转移和内转换。分子的电子量子态与振动、转动量子态是叠加在一起的。处于电子激发态的分子通常也处于某一振动量子态上。分子总是以和周围环境交换热量的形式首先回到振动基态上，这种弛豫方式称为内转换。分子从量子激发态向基态的跃迁总是从电子激发态中的振动基态开始的，见图 8.10。

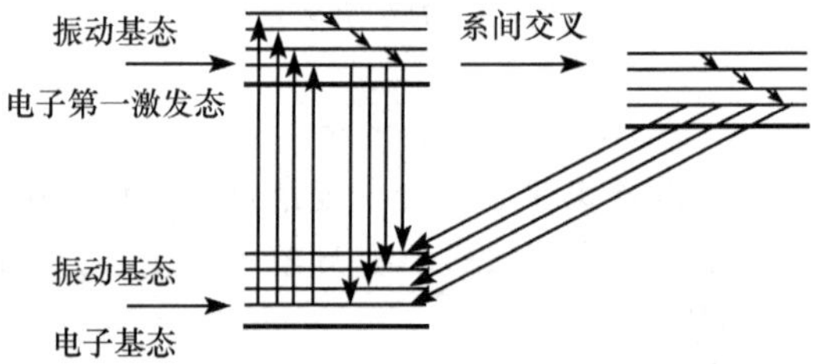

图 8.10 在电子能级之间发生跃迁之前的振动弛豫（内转换）

8.3 光合作用

光合细胞捕获光能并将其转变为化学能的过程称为光合作用。

在光合作用中，光合细胞首先利用叶绿体中的类囊体膜上的光合系统将光能转化为化学能，即合成 ATP，并产生氧气（这一过程称为光反应），然后再利用 ATP 的化学能使 CO_2 还原成淀粉和糖（这一过程称为暗反应）。

光合作用的基本化学公式为

$$H_2O + CO_2 \xrightarrow{光} (CH_2O) + O_2 \tag{8.10}$$

式中，(CH_2O) 代表糖。

8.3.1　光反应系统

由光能到合成 ATP 的能量转换过程是由位于类囊体膜上的光反应系统来完成的。这个系统由多个大的跨膜蛋白和几个小的分子集团组成，其中包括光系统Ⅰ、光系统Ⅱ、细胞色素 b_6/f 复合体、ATP 合酶、质蓝素、质体醌等，见图 8.11。

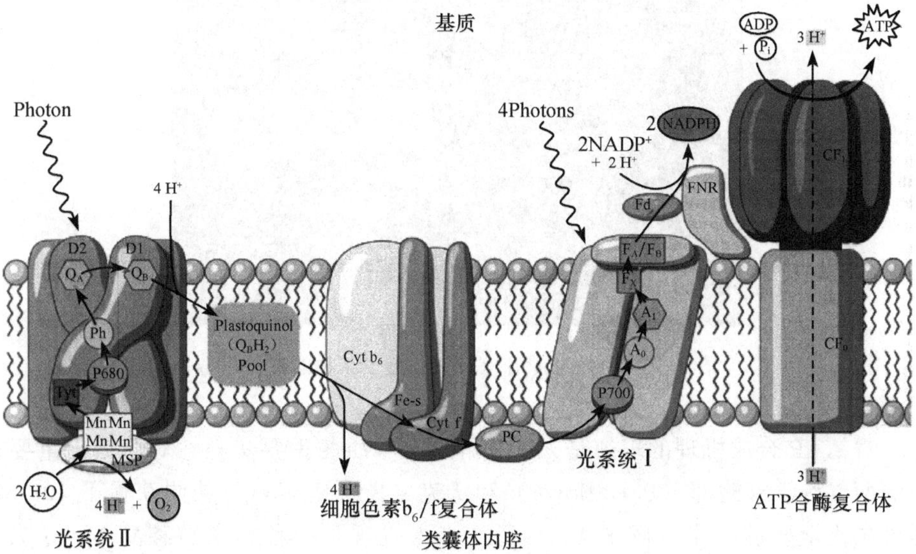

图 8.11　类囊体膜上的光反应系统

主要的跨膜蛋白包括（由左至右）：光系统Ⅱ、细胞色素 b_6/f 复合体、光系统Ⅰ、ATP 合酶复合体。图中箭头代表电子转移途径

有很多色素分子（包括叶绿素、血红素、β-胡萝卜素等）和金属离子团簇镶嵌在光系统蛋白上，这些色素分子可以有效地吸收太阳光中的红光，所吸收的能量用来在反应中心产生高能电子。细胞色素 b_6/f 复合体能够利用高能电子的能量将类囊体膜外的质子泵到膜内，帮助类囊体膜内形成高于膜外的质子浓度，从而在类囊体膜内外形成较高的化学势梯度。同时，由于质子都带有相同的正电荷，在膜内形成的高质子浓度会使类囊体膜内外形成较高的电势梯度。由此形成的强大的电化学势梯度会推动质子尽一切可能向类囊体膜外转移。然而，类囊体膜的合理结构对质子的转移形成了严格的限制，只是在 ATP 合酶上才有允许质子通过的特定通道。ATP 合酶主要由 F_0 和 F_1 两部分组成，其中 F_0 镶嵌在类囊体膜上，而 F_1 位于类囊体膜外，其轴心部分可以相对于 F_0 进行转动。在 F_0 上有一个专供质子通过的管状通道，当质子通过时，就会推动 F_1 的轴心部分产生转动。F_1 的轴心部分产生的转动会推动 F_1 的 ATP 合成位点产生一系列构象变

化，从而实现 ATP 的合成。ATP 分子能够储藏较高的化学能，被称为生命体的能量通货（图 8.12）。生命体系中的各种机械运动主要是通过各种马达分子将 ATP 分子中储藏的化学能转换为机械能来实现的。在光反应系统上实现的 ATP 合成的过程就是生命系统将光能转化为化学能的过程。

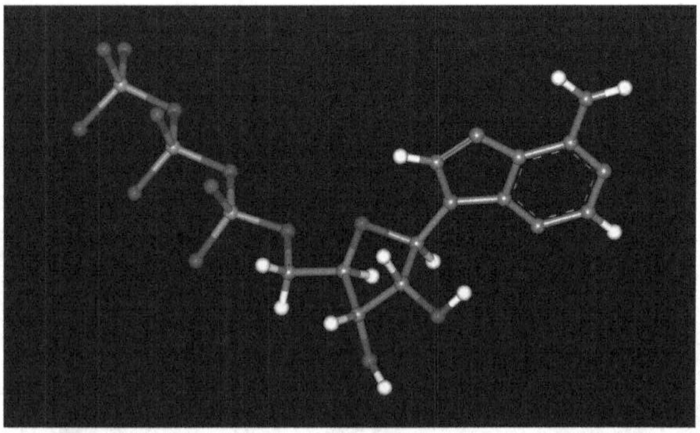

图 8.12　三磷酸腺苷（ATP）分子结构的球棒模型

对 ATP 合成机理的理解是人类理解生命本质的重要步骤。对此做出重要贡献的两位科学家鲍耶（P. D. Boyer）和沃克（J. E. Walker）共同获得了 1997 年诺贝尔化学奖的一半（图 8.13），另一半由发现了一种离子转移酶 Na^+、K^+-ATP 酶的斯科（J. C. Skou）获得。有趣的是，ATP 合酶的功能还可以逆过来，即它还可以通过催化 ATP 的水解，将 ATP 水解后释放的化学能利用起来实现

图 8.13　1997 年诺贝尔化学奖获得者鲍耶（P. D. Boyer）、沃克（J. E. Walker）和斯科（J. C. Skou）

反向旋转，将质子从类囊体膜外转运到膜内。这种利用化学能实现特定的机械运动的功能恰恰是马达的功能，所以 ATP 合酶也被称为旋转马达。

8.3.2　光系统Ⅱ的分子结构

光系统Ⅱ包括一个捕获光能的复合体、一个反应中心和产氧中心。捕获光能的复合体由包含上万个氨基酸的几十条跨膜多肽链组成，其中可含有上百个叶绿素分子和其他辅助因子。反应中心由十几个叶绿素分子和辅因子组成。反应中心以外的色素分子（称为天线色素）吸收光能后以某种方式将能量转移到反应中心，使反应中心的叶绿素分子上分离出高能电子。产氧中心（OEC）由一个含有 4 个锰离子的团簇组成，它的功能是从水分子上抽取电子产生氧分子和氢离子。反应中心的叶绿素分子分离出电子后便处于缺少电子的强氧化态，它们会借助于附近蛋白质中的一个保守的氨基酸（酪氨酸）从产氧中心中抽取电子，因而使 OEC 处于强氧化态。OEC 位于类囊体膜内侧。处于强氧化态的 OEC 可以从膜内的水分子上抽取电子从而产生氧分子和质子。由此产生的质子是维持类囊体膜内高质子浓度的又一个重要来源，而由此产生的氧分子便是空气中、海洋湖泊中所含氧气的来源。图 8.14 显示了一种光系统Ⅱ复合体（PDB ID：1IZL）的晶体结构和辅因子分布。

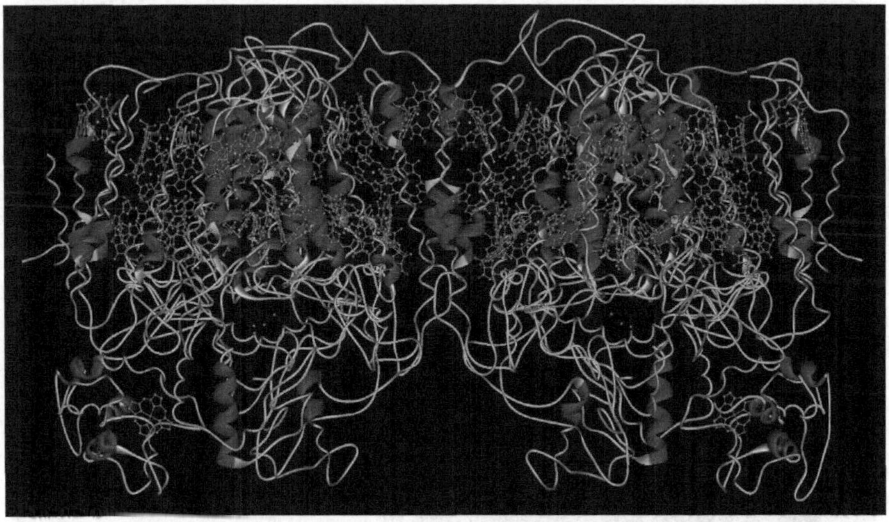

图 8.14　一种嗜热藻青菌的光系统Ⅱ复合体（PDB ID：1IZL）的晶体结构和辅因子分布
以条带形式显示的是蛋白质分子，以球棒形式显示的是镶嵌在蛋白质中的色素分子和其他辅因子

结合在光系统蛋白中的各种辅因子主要包括叶绿素、脱镁叶绿素、血红素、β-胡萝卜素、质体醌、锰、铁和钙。图 8.15 给出了叶绿素、血红素和 β-胡萝卜素的分子结构。

A
B
C

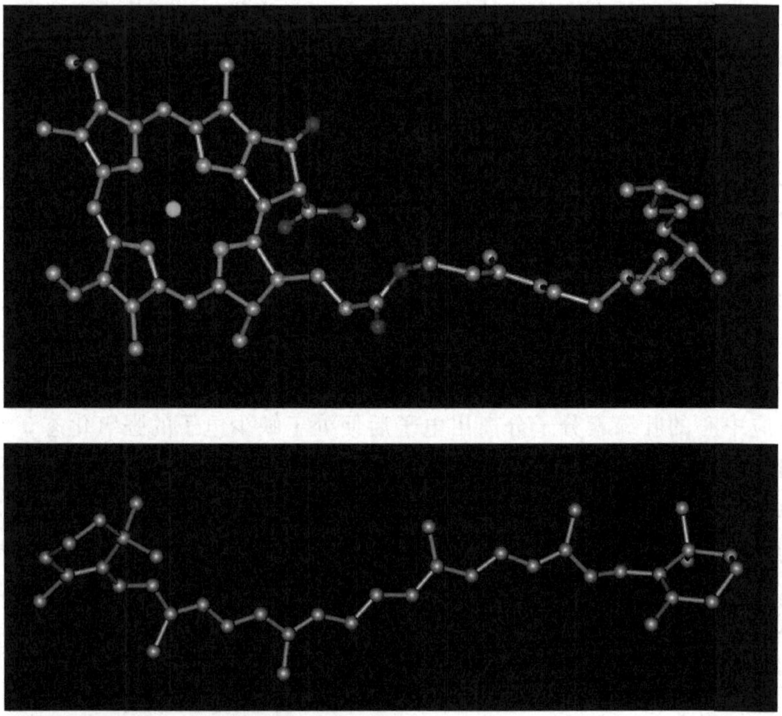

图 8.15　三种色素分子的分子结构图

A. 叶绿素；B. β-胡萝卜素；C. 血红素；图中氢原子没有显示出来

叶绿素和血红素分子都含有卟啉环结构，只是位于叶绿素分子中心的是镁离子，而血红素分子的中心离子是铁离子。在光系统Ⅱ中，负责接收光的主要是叶绿素分子。特殊的分子结构使得叶绿素分子具有特定的电子能级，其第一电子激发态与电子基态之间的能级差约为 1.82eV。这个能量值恰好是可见光中波长为 680nm 的红光所具有的能量，因此叶绿素分子可以有效地吸收红光。

搞清含有光反应中心的光系统Ⅱ的分子结构是研究光合作用的关键一步。由于光系统Ⅱ是一个巨大的跨膜蛋白与色素分子的复合体，获得其晶体结构是件极其困难的工作。生物化学家米歇尔（H. Michel）与化学家戴森霍弗（J. Deisenhofer）和休伯（R. Huber）密切合作，以极大的毅力完成了这项工作。为此，他们共同获得了 1988 年诺贝尔化学奖，见图 8.16。

Johann Deisenhofer　　Robert Huber　　Hartmut Michel

图 8.16　1988 年诺贝尔化学奖获得者生物化学家米歇尔（H. Michel）与化学家戴森霍弗（J. Deisenhofer）和休伯（R. Huber）

8.3.3　光系统Ⅱ中的能量转移机制

光系统Ⅱ中的天线色素能够把吸收到的能量转移到反应中心，这个能量转移的机制是目前光生物物理学研究的最前沿课题之一。

当前的主流观点认为，天线色素分子吸收了光子的能量后会形成激子态。相邻的激子态会产生量子相干态。这种相干态可以将色素分子较长时间地保持在激发态，并使得这种高能的量子态在较大空间范围内的转移更有效。Fleming 等采用二维电子光谱和光子回声实验支持了这种观点。

然而要真正接受这种观点，还需要有可靠的理论分析和计算的支持。这种理论分析和计算必须有可靠的结构依据，特别是其中关于分子间相互作用的描述必须合理。由于色素分子都处于一定的蛋白质环境，所以在这种分析中对色素分子与周围氨基酸的相互作用也需要有合理的定量描述。这些问题是目前这方面的理论工作面临的主要困难。

8.4 荧光及其应用

分子中处于单态激发态的电子从电子激发态中的振动基态跃迁到电子基态的各振动量子态时所发出的光子叫荧光。

分子发出的荧光光子的频率决定于分子的量子态的能级差。分子的量子态结构具有很强的特异性，所以一种分子所发出的荧光往往带有很强的特异性。这种特异性被用来识别分子的存在，分析物质成分。分子发出的荧光会受到与分子有相互作用的其他分子的影响，因而通过分析分子荧光光谱的峰值变化，可以得到有关分子环境的信息，甚至可以用来探测分子间的距离。随着绿色荧光蛋白的发现，荧光的应用范围更加广阔。目前，荧光探针已经是对活体细胞进行直接观测的最重要手段之一。

8.4.1 荧光光谱与吸收光谱

以荧光强度为纵坐标、荧光的波长或频率为横坐标所画出的曲线称为荧光光谱。以吸收光强为纵坐标、入射光的波长或频率为横坐标所画出的曲线称为吸收光谱。荧光光谱有如下几方面特性。

(1) 光谱红移。荧光光谱及其峰位的波长总是比它的吸收光谱及其峰位波长要长，即出现红移。这是因为激发往往使分子处于较高的电子激发态或较高的振动能级，而荧光总是发自于最低电子激发态的最低振动能级向基态的各振动能级的跃迁。多出的能量以内转换的方式释放掉，见图 8.17。

(2) 吸收光谱与荧光光谱形成左右对称。电子激发态和电子基态有相似的振动能级分布，从基态的最低振动能级跃迁到第一电子激发态的各振动能级的概率与由第一电子激发态的最低振动能级跃迁到基态各振动能级的概率很相近。由于光强正比于跃迁概率，因此吸收光谱与荧光光谱形成左右对称，见图 8.17、图 8.18。

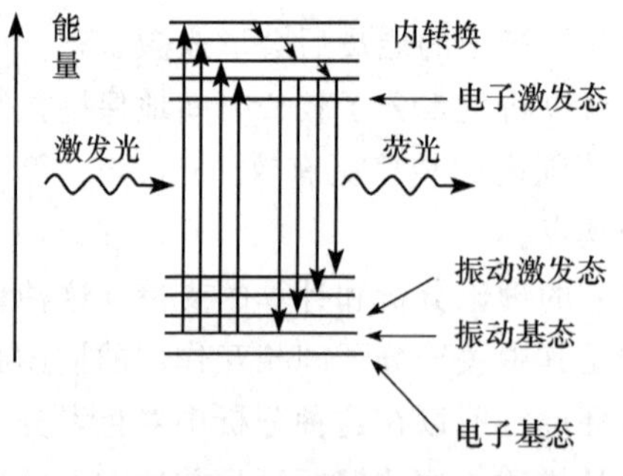

图 8.17 分子的电子量子态、振动量子态结构与激发光和荧光的关系

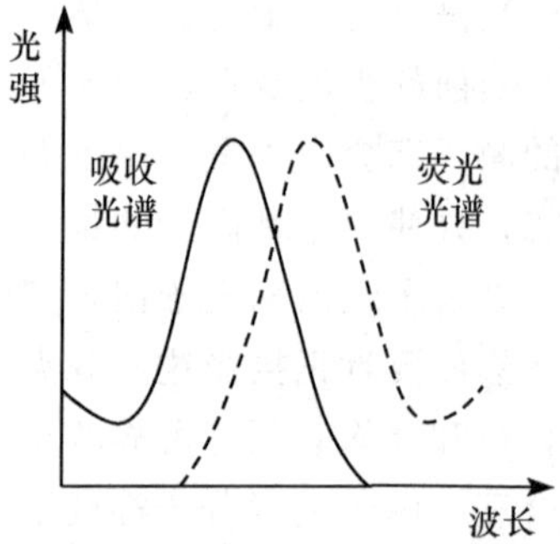

图 8.18 荧光光谱与吸收光谱

（3）荧光光谱的结构不取决于激发光的波长，但荧光强度与激发光波长有关。

8.4.2　非辐射共振能量转移

两个具有相同或相近激发态能级的分子，达到一定距离时，可以通过各自带有的电偶极子以电磁相互作用的方式发生共振，由此将供体分子 D 的激发能转移给受体分子 A，这一过程叫做非辐射共振能量转移。共振能量转移通常要有三个条件。

（1）能量供体与能量受体分子之间的距离要在 5～10nm。

（2）供体的荧光光谱必须与受体的吸收光谱要有重叠。

（3）供体必须是发荧光的物质。

发生共振能量转移的供体分子 D 和受体分子 A 的能级结构的关系如图 8.19 所示。通常，生物膜的厚度为 5nm，而生物大分子的直径在 5～10nm，所以共振能量转移可以在生物大分子和膜上进行。共振能量转移的一个典型的效果是敏化荧光。敏化荧光是用敏化剂（供体）所能吸收的光进行照射，可测出受体发出的荧光。

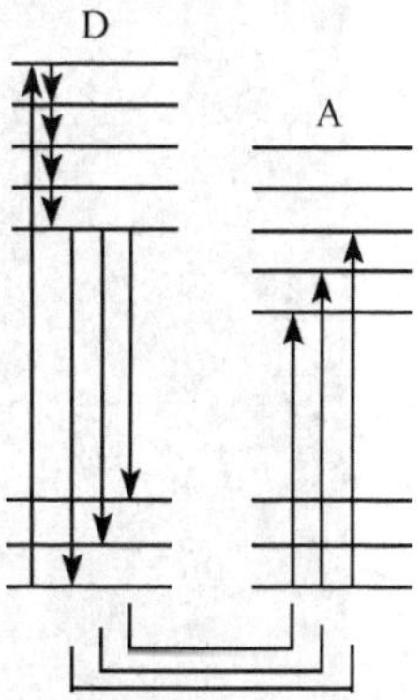

图 8.19　供体 D 和受体 A 的能级结构

供体与受体的共振能量转移可以通过共振能量转移效率 E 来定量地描述。E 的定义如下：

$$E = \frac{I_D - I_{DA}}{I_D} \tag{8.11}$$

式中，I_D 为没有受体存在时供体发射的荧光强度；I_{DA} 为有受体存在时供体发射的荧光强度。E 可以通过测量两种情况下供体的荧光强度直接计算出来。

共振能量转移效率 E 与两种生色团之间的距离 R 有如下关系：

$$E = \frac{R_0^6}{R^6 + R_0^6} \tag{8.12}$$

式中，R_0 是两分子间发生共振能量转移的临界距离，定义为 E=50%时两个生色团之间的距离。根据 E 和 R_0，可以求出两个生色团之间的距离 R。这种测量分子间距离的方法被称为光谱尺。

8.4.3　荧光的应用

上面介绍的敏化荧光和光谱尺只是荧光应用的两个例子。事实上，由光谱的峰值位置、高度和宽度及其变化，可以帮助推断和分析有关成分、结构、化学环境、反应机理等大量信息。随着绿色荧光蛋白的发现和深入研究，更多的荧光探针被研发出来，使得目前对活的细胞和机体的微观观测手段有了极大的提高。图8.20显示了一张小鼠大脑神经细胞结构的图片，这是科学家们对不同的神经元用不同的荧光进行标记获得的。从图中可以清楚地看到各不同神经元之间的结构关系，这对深入研究大脑的神经活动提供了极为重要的依据。

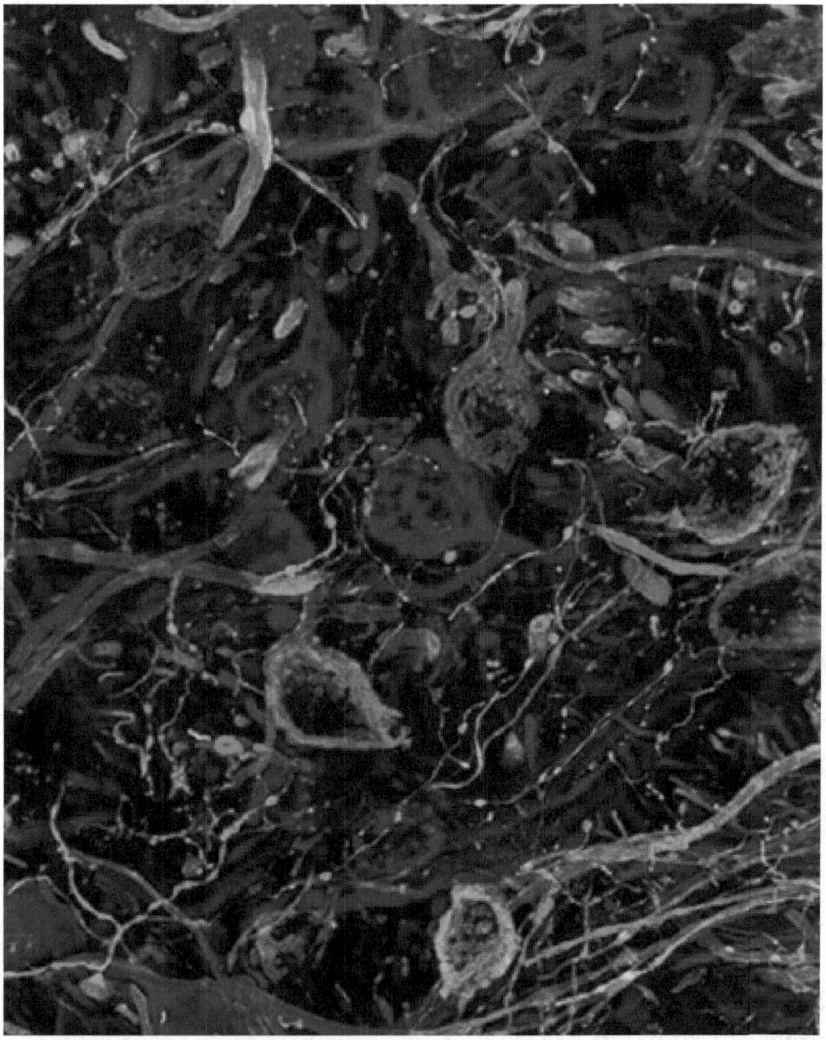

图8.20 小鼠大脑神经元的荧光标记图（摘自百度网站）

用荧光探针标记分子马达，再结合光镊技术，可以研究单个分子马达的运动。美国加州大学旧金山分校的R. Vale教授多年来一直致力于分子马达的深入研究。马达蛋白的空间尺度通常在5nm以上。为了对马达分子的各个不同部分在运动过程中的构象变化进行直接的观测，Vale 教授领导的实验室对单分子荧光标记技术进行了重要改进，使得荧光标记的空间分辨率达到了纳米量级。采用这种观测手段，他们明确测量了驱动蛋白在微管上运动的具体方式，并验证了有关其关键部位构象变化的理论分析。把这种实验和观测手段与关于分子马达的模拟计算和理论分析结合起来，有可能帮助我们找到这一领域中几个关键问题的最终答案。

习　　题

1. 光生物物理学的主要研究内容是什么？
2. 绿色的植物细胞为什么在日光的照射下呈现绿色？
3. 分子的核运动量子态具有哪些形式？其相应的能级差处于什么能量范围？
4. 为什么双原子分子振动光谱会出现一个单独的主峰？
5. 分子的激发和弛豫具有哪些途径？
6. 解释荧光光谱发生红移的机理。
7. 为什么叶绿素分子能够吸收红光？
8. 产氧中心（OEC）从水分子上抽取电子产生氧分子和氢离子所需要的能量是从哪里产生的？

参考文献

丘冠英，彭银祥. 2000. 生物物理学. 武汉：武汉大学出版社

赵南明，周海梦. 2000. 生物物理学. 北京：高等教育出版社；海德堡：施普林格出版社

Atkins P，de Paula J. 2006. Atkins' Physical Chemistry. 7 版. 影印版. 北京：高等教育出版社

Block S M，et al. 2003. Probing the kinesin reaction cycle with a 2D optical force clamp. Proc Natl Acad Sci USA，100：2351-2356

Cheng Y C，Fleming G R. 2009. Dynamics of light harvesting in photosynthesis. Annu Rev Phys Chem，60：241-262

Engel G S，et al. 2007. Evidence for wavelike energy transfer through quantum coherence in photosynthetic systems. Nature，446：782-786

Fang C，et al. 2009. Mapping GFP structure evolution during proton transfer with femtosecond Raman spectroscopy. Nature，462：200-205

Kamiya N，Shen J R. 2003. Crystal structure of oxygen-evolving photosystem Ⅱ from *Thermosynechococcus vulcanus* at 3.7-Å resolution. Proc Natl Acad Sci USA，100：98-103

Lee H，Cheng Y C. 2007. Fleming G R. Coherence dynamics in photosynthesis：protein protection of excitonic coherence. Science, 316: 1462-1465

Tomishige M, Stuurman N, Vale R D. 2006. Single-molecule observations of neck linker conformational changes in the kinesin motor protein. Nat Struct Mol Biol, 13: 887-894

Wu P, Brand L. 1994. Resonance energy transfer: methods and applications. Analytical Biochemistry, 218: 1-13

Yildiz A, et al. 2004. Kinesin walks hand-over-hand. Science, 303: 676-678

第9章

辐射生物学

辐射在自然界中广泛存在，对人类的生产生活产生着巨大的影响，这种影响就像双刃剑，好的一面能够给人类的生产生活带来福音，如辐射治疗肿瘤、辐射诱变育种等；坏的一面却给人类的生存环境带来极大的破坏，如前苏联的切尔诺贝利核电站泄漏事件、2011年3月日本福岛核电站的泄漏事件，给人类利用辐射带来很多不利的影响，造成全球的恐慌，这主要是人们对辐射的了解不深入所引起的。因此，介绍一些辐射的相关知识及其对生物体的相互作用，已经成为辐射生物学的一个重要作用。为了满足人们对辐射的知识需求，作为生物物理学的一个重要分支，本章主要介绍辐射生物学的物理和化学基础、辐射与生物大分子的相互作用、模型，最后简单介绍辐射在现代生产中的应用。

9.1 辐射生物学的物理和化学基础

9.1.1 辐射的概念

辐射是能量传播方式之一。自然界中凡是能量不由传导或对流方式，而是直接穿越空间传至他处的方式统称为辐射。通过辐射传播的能量称为辐射能，也简称为辐射。辐射是太阳能传输到地球的唯一途径。

辐射主要有两大类：电磁辐射和粒子辐射。电磁辐射是电磁波，有能量没有静止质量。粒子辐射是某些高速运动的粒子，有能量也有静止质量，能够把自己的动能传递给其他的物质。

1. 电磁辐射

电磁辐射是一种复合的电磁波。其能量由电荷移动产生，以相互垂直的电场和磁场随时间的变化而传递或者由空间共同移送的电能量和磁能量组成。人体生命活动包含一系列的生物电活动，这些生物电对环境的电磁波非常敏感，因此，电磁辐射可以对人体造成影响和损害。

2. 粒子辐射

粒子辐射主要指电子、质子、α粒子和重离子辐射。

带有一个最小单位负电荷的粒子是β粒子，即电子。X射线和γ射线与物质作用后可以产生电子。这两种射线的生物效应主要是通过产生的次级电子引起的。

质子是带一个单位正电荷的粒子，质量约为电子的1836倍。

α粒子由两个质子和两个中子构成，带两个正电荷。有些放射性核素衰变可以产生α粒子。α粒子的特点是电离能力强、射程短、穿透能力较弱。

重离子是指原子序数大于2的原子被剥掉或部分剥掉电子后的带正电荷的原子核。重离子具有高传能线密度LET及剂量分布呈尖布喇格峰等特殊的物理性质，其辐射所引起的能量沉积比较密集，局部剂量比较大。

9.1.2 核衰变

原子核处于不稳定状态，需通过核内结构或能级调整才能趋于稳定的核素，称为放射性核素。核衰变是指放射性核素由于核内结构或能级调整，自发地释放出一种或一种以上的射线并转化为另一种核素的过程。

除了个别例外，中子数和质子数的比例为1～1.5的核素一般是稳定的。含有过多核子或中子质子数比不适当的核素，都是不稳定的。元素周期表中钋之前的元素，有的核素也具有放射性，钋之后元素的核素都具有放射性。衰变方式有两种：一种自发地放射出α粒子转变成较小的新核；另一种因核素的中子质子数比不适当，其核内的中子与质子会自发地相互转变，同时放出一个β粒子。核素衰变之后产生的新核几乎都是处在激发态，它们或者自发地放射出γ光子回到基态或较低能态，或者继续进行α衰变或β衰变，直到成为一个稳定的核素为止。

常见的核衰变类型有α衰变、β衰变、γ衰变等。

放射性核素放射出α粒子称为α衰变。衰变后变成另外一种核素。新核电荷数比原核减少2，质量数比原核减少4。

放射出β粒子的衰变称为β衰变。β衰变分为β^-衰变、β^+衰变和轨道电子俘获三种方式。放射出β^-粒子（电子）的衰变就是β^-衰变。放射出β^+粒子（正电子）的衰变是β^+衰变。一般来说，常发生β^-衰变的放射性核素中子相对丰富，常发生β^+衰变的放射性核素中子相对缺乏。轨道电子俘获是指原子核俘获一个电子衰变成核电荷数减少1、质量数不变的另一种原子核。由于原子能级的K层最靠近核，所以K俘获最容易发生。K俘获发生时，一定有外层电子去填补内层上的空位，并且放射出标识X射线。X射线也可能把能量传递给更外层电子，使之成为自由电子，这个电子称为“俄歇电子”。

γ衰变是指处于激发态的核素通过放射出γ射线跃迁到基态或较低能态。γ射线具有很强的穿透力，其应用比较广泛。有时处于激发态的核素把能量直接传递给一个核外电子，使该电子电离出去，此现象称为内变换，放射出去的电子称为内变换电子。

9.1.3　辐射与物质的相互作用

辐射与物质的相互作用可以根据粒子带电和不带电分为两类：一类是带电粒子与物质的相互作用；一类是不带电粒子与物质的相互作用。

1. 带电粒子与原子的相互作用

电子、质子、α 粒子和重离子等带电粒子穿过物质时，会与原子中的电子和原子核发生一系列相互作用。

当带电粒子入射到物质中，带电粒子会与物质原子中的电子和原子核发生库仑相互作用（主要是与物质原子中电子的碰撞），发生动量和能量转移，入射粒子的一部分动能转移给物质原子中的电子或原子核。每一次碰撞转移的动能只占入射粒子总能量的很小一部分，是一种小能量转移碰撞，碰撞后，入射粒子几乎不改变方向。所以，入射带电粒子穿过物质时要连续地发生许多次这样的碰撞才逐渐损失能量。在速度小到一定程度时，会发生电荷交换效应，低速运动粒子从物质中俘获电子，其有效电荷数会减少。若物质厚度足够大，入射带电粒子与物质原子的电子或原子核经过许多次碰撞后，能量会全部耗尽停留在物质中成为中性原子。带电粒子与物质原子的相互作用有下列几种。

1）电离作用

当带电粒子通过物质时，与物质原子的核外电子发生静电作用，使电子脱离原子轨道形成一个带负电荷的自由电子，失去核外电子的原子带有正电荷，与自由电子形成一离子对，这一过程称为电离。

带电粒子电离能力的大小可用带电粒子在单位路径上形成离子对的数目表示，称为电离密度或比电离。电离密度与带电粒子的电量、速度及物质密度有关，带电粒子的电量越大，其与物质原子核外电子发生静电作用越强，电离密度越大；带电粒子的速度越慢，其与核外电子作用的时间越长，电离密度越大。

2）激发作用

当带电粒子通过物质时，和物质原子的核外电子发生静电作用，核外电子获得能量，由能量较低的轨道跃迁到能量较高的轨道，使整个原子处于能量较高的激发态，称为激发。激发的原子不稳定，退激后可释放出光子或热量。

3）散射作用

带电粒子与物质的原子核碰撞而改变运动方向和（或）能量的过程称为散射，仅运动方向改变而能量不变者称为弹性散射；运动方向和能量都发生变化者称为非弹性散射。

散射作用强弱与带电粒子的质量有关，带电粒子的质量越大，散射作用越弱，α 粒子散射一般不明显，β 粒子散射较为明显。

4）轫致辐射

带电粒子受到物质原子核电场的作用，运动方向和速度都发生变化，能量减少，多余的能量以 X 射线的形式辐射出来，称为轫致辐射。轫致辐射实际上是一种非弹性散射。

轫致辐射释放的能量与介质的原子序数的平方成正比，与带电粒子的质量成反比，并且随带电粒子的能量增大而增大。α 粒子质量大，一般能量较低，轫致辐射作用非常小，可以忽略。β 粒子的轫致辐射在空气和水中很小，但在原子序数较大介质中不可忽略，因此，在放射防护中，屏蔽 β 射线应使用原子序数较小的物质，如塑料、有机玻璃、铝等。

5）湮灭辐射

β^+ 衰变产生的正电子可在介质中运行一定距离，能量耗尽时和物质中的自由电子结合，两个电子的静止质量（相当于 1022keV 的能量）转化为两个方向相反、能量各为 511keV 的 γ 光子而自身消失，叫做湮灭辐射。

6）吸收作用

带电粒子通过物质时，与物质相互作用，能量不断损失，能量耗尽后带电粒子就停留在物质中，称为吸收。射线被吸收前在物质中所行经的路程称为射程。射线的射程与射线的种类、射线能量、介质密度有关，β 射线比 α 射线射程长。射线能量越高射程越长，介质密度越大射程越短，对射线吸收作用越强。

2. 不带电电离粒子和物质的相互作用

不带电电离粒子（光子、中子）照射一个有限大小的均匀介质，入射粒子与介质发生相互作用，产生许多次级带电粒子。如果在介质中某一点存在的次级带电粒子达到平衡，入射粒子在该点的某一体积元中产生的次级带电粒子作用于电离、激发的那部分能量，等于该体积元内介质吸收的能量。

1）中子与物质的相互作用

中子与物质原子核的相互作用可以分为散射和吸收。散射又可以分为弹性散射和非弹性散射。能量不同中子与原子核相互作用的主要形式也不同，慢中子（能量小于 5keV）主要是吸收，中能中子和快中子（能量在 5～10MeV）主要是弹性散射，能量大于 10MeV 的快中子则以非弹性散射为主。

除弹性散射，中子和物质的其他相互作用过程都会产生次级辐射。若是快中子，发生弹性散射时，快中子与轻物质作用比与重物质作用损失的能量要多得多。因为快中子与氢核碰撞时，交给反冲质子的能量可以达到中子能量的一半，所以含氢多的物质是屏蔽中子的最好材料。

2）γ 射线与物质的相互作用

γ 射线与物质的相互作用有光电效应、康普顿效应和电子对生成。

γ 光子与物质原子的轨道电子（主要是内层电子）碰撞，把能量全部交给轨道电子，光子消失，轨道电子脱离原子，这种作用过程称为光电效应。脱离原子轨道的电子称为光电子。发生光电效应后，原子内层轨道形成空轨道，外层轨道电子很快填充到空轨道，从而释放出特征 X 射线或俄歇电子。

光电效应发生的概率与入射 γ 光子的能量以及介质原子序数有关。当光子的能量等于或略高于轨道电子的结合能时，发生光电效应的概率最大。光电效应发生的概率随原子序数的增高明显增大。

γ 光子与原子的核外电子碰撞，将一部分能量传递给电子，使之脱离原子轨道成为自由电子，γ 光子本身能量降低，运行方向发生改变，称为康普顿效应。释放出的电子称为康普顿电子，经散射后的 γ 光子称为康普顿散射光子。

康普顿效应发生的概率与光子的能量和介质的密度有关。当 γ 光子的能量为 500～1000keV 时，康普顿效应比较明显。介质的密度越高，康普顿效应越明显。

当 γ 光子能量大于 1022keV 时，其中 1022keV 的能量在物质原子核电场作用下转化为一个正电子和一个负电子，称为电子对生成。余下的能量变成电子对的动能。电子对生成的概率大约与原子序数的平方成正比。

9.1.4　物理剂量单位

在辐射生物学的学习过程中，经常会遇到一些相关的剂量单位，分别介绍如下。

（1）放射性活度（radioactivity）：在给定时刻处于一给定能态的一定量的某种放射性核素的活度 A 定义为

$$A = \mathrm{d}N/\mathrm{d}t \tag{9.1}$$

这里 $\mathrm{d}N$ 是单位时间内的核衰变数。放射性活度单位是秒的倒数（s^{-1}），单位名称为贝可勒尔（Becquerel），简称贝可，符号为 Bq。

单位质量或单位体积的放射性物质的放射性活度称为放射性比度，或比放射性（specific radioactivity）。

（2）照射量（exposure dose）$X=\mathrm{d}Q/\mathrm{d}m$，其中 $\mathrm{d}Q$ 的值是在质量为 $\mathrm{d}m$ 空气中，由光子释放的全部电子（负电子和正电子）在空气中完全被阻止时所产生的离子总电荷的绝对量。单位：库仑/千克（C/kg）。

暂时与 SI 并用的照射量的专用单位名称是伦琴（Roentgen），符号为 R，目前尚无 SI 单位专名，与 SI 单位的关系为 $1R=2.58\times10^{-4}$C/kg。

伦琴的定义是：在 1R 的 X 射线或 γ 射线照射下，在 0.001 293g（0℃ 760mm 汞柱大气压力下 $1cm^3$ 干燥空气的质量）空气中所产生的次级电子在空气形成总电荷量为1静电单位的正离子或负离子。照射量只对空气而言，仅适用于X射线或γ射线。

(3) 吸收剂量 (absorbed dose) $D=d\varepsilon/dm$，其中$d\varepsilon$是电离辐射给予质量为dm的受照物质的平均能量。SI单位是焦耳/千克 (J/kg)，SI单位专名是戈瑞(gray)，符号Gy。暂时与SI并用的专用单位名称是拉德，符号为rad。1Gy=1J/kg=100rad，或1rad=10^{-2}J/kg=10^{-2}Gy。

照射量X与吸收剂量D是两个意义完全不同的辐射量。照射量只能作为X射线或γ射线辐射场的量度，描述电离辐射在空气中的电离本领；而吸收剂量则可以用于任何类型的电离辐射，反映被照介质吸收辐射能量的程度。但是，在两个不同量之间，在一定条件下相互可以换算。对于同种类、同能量的射线和同一种被照物质来说，吸收剂量是与照射量成正比的。由于X射线或γ射线在空气中产生一对离子的平均能量约为32.5eV，所以1R的X射线或γ射线在空气中的吸收剂量约为0.838rad，而在软组织中的吸收剂量约为0.931rad。

(4) 当量剂量 (equivalent dose) $H=DQN$，其中，D是吸收剂量；Q是品质因子；N是其他修正系数的乘积。目前指定N值为1。

“当量剂量”是反映各种射线或粒子被吸收后引起的生物效应强弱的辐射量。其国际标准单位Sievert，中文名是希沃特，记作Sv。定义是每千克人体组织吸收1J为1Sv。希沃特是个非常大的单位，因此通常使用毫希沃特 (mSv)、微希沃特 (μSv)。

$$1\text{mSv} = 0.001\text{Sv}, \qquad 1\mu\text{Sv} = 0.001\text{mSv}$$

对日常工作中不接触辐射性工作的人来说，每年正常的天然辐射 (主要是因为空气中的氡辐射) 为1000～2000μSv。一次小于100μSv的辐射，对人体无影响。与放射相关的工人，一年最高辐射量为50 000μSv。一次性遭受4000μSv会致死。

相同的吸收剂量未必产生同样程度的生物效应，因为生物效应受到辐射类型、剂量与剂量率大小、照射条件、生物种类和个体生理差异等因素的影响。为了比较不同类型辐射引起的有害效应，在辐射防护中引进了一些系数，当吸收剂量乘上这些修正系数后，就可以用同一尺度来比较不同类型辐射照射所造成的生物效应的严重程度或产生概率。当量剂量只限于防护中应用。

其他一些参数还有吸收剂量率 (absorbed dose rate，单位时间内的吸收剂量，如rad/min)、辐照剂量率 (exposure rate，单位时间内的照射剂量) 等。

9.1.5 辐射作用的时间进程

辐射作用的时间范围跨度很大，随着观测和计时手段的不断提高，时间范围跨度也在逐渐地增加，对于作用时间阶段的划分，现在还没有统一的标准，在这里主要分为三个阶段：物理阶段、化学阶段和生物学阶段。这三个阶段还可以更加细致的划分，比如可以把物理阶段分为物理阶段和物理化学阶段，把化学阶段分为生物化学阶段和化学阶段等。图 9.1 概括了辐射与生物大分子相互作用的时间进程。

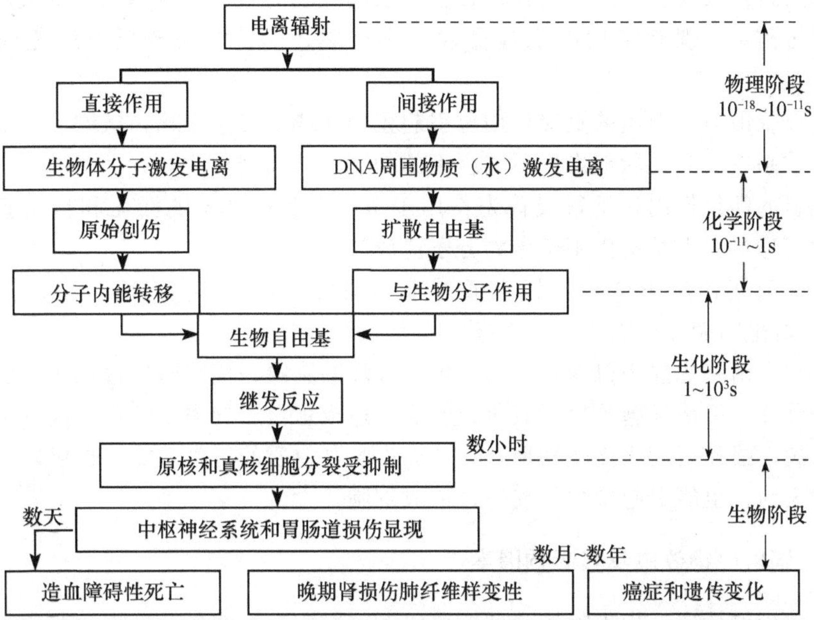

图 9.1　辐射与生物大分子相互作用的时间进程和各个阶段的产物

(1) 物理阶段（$\leqslant 10^{-14}$ s）。这个阶段的辐射效应主要是细胞中的水分子、无机和有机组分被激发，形成激发态和超激发态，或发生电离。

(2) 物理化学阶段（$10^{-14}\sim10^{-12}$ s）。这个阶段化学损伤开始发生，正常代谢产生的自由基和酶的活性形式开始与辐射产生的活泼基团起反应。

(3) 化学阶段（$10^{-12}\sim10^{-13}$ s）。这个阶段 DNA 和 RNA 的损伤开始，酶的激活或灭活发生，因辐射损伤而产生的稳定和亚稳定的异常产物的毒性开始出现。

(4) 生物化学阶段（$10^{-13}\sim10$s）。这个阶段中许多正常生化反应受到干扰，DNA 修复开始。

(5) 生物学阶段（数秒至数年）。这个阶段中，辐射次级反应生成产物的反应继续进行，照射细胞的有丝分裂延迟，生物大分子损伤使细胞能量供应紊乱，生物合成的前体供应不足，许多重要的生化反应受到干扰，细胞质膜和核膜被破坏，细胞的辐射生物效应开始出现，并在后代的遗传过程中产生明显的表现。

9.1.6 直接作用与间接作用

辐射和生物大分子之间的相互作用可以分为直接作用和间接作用。

射线直接将能量传递给生物大分子，引起分子的激发和电离，会导致分子结构的改变和活性的丧失，这种作用称为直接作用。

辐射对核酸大分子的直接作用，主要引起碱基的破坏或脱落、单链或双链断裂、氢键破坏、螺旋结构中出现交联，或核酸之间、核酸与蛋白质之间出现交联。

电离辐射对蛋白质的直接作用可引起蛋白质侧链发生变化，氢键、二硫键断裂，导致高度卷曲的肽链出现不同程度的伸展和空间结构改变。

辐射的间接作用是指射线首先作用于水，引起水分子的活化和自由基的产生，然后通过自由基再作用于生物分子造成的损伤。

（1）间接作用主要是指辐射通过水的辐解产物（$H^{\cdot}$，$OH^{\cdot}$，ea-q，H_2，H_2O_2）对生物大分子的作用，引起生物大分子的损伤。

（2）自由基的损伤机制：自由基可以破坏细胞膜，使膜脂质过氧化，引起膜结构的破坏，能使细胞蛋白质氧化、脱氢，造成蛋白质的失活、结构改变、化学链的断裂，或使蛋白质交联和聚合，从而影响蛋白质的正常功能，也可以使糖链断裂和失活，也能引起核酸的损伤，造成细胞死亡。

9.1.7 辐射生物效应及其影响因素

辐射生物效应是指生物体受到电离辐射照射后产生的各种生物学变化。电离辐射的生物效应与某一特定时间内的总剂量和能量分布密切相关。粒子损失的能量在路径上的径向分布情况，一般用传能线密度 LET 表示。限制传能线密度 L_Δ（restricted-LET）是指一定能量的带电粒子在介质中穿行单位距离时，能量转移小于某一特定值 Δ 的碰撞造成的能量损失。如果穿行的距离为 dl，能量转移小于 Δ 的碰撞造成的能量损失为 dE，则

$$L_\Delta = \left(\frac{\mathrm{d}E}{\mathrm{d}L}\right)_\Delta \tag{9.2}$$

能量转移小于 Δ 的碰撞所造成的带电粒子能量损失，被认为是局部介质吸收了。Δ 的取值与研究的敏感位点的线度有关。能量为 100eV 的次级电子，在组织中的射程约是 4.5nm，与 DNA 分子双螺旋的直径相当，因此常用 L_{100} 来研究 DNA 分子的辐射效应。在连续慢化近似（CSDA）下的 LET 称为完全传能线密度 L_∞，即带电粒子在介质中穿行单位距离时，能量转移取所有可能值的碰撞所造成总的能量转移。

高 LET 辐射的生物效应在剂量相同时大于低 LET 辐射的生物效应。这种差

别用相对生物效应（relative biological effectiveness，RBE）来表示，即以 250keV X 射线或 ^{60}Co 的 γ 射线引起某种生物效应所需要的吸收剂量与所研究的电离辐射引起相同生物效应所需吸收剂量的比值，图 9.2 所给出的就是不同辐射效应的曲线图。

$$\mathrm{RBE}=\frac{250\mathrm{keV}\ \mathrm{X}\ 射线产生生物效应的剂量}{所试辐射产生相同生物效应的剂量} \tag{9.3}$$

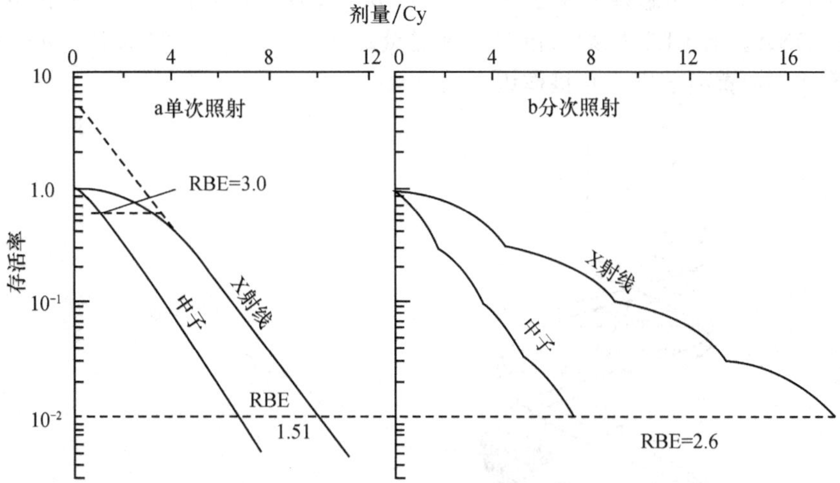

图 9.2　相同生物效应的剂量比值计算快中子的 RBE（夏寿萱，1998）

9.2　辐射与生物大分子的相互作用

9.2.1　电离辐射对生物大分子的作用

电离辐射生物学效应是指电离辐射将能量传递给有机体引起有机体的生物学变化。其物质基础是生物分子损伤。生物分子损伤会产生自由基，生成的生物分子自由基迅速起化学反应，造成分子化学键的变化，从而破坏生物分子。自由基反应可以不断地生成新的自由基与原反应物反应，形成连锁反应，会使生物分子损伤的数量不断增长，直到出现歧化反应生成稳定分子为止。

被损伤的生物分子可通过各种方式进行修复。在自由基反应阶段如果介质中存在能供氢的分子，如含巯基化合物（谷胱甘肽 G-SH 等），那么生物分子自由基可以被修复，称为化学修复。在有 O_2 情况下，生物分子自由基被氧化成超氧自由基而难以被修复。

9.2.2 电离辐射致 DNA 的损伤

脱氧核糖核酸（DNA）是电离辐射作用的最重要和最灵敏的物质分子，是细胞增殖、遗传的物质基础，也是引起细胞生化、生理改变的关键性物质。DNA 的损伤在细胞辐射损伤中起重要作用。

如图 9.3 所示，电离辐射损伤 DNA 有直接作用和间接作用两种方式。直接作用是射线直接作用于 DNA 分子，通过电离和激发使其受到损伤。间接作用是射线与 DNA 周围其他原子或分子特别是水分子作用，产生活性很高的自由基进而损伤 DNA。低 LET 辐射（包括所有能量的 X 射线与 γ 射线辐射）间接作用占主要地位，重离子则是直接作用占主要地位。

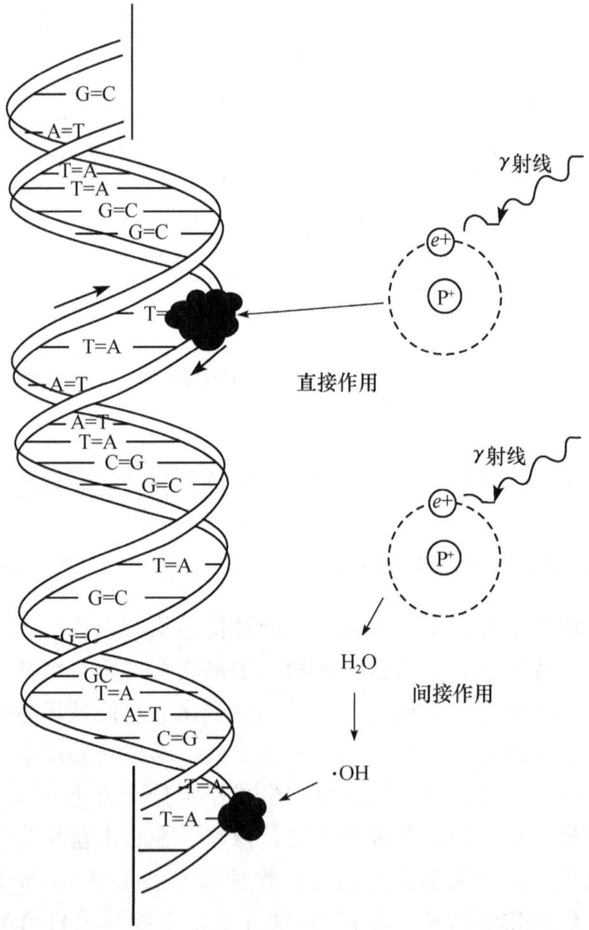

图 9.3 电离辐射对 DNA 分子损伤的直接与间接作用

在直接作用过程中，其生物效应和辐射能量沉积发生于同一分子（即 DNA 分子）上；在间接作用过程中，其生物效应和辐射能量沉积发生于不同的分子，能量沉积于水分子上，生物效应发生在 DNA 分子上。一般来说，只有在含水量极低的条件下才可以认为辐射效应的发生主要是直接作用。实际生物体内含有大量的水分子（占生物组织重量的 60%～70%），所以间接作用在电离辐射生物学效应上占有重要的地位，对 DNA 损伤的发生具有重要意义。电离辐射可以导致 DNA 分子结构的多种变化：碱基变化、脱氧核糖变化、DNA 链断裂和交联等。

碱基变化包括 DNA 链上的碱基氧化修饰、过氧化物的形成、碱基环的破坏和脱落、碱基替代（即嘌呤碱基被另一嘌呤碱基替代，或嘌呤碱基被嘧啶碱基替代）以及嘧啶二聚体的形成等，主要是由 ·OH 自由基引起。一般来说，嘧啶比嘌呤对辐射更敏感。4 种碱基的辐射敏感性依次为 T>C>A>G。

脱氧核糖上的每个碳原子和羟基上的氢都能与 ·OH 反应，导致脱氧核糖分解，最后会引起 DNA 链断裂。

DNA 链断裂是电离辐射致 DNA 损伤的重要形式。辐射的直接和间接作用都可能使碱基破坏或脱落、脱氧核糖分子破坏以及磷酸二酯键断开而导致 DNA 链断裂。如图 9.4 所示，DNA 两条链中有一条断裂的是单链断裂（single strand break，SSB），两条链在同一对应处或相邻处同时断裂的是双链断裂（double strand break，DSB），双链断裂时常伴随着氢键断裂。SSB 的发生频率是 DSB 的 10～20 倍，不过 SSB 比较容易修复，所以这种损伤在生物效应上的意义不是很重要。双链断裂很大一部分可以被修复，只有很小一部分不能修复，是细胞死亡的重要原因。对于单倍体细胞，一次 DSB 就是致死事件。所以，DSB 对于辐射生物效应具有重要意义。

交联包括 DNA 链交联和 DNA-蛋白质交联。DNA 的同一条链上或两条链上的碱基间可以以共价键方式结合，DNA 与蛋白质之间也可以以共价键相连，组蛋白、染色质中的非组蛋白、调控蛋白、与复制和转录有关的酶都会与 DNA 以共价键方式连接。这些交联是细胞受电离辐射后染色体畸变的分子基础，会影响细胞的功能和 DNA 的复制。

当大剂量 γ 射线或高 LET 射线辐射细胞后，会在 DNA 分子中产生能量沉积，继而产生许多自由基。如果在局部范围内形成的 DNA 损伤是几种类型损伤的复合，通常是糖基破坏、碱基损伤和链断裂的复合，这种损伤部位称为局部多样损伤部位（local multiply damaged site，LMDS），也有人称为集团损伤（clustered lesions）。

总之，在电离辐射致 DNA 分子的损伤中，DSB 是辐射致生物效应中最重要的原初损伤，非重接性的 DSB 被认为是辐射致细胞死亡的最重要的原初损伤。

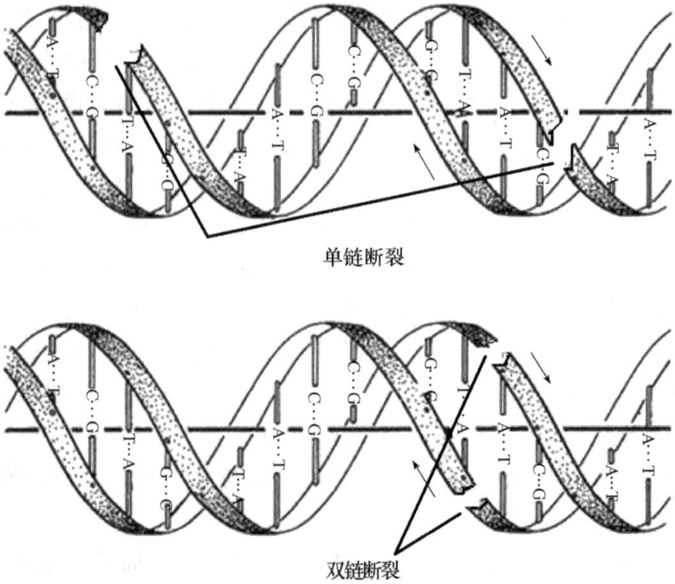

图 9.4　DNA 链断裂示意图，上面是两个单链断裂，下面是一个双链断裂

9.3　辐射剂量的理论基础

电离辐射引起生物效应是一个非常复杂的过程。辐射生物效应研究主要是探索和解释生物效应与吸收剂量之间的关系。电离辐射生物效应的种类和程度除了与吸收剂量有关外，还取决于分次照射、剂量率、氧浓度等其他照射条件，即使这些条件都相同，射线的类型和能量的不同也会引起生物效应明显的差别。

人们对辐射生物效应的机制与过程的认识和研究一直在不断地发展。其研究方法一般都是三个方面入手：射线的辐射品质、生物靶的微观结构，以及从原初损伤到后期生物效应的复杂演变，后两者也可以归纳为生物体对电离辐射在引起某种效应时的生物敏感性。最著名的就是“靶学说”，即靶理论。

靶理论产生于 20 世纪 20 年代。1922 年，德国物理学家杰萨乌艾尔研究了物体吸收的能量相对于其平均值的偏离，认为这种偏离是由于微观粒子带入的沉积在物体中的能量产生的，在各个微观体中离子通过的地方，沉积了大量的能量并产生局部的发热。杰萨把自己的理论称作“点热理论”。实际上其作用的不是辐射的热效应，而是吸收能量的电离产物的作用。不过，杰萨关于辐射效应的理论基础是“随机击中”的思想，在靶理论的发展中具有重要的意义。

现代靶理论的基本原理如下。

(1) 辐射生物效应是“击中事件”的结果。击中事件是指出现间断性的能量释放事件，不同的生物效应对事件的大小有不同的要求。击中事件在时间和空间上的分布与辐射种类及强度有关。

(2) 击中事件发生的敏感体积称为“靶”。靶尺度明显大于发生观察效应的结构尺寸是出现辐射效应的必要条件。观察效应是由于能量转移和扩散过程发生的物理和化学变化导致的。

(3) 在比较复杂的系统内，辐射效应有可能取决于靶内几个击中事件的相互叠加或共同作用。此时，辐射效应的出现概率与造成损伤的相互作用的时间和空间特性有关。

1. 单靶单击模型

单靶单击模型比较简单，但是应用很广泛。

假定产生关心效应的必要条件是一次击中事件，其在空间上是随机分布。设 m 为单位体积的击中事件数，则体积为 v 的靶的平均击中数为 vm。由于击中事件的空间分布是随机的，平均事件数不大时，击中事件数为整数 v 的概率按照泊松分布描述为

$$P_v = \exp(-vm)\frac{(vm)^v}{v!} \tag{9.4}$$

则靶内不发生任何一次击中事件的物体份额为

$$s = \exp(-vm) \tag{9.5}$$

靶内至少发生一次击中事件的物体的份额 η（受损伤的物体份额）为

$$\eta = 1 - \exp(-vm) \tag{9.6}$$

上面两式描述的曲线称为存活曲线与死亡曲线。存活曲线在半对数坐标系中是一条直线，用一个变量就可描述，失活剂量 D_0 可以作为这样的参量。在剂量 D_0 下存活率为 $e^{-1}=37\%$，所以 D_0 也可以用 D_{37} 表示。平均而言，在满足泊松分布的照射条件下，剂量 D_0 对应着靶的一次射中事件。若已知剂量 D_0 对应的单位体积击中事件数为 m_0，靶体积可由下式确定：

$$v = \frac{1}{m} \tag{9.7}$$

这样就把关于生物效应的理论和辐射照射的生物结构的空间特性联系起来了。

应用单靶单击模型的最成功的例证是根据蛋白质酶催化活性的辐射钝化规律确定其分子质量。辐射处于烘干或结晶状态的酶，其催化活性的下降符合简单的

指数规律。若按照 D_0 计算靶尺寸，需要把以能量单位表示的剂量转化为击中事件数。为此，需具体化击中事件的物理含义，并把每个击中事件与一定的授予能 ε_0 作对照。英国学者 Lei 推测击中事件是一次初级电离，并取 $\varepsilon_0=110\text{eV}$。目前认为与初级电离对应的平均授予能约为 60eV，按这个值计算的蛋白质的相对分子质量 M 为

$$M=\frac{5.8\times10^{11}}{D} \tag{9.8}$$

式中，剂量 D 以 rad 为单位，相对分子质量以 Da 为单位。

实验表明，用辐射方法确定的蛋白质相对分子质量与由普通的物理化学测量得到的符合得很好。

2. 多靶或多击模型

单靶单击模型认为靶体积 v 内有一次击中事件就可以使目标失活（即出现生物效应）。下面假定失活的必要条件是多次（如 n 次）击中同一敏感体积，则物体的损伤过程可能是一系列从一个状态过渡到另一个状态的过程，用击中数来表达每个状态。最终的失活状态对应着 n 次击中。

从一个状态转变为另一个状态的速度分别与原始状态的目标份额和敏感体积大小成正比。设处于 0 次击中状态敏感体积份额用 x_0 表示，处于 1 次击中状态敏感体积份额用 x_1 表示，……，处于 n 次击中事件的用 x_n 表示，则有下列微分方程组

$$\begin{aligned}
&\frac{\mathrm{d}x_0}{\mathrm{d}D}=-vx_0\\
&\frac{\mathrm{d}x_1}{\mathrm{d}D}=vx_0-vx_1\\
&\cdots\\
&\frac{\mathrm{d}x_{n-2}}{\mathrm{d}D}=vx_{n-3}-vx_{n-2}\\
&\frac{\mathrm{d}x_{n-1}}{\mathrm{d}D}=vx_{n-2}-vx_{n-1}
\end{aligned} \tag{9.9}$$

初始条件为 $x_0=1$ 和 $x_k=0$（对所有的 $k\neq0$）时，方程组的解具有泊松分布的形式

$$x_k=\exp(-vD)\frac{(vD)^k}{k!} \tag{9.10}$$

假设在不小于 n 次击中事件的作用下出现敏感体积失活，那么存活率曲线 $S(D)$ 和效应率曲线 $\eta(D)$ 为

$$S(D) = \exp(-vD)\sum_{k=0}^{n-1}\frac{(vD)^k}{k!} \tag{9.11}$$

$$\eta(D) = 1 - S(D) = 1 - \exp(-vD)\sum_{k=0}^{n-1}\frac{(vD)^k}{k!} \tag{9.12}$$

剂量用无量纲比值 $D/D_{1/2}$ 表示，其中 $D_{1/2}$ 是半致死剂量（即存活率或死亡率为 50%所对应的剂量）。随着 n 的增加，剂量效应曲线逐渐表现出阈值特性，通常称这种曲线为 S 形曲线。

像一次击中模型一样，多次击中模型的参数 v 和 n 可以按曲线形状确定。根据存活率曲线的斜率，击中次数可以按以下方程确定

$$\left.\frac{\mathrm{d}s}{\mathrm{d}D}\right|_{D=D_{1/2}} D_{1/2} = \frac{-n(n-1/3)^n\exp[-(n-1/3)]}{(n-1)!} \tag{9.13}$$

若 n 已知，靶体积可以按照下式求得

$$v = \frac{(n-1/3)}{D_{1/2}} \tag{9.14}$$

实际上，作为描述观察现象的数学工具，这类计算很少符合富有内容的生物物理模型。

前面假定在生物靶体内只包含有一个靶。但是受照射的物体内可能有不止一个敏感元。比如，由一定数量细胞构成的生物组织，只有达到一定比例的细胞失活才能丧失功能，所以在多靶多击问题中通常假设产生组织效应的必要条件是 m 个靶中的 r 个被击中。

假定每个靶的损坏具有 n 次击中的特性，则单个靶的存活概率是

$$s_1 = \exp(-vD)\sum_{k=0}^{n-1}\frac{(vD)^k}{k!} \tag{9.15}$$

整个样品的存活概率则是

$$s = \sum_{l=0}^{r-1}\frac{m!}{(m-l)!\,l!}s_1^{m-l}(1-s_1)^l \tag{9.16}$$

特殊情况下

$$s = 1-(1-s_1)^m,\quad r=m \tag{9.17}$$

如果每个靶的失活符合一次击中模型，则多靶问题的存活率曲线为

$$s = 1-[1-\exp(-vD)]^m,\quad r=m \tag{9.18}$$

当 $m>1$ 时，此式同（9.11）式一样能够描写准阈值曲线，m 越大，曲线肩峰越明显。与多次击中曲线（其斜率随着剂量增大而增大）不同的是，在半对数坐标系内，（9.16）式描述的多靶曲线在大剂量情况下变成直线，表达式转变为指数式

$$s = m\exp(-vD) \tag{9.19}$$

或者

$$\ln s = \ln m - vD \tag{9.20}$$

如果把多靶曲线的指数段外推到零剂量，则直线与纵坐标轴相交于 $\ln m$ 点，与横坐标轴相交于准阈值剂量 D_q 点

$$D_q = D_0 \ln m \tag{9.21}$$

紫外线作用下绿色眼虫藻的群体份额曲线下降的原因曾用这个方法分析。这种藻类细胞的绿色素是以每个细胞中有大约 30 个制造染色体的原生质微粒为存在条件的。存活率曲线外推到零剂量给出的靶数也是 30 个。这是多靶曲线以一定的具体靶数为前提的少数情况之一。多靶模型中的 m 通常不叫靶数，而是“外推数”。

9.4 辐射诱变育种技术的应用

辐射对生物体诱变育种的研究，始于 1927 年 Dr. Muller 首先应用 X 射线诱导果蝇突变获得成功。此后，各种辐射线纷纷被引进动植物育种领域。辐射育种技术在全世界取得了卓越的成就，2008 年国际原子能机构统计数据显示，至 2005 年年底中国推出了 42 个植物品系的 638 个辐射育成新品种，年推广种植面积达 $9\times10^6\,\mathrm{hm}^2$，育成的新品种每年为国家增产粮食 30 亿～40 亿千克、棉花 1.5 亿～1.8 亿千克、油料 0.75 亿千克，创经济效益 33 亿～40 亿元。在育成新品种中，有 40 项获国家级成果奖，其中有 18 个新品种获得国家发明奖。

从 20 世纪 90 年代以来，我国科技工作者把低能重离子注入广泛地应用到植物诱变育种中去，取得了一系列引人瞩目的科技成果。在这些研究中发现了离子束对植物遗传变异的独特作用，引起人们的极大兴趣。

1）离子注入诱变育种技术

离子注入植物诱变育种是新近兴起的一种生物诱变新技术，它是利用加速的气体离子（等离子体）轰击植物种子、胚芽、花粉等生物材料，使之产生基因突变，从而选育出新的品种。简单地说，离子注入诱变育种就是利用离子注入进行生物诱变育种的一种新的育种技术。离子束与生物的相互作用不仅有物理的和化学的，而且还会引起强烈的生物效应，从而促使生物产生各种变异（其中有许多是自然条件下极为罕见或难以产生的），可以从中选出所期望的优良变异，经过培育而成为一种新品种。目前，植物诱变育种上常用的为低能重离子（low energy heavy ions，LEHI），是指能量在几十到 200keV 之间而其原子序数大于 2，壳层电子被部分或全部剥离的原子核。

2）重离子辐射诱变育种技术

带电重离子作为辐射育种技术近年来新兴的育种辐射源，已经逐渐得到了人们的重视，利用串列加速器产生的^{7}Li离子束进行生物诱变，不仅有能量、质量、电荷的作用，还伴随着内靶核反应，可以改变分子的元素组成，其诱变效应强烈，有可能利用它诱变出自然库中没有的突变体。重离子作为一种新的诱变辐射源，在辐射育种中具有独特的优势，因为与传统的X射线、γ射线等其他辐射源相比，它具有以下优势：传能线密度大，生理生化作用强，具有较高的突变率；重离子在能量沉积过程中，其射程末端存在着一个尖锐的能量损失峰，即Bragg峰，同生物体相互作用产生明显效应的区域是局部的、可控的、可选择的，在存活率较高的情况下可得到较高的突变率；重离子诱变参数多样，能拓宽突变谱；重离子作用到的生物分子、细胞所造成的损伤通常不易修复，即突变体稳定较快；重离子能量沉积具有高度的空间分辨性，有可能进行定向诱变。

3）诱变育种技术应用于农作物品种改良

诱变育种技术应用于农作物品种改良，已育成的11个水稻、小麦和番茄等农作物新品种通过了安徽、山东等省审定，其中一个小麦新品种通过国家审定。对水稻的研究起步最早，目前，运用离子注入诱变，已育成7个水稻新品种。早期（1994年）通过安徽省农作物品种审定委员会审定的2个水稻新品种中熟早籼S9042和早熟晚粳D9055，具有产量高、米质优、抗病性强等优点，D9055还被评为优质米新品种。这两个品种在安徽、江西和湖北等地累计推广73万hm^2，平均每公顷产量较当地栽培品种增产450～750kg。后期通过省级审定的新品种一般产量均比对照增产10%以上，而且米质优、抗逆性和抗病虫性好。最近，中国科学院等离子体物理研究所与安徽省芜湖市星火农业实用技术研究所合作，采用离子束诱变技术，成功培育出了早、晚稻兼用型水稻新品系‘1139-3’，它具有耐春寒、生育期适中、休眠期短、非光温敏感型和米质优的特点，与早、晚稻直播技术配套，将促使我国水稻种植方式的重大革新。此外，离子注入在创造水稻新种质方面效果也十分明显。安徽农业科学院通过离子注入育成了具有温敏型黄化标记性状的光敏核不育系，还选育出显性半矮秆突变体水稻。华中农业大学用氮离子注入水稻无融合生殖材料，使后代无融合生殖率从14%提高到48%。

安徽农业科学院、中国科学院等离子体物理研究所、中国科学院近代物理研究所、郑州大学等单位开展了离子注入小麦诱变育种，都选育出了一批综合性状较好的新品系。其中安徽农业科学院已选育出3个新品种。

在玉米种质改良方面，河北工业大学生物物理研究所作为目前开展辐射诱变育种研究的单位之一，利用HI-13串列加速器、中子发生器和离子注入机，辐射了多个玉米自交系，选育出了一批产量高、抗逆性好的优良自交系品种，利用这些优良的自交系品种，开始组配新的杂交品种（图 9.5），取得了阶段性的成果。

图 9.5　辐射诱变育种选育的自交系组配出杂交玉米新品种

利用离子注入棉花种子，选育出高产、优质、抗病虫和早熟的新品系。离子束在蔬菜育种上也取得了较好的效果，1997 年，通过山东省审定的离子束注入改良番茄品种鲁番茄七号，增产幅度达 23.4%，且生长周期缩短。其他作物如大豆、烟草、马铃薯、甘薯、谷子、油菜及茶树等品种改良也都取得可喜的进展。

习　题

1. 比较 α 射线、β 射线、γ 射线的电荷、质量、对物质电离激发能力、穿透物质的能力及所产生的辐射生物效应大小。
2. 在 γ 照相中，康普顿效应对影像质量有何影响？如何减小这种影响？
3. 带电粒子通过物质时损失能量的途径是什么？
4. 阐述现代靶理论的基本原理。
5. 证明多靶模型的存活率公式 $s=1-[1-\exp(-vD)]^m$，$r=m$。
6. 比较单靶模型和多靶模型产生的生物效应的不同。
7. 观察辐射对现有物种的影响，并将这种效应利用所学的知识加以解释。

参考文献

李士俊. 1986. 电离辐射剂量学. 2 版. 北京：原子能出版社

丘冠英，彭银祥. 2001. 生物物理学. 武汉：武汉大学出版社
夏寿萱. 1998. 放射生物学. 北京：军事医学科学出版社
余增亮. 1998. 离子束生物技术引论. 合肥：安徽科学技术出版社
翟中和. 1995. 细胞生物学. 北京：高等教育出版社
赵南明，周海梦. 2004. 生物物理学. 北京：高等教育出版社

第 10 章

生物信息学

生物信息学是一门新兴的交叉学科，其相关工作可以追溯至 20 世纪 60 年代。20 世纪 90 年代实施的大规模基因组测序计划极大地推动了生物信息学的发展。目前，生物信息学已发展成为包含众多研究领域的庞大体系，全面影响生物学各研究方向的发展。

生物信息学以生物学知识为基础，以计算机技术为工具，以生物大分子数据为研究对象，利用数理科学的理论和方法来阐明和理解大量数据所包含的生物学意义。生物信息学的研究内容主要包含两个方面：数据的管理和分析方法。生物信息学数据主要由 DNA 和蛋白质数据组成。随着大规模基因组测序计划的实施，大量基因组序列已被测定。此外，现代生物技术以令人瞩目的速度快速发展，其研究成果被广泛地应用到生命科学研究和相关产业中，产生了大量数据，如蛋白质序列和结构数据、质谱数据、基因表达谱数据、酵母双杂交数据等。这些数据的管理和分析是亟待解决的课题，生物信息学就是在这种背景下产生的一门新兴科学。生物信息学的研究方法主要以数理科学的理论和方法为基础，通过对这些数据进行比较、分析和归纳，总结出生物大分子各种相互作用之间的规律，建立模型、设计算法，从而阐明大量数据所包含的生物学意义。美国人类基因组计划实施 5 年后的总结报告中，对生物信息学作了如下定义：生物信息学是一门交叉学科，它包含生物信息的获取、处理、存储、分发、分析和解释等所有方面，它综合运用数学、计算机科学和生物学的各种工具，来阐述和理解大量数据所包含的生物学意义。

由于各种数据相继产生，各种研究方法也相继被提出，极大地拓宽了生物信息学研究范围。目前，生物信息学的研究方法已全面渗透生物学各个研究领域，全面地改变了生命科学的研究方法和手段，使生命科学的研究进入一个新的发展阶段。

10.1 生物信息学概述

10.1.1 生物信息学的发展背景

生物信息学相关名称的提出可以追溯到 20 世纪 50 年代，1956 年在美国田纳西州加特林堡（Gatlinburg）召开了首次“生物学中的信息理论讨论会”。1986 年美国科学家提出了基因组学（genomics），指对所有基因进行基因组作图（包括遗传图谱、物理图谱、转录图谱）、核苷酸序列分析、基因定位和基因功能分析的一门科学。1987 年林华安博士首创生物信息学（bioinformatics）这一名词，意在反映计算机科学与生物学结合研究领域的重要意义，并以生物信息专家身份到亚洲协助各国发展生物信息学，被尊崇为“世界生物信息之父”。

最早建立用于序列分析的数据库是蛋白质数据库，20 世纪 60 年代，美国国家生物医学研究基金会生物学家戴霍夫（M. O. Dayhoff）为研究物种进化，收集蛋白质序列并建立蛋白质数据库。而核酸数据库的建立相对较晚，在 80 年代，随着核苷酸测序技术不断发展，核酸序列数量在不断增长，核酸序列数据库才相继建立。1979 年美国洛斯阿拉莫斯国家实验室已建立 GenBank 数据库，1982 年欧洲分子生物学实验室提供了核酸序列数据库 EMBL 的服务，日本于 1984 年建立国家级核酸序列数据库 DDBJ，并于 1987 年开始提供服务。此后，各种现代生物技术，如基因芯片、X 射线衍射、核磁共振、双向凝胶电泳、质谱技术以及酵母双杂交等技术获得快速发展，并被广泛地应用，由此而产生了大量生物大分子数据。基于分子生物学数据对生物学研究的重要作用，许多国家相继建立了生物信息学中心，其目的是建立和发布分子生物学数据、进行分子生物学基础研究、开发数据分析软件并提供网上服务。美国于 1988 年成立了国家生物技术信息中心（NCBI），欧洲于 1993 年成立了欧洲生物信息学研究所（EBI）。北京大学生物信息中心（CBI）成立于 1997 年，建立了 20 多个国外著名生物信息资源镜像，为生命科学研究者提供全面的生物信息资源服务。

随着生物大分子数据的急剧增加，分析这些序列所蕴含的生物学意义日益受到重视。序列分析的研究工作可以追溯至 20 世纪 60 年代，生物学家戴霍夫（M. O. Dayhoff）利用氨基酸序列的比较，研究物种进化。戴维斯（D. R. Davies）于 1964 年开创了蛋白质结构预测的研究。1970 年，吉布斯（A. T. Gibbs）和麦金太尔（G. A. McIntyre）利用点阵作图法寻找单条序列的重复片段，从而推测基因功能。长期以来，生物学家通过生物学实验已经确定了许多基因和蛋白质的结构和功能。随着生物大分子序列数量不断增长，出现了大量未知功能的基因和蛋白质，利用已知的功能数据资源，采用序列比对方法，是目前鉴别未知基因和蛋白质功能主要的方法。1970 年，尼德曼（S. B. Needleman）和旺施（C. D. Wunsch）提出了序列比对的全局算法，即 Needleman-Wunsch 算法。1981 年，史密斯（T. F. Smith）和沃特曼（M. S. Waterman）提出了 Smith-Waterman 算法，用来寻找并比较具有局部相似性序列的方法。在 Smith-Waterman 算法基础上发展起来的序列比对软件 FASTA 和 BLAST 已经成为广泛使用的序列搜索工具。

自从 20 世纪 90 年代以来，各种生物大分子数据急剧增长，针对这些数据的分析工具也大量涌现。基因识别、基因启动子识别、蛋白质结构预测和基因表达谱数据分析等算法获得突飞猛进的发展，这些算法已成为分析生物大分子数据的主要手段。

随着人们对生命现象本质的研究不断加深，生物学研究方法也发生了改变。考虑到生物体内分子之间的相互作用是复杂网络，基因表达受到复杂机制的调控，蛋白质只有在特定细胞位置上和特定蛋白质相互作用才能执行其功能。生物学家从传统的单个基因、蛋白质或代谢途径的研究模式转向利用相关数据和实验结果，组合不同层次信息，在系统生物学基础上研究生物大分子相互作用而产生的生物功能。

随着生物信息学的迅猛发展，生物信息学受到越来越多的学者关注。1990 年第一届国际电泳超级计算机和人类基因组会议在美国举行，会议的主要内容就是生物信息学。1994 年国际生物信息学系列会议由 Healthtech 研究所承办，次年改成年会形式。近年来与生物信息学相关的会议经常举办，如太平洋生物计算研讨会（PSB）、分子生物学中智能系统会议（ISMB）、计算分子生物学年会（RECOMB）等。中国于 2001 年在北京举行了首届中国生物信息学大会。

在生物信息学形成的初期，专业文献都发表在其他领域的期刊中，直到 1970 年才出现相关的期刊《生物医学中的计算机方法及编程》。1985 年生物信息学第一种专业期刊《生物科学中的计算机应用》才诞生，1998 年该刊改名为《生物信息学》。目前，生物信息学已经拥有多种专业期刊，许多重要期刊，如 *Nature* 系列、*Science* 都刊登生物信息学相关研究工作。生物信息学已成为 21 世纪热点学科。

10.1.2 基因组测序计划

20 世纪 50 年代科学家开始致力于生物大分子序列测定技术的研究。1953 年桑格（F. Sanger）等首次测定牛胰岛素的氨基酸序列。此后，一些短链多肽氨基酸序列相继被测定。1967 年，埃德曼（P. Edman）等发明了自动 Edman 降解程序，实现了连续、快速测定多肽序列的技术。目前，双向凝胶电泳、电转移印迹法、高效液相色谱法、灌注层析技术、高敏感度氨基酸分析仪和质谱分析等技术相继出现，大大加快了蛋白质序列测定进程。截至 2010 年 5 月蛋白质数据库 Swiss-Prot 已经收录了 517 100 条序列。与蛋白质测序技术相比较，核苷酸序列测定技术相对落后。直到 20 世纪 70 年代，核酸测序技术主要用于转运核糖核酸（tRNA）序列测定。1975 年在英格兰召开的高登（Gordon）会议，两个相互独立的研究组宣布各自发明的 DNA 测序技术。随后，这两种 DNA 测序技术发展成为 Maxam-Gilbert 化学修饰法和 Sanger 双脱氧核苷酸链末端终止法。利用这两种技术进行手工测序需要先用同位素标记核苷酸再放射自显影，然后花费大量精力读胶。手工测序具有效率低、速度慢、错误率高等缺点。测序技术自动化的重点是测序结果分析的自动化。1985 年，在加州理工学院工作的胡德（L. Hood）和史密斯（L. Smith）报道了用四种不同荧光染料分别标记四种碱基的方法，这样就可以用激光仪阅读测序胶片，从而达到自动测序的目的。1987 年，应用生物系统公司采用该技术开发了第一台上市的自动测序仪。每台仪器每天可以测定 1 万～2 万个碱基粗序列。采用毛细管电泳技术后，典型测序仪（如 ABI Prism 3700）每天可以测定 50 万个碱基粗序列。此后，新技术不断被应用，目前，被广泛应用的第二代测序仪在很短时间内能完成大规模基因组测序任务，而正在开发的第三代测序仪预计在测序速度和成本上都将有重大的突破。

DNA 测序技术的快速发展，使得对人类基因组进行测序成为可能。此外，在癌症研究方面的进展使人们认识到包括癌症在内的人类疾病的发生，都与基因有直接或间接的关系。人类基因组序列的测定对疾病的诊断和治疗、新药设计，以及对生命本质的认识都具有重要意义。在这样背景下，1985 年，美国能源部提出“人类基因组计划”草案。1986 年诺贝尔奖获得者杜伯克（R. Dulbecco）在 *Science* 上发表了一篇有关开展人类基因组计划的短文，题为“癌症研究的转折点——人类基因组的全序列分析”，称人类基因组计划与世界上一切息息相关，可以和征服宇宙的计划相媲美。该短文的发表对人类基因组计划的实施起了极大推动作用。1988 年，美国国家科学研究委员会的专家成立了“国家人类基因组研究中心”，由 DNA 分子双螺旋模型的提出者沃森（J. Watson）出任第一任主任。1990 年 10 月 1 日，美国国会正式批准这一计划，标志“人类基因组计划”正式启动。在杜伯克文章影响下，许多国家开始加入人类基因组计划。人类基因组计划是 20 世纪 80 年代全球范围内广泛参与、合作的一项研究计划。1994 年中国参加人类基因组计划，负责 1% 的测序工作，即人类 3 号染色体上约 3000 万个碱基对的测序任务。2000 年 6 月 26 日，参与“国际人类基因组计划”的美国、英国、日本、法国、德国、中国 6 个国家 16 个研究中心联合宣布人类基因组工作框架图完成。

在人类基因组计划快速发展的同时，模式生物基因组计划和微生物基因组计划也得到快速发展。模式生物基因组计划最初确定的模式生物有大肠杆菌、酵母、拟南芥、线虫、果蝇和小鼠共 6 种。相对于人的基因组而言，模式生物的基因组较小、结构简单，易于操作。模式生物生活周期比较短，遗传背景清楚，易于培养繁殖和获得较多变异体。由于进化中许多功能基因的保守性，从模式生物基因组得到的数据有助于分析人类基因组。在后来的发展过程中，模式生物基因组计划逐渐加入了其他一些模式生物种类，如河豚、斑马鱼等。此外，一些具有重要生产价值的农作物和经济作物，如水稻、大麦、蝉、蜜蜂的基因组，与疾病相关的生物疟原虫、蚊子的基因组，和人类亲缘关系较近的黑猩猩基因组等也加入到模式生物基因组计划中。随着基因组计划的不断深入发展，将会有越来越多的模式生物加入到模式生物基因组计划中。

微生物种类丰富，超过地球上所有其他生物，并占全球生物量的极大部分。微生物的多样性和特有的生物学特征使其在生命科学中占有重要地位。自从1995年完成了第一个细菌流感嗜血杆菌的全基因组测序，微生物基因组计划得到快速发展，已完成全基因组测序的微生物的数目正在迅速增加。截止到2010年6月，NCBI已公布了1121个微生物基因组。

随着大规模基因组测序计划不断深入开展，将会有更多的原核生物和真核生物基因组序列被测定，这为深入研究生命现象打下坚实的基础。

10.1.3 生物大分子数据库

20世纪后半叶分子生物学获得长足发展，生命科学的研究深入到核酸和蛋白质水平。大规模基因组测序计划产生大量DNA序列，与此同时，蛋白质序列和结构的数据也在不断增长。随着现代生物技术的发展，各种新的数据也在不断产生。为了存储、管理、查询这些生物大分子数据，世界各国相继建立生物大分子数据库。核酸数据库主要有：美国国家生物技术信息中心的GenBank数据库，欧洲生物信息学研究所的EMBL数据库，日本国立遗传学研究所的DDBJ数据库。这三大数据库虽然具有各自不同的数据记录格式，但对于核酸序列采用了相同的记录标准，同时每天都交换数据以达到数据的更新和一致。此外，还有很多核酸数据库用于存储特定物种基因组数据，如GDB数据库是人类基因组数据库，SGD数据库酵母菌基因组数据库。

在DNA数据急速增长的同时，蛋白质序列及结构数据也在迅速增长。为了存储、管理、查询这些蛋白质数据，许多蛋白质数据库相继建立。蛋白质一级序列数据库主要有PIR和SWISS-PROT。SWISS-PROT数据库最初由瑞士日内瓦大学生化系建立并维护，现在由欧洲生物信息学研究所（EBI）维护。数据库中的蛋白质序列是经过注释的。SWISS-PROT数据库尽可能减少了冗余序列，并与其他30多个数据建立了交叉引用，其中包括核酸序列库、蛋白质序列库和蛋白质结构库等。TrEMBL是从欧洲生物信息学研究所维护的EMBL数据库中的核酸序列翻译出来的蛋白质序列，已经完成了自动注释。截止到2010年6月，SWISS-PROT数据库发布的数据包含了517 100条蛋白质序列，总氨基酸数目高达182 146 551，TrEMBL数据包含10 867 798条蛋白质序列，总氨基酸的数目达3 502 326 038。PIR是蛋白质信息资源数据库（protein information resources），是由美国、德国和日本三个国家研究机构联合建立的蛋白质数据库。除序列数据库外，还有许多重要的蛋白质数据库。PDB数据库是蛋白质结构数据库，1971

年建立于美国布鲁克海文国家实验室，从 1998 年 10 月 1 日起由 RCSB 管理，PDB 数据库主要收集由 X 射线衍射和核磁共振实验测定的生物大分子三维结构数据。截止到 2008 年 1 月 29 日，PDB 数据库共收录了 65 802 个生物大分子结构，其中蛋白质的结构有 60 900 个，由 X 射线测定结构的蛋白质有 53 207 个。SCOP 数据库是蛋白质结构分类数据库，是对已知的蛋白质三维结构进行手工分类得到的数据库。CATH 数据库是蛋白质结构与功能关系数据库。PROSITE 数据库是由专家根据生物知识审编的 SWISS-PROT 蛋白质序列中有生物意义的位点。

由于生物技术的发展，生物大分子相关数据也在不断增加。近十几年，核酸研究方面重要期刊 *Nucleic Acids Research* 杂志在每年的第一期中介绍各种数据库的最新版本，在 2008 年出版的数据专刊中详细地介绍了 98 个新的数据库和 84 个数据库的更新版本。

10.1.4　生物信息学主要研究领域

虽然生物信息学的研究始于 20 世纪 60 年代，但生物信息学的形成和发展与人类基因组计划密切相关。人类基因组计划的实施带动的大规模基因组测序计划的快速发展，极大地推动了生物信息学的发展进程。现代生物技术被广泛应用，产生了大量数据，为生物信息学提供了更多的研究对象，拓宽了生物信息学研究领域。目前，生物信息学研究方法已经渗透到生物学众多研究领域，全面改变了生物学研究模式。目前，国际上公认的生物信息学研究内容主要有以下几个领域。

1. 生物大分子数据库

DNA 和蛋白质测序技术的发展，产生了大量基因组和蛋白质序列。此外，X 射线衍射和核磁共振技术测定了大量生物大分子结构。构建基因组数据库、序列数据库和结构数据库对相关数据进行收集、处理、存储、管理和分发可以方便研究者搜索和查询。许多大数据库还提供搜索程序和分析软件的服务。对这些数据库的数据进行分析、归纳、整理和注释，还可以构建特定生物学意义和用途的二级数据库。

2. 利用 EST 数据库发现新基因和新的 SNP

EST 序列是基因表达的较短 cDNA 序列，是由 mRNA 逆转录产生并能在细胞中表达的完整基因的某些片段。到 2001 年 10 月，GenBank 的 EST 数据库中人类 EST 序列已超过 380 万条，它覆盖了 90%以上的人类基因。电子克隆就是设计算法在 EST 数据库中找到属于同一基因的所有 EST 片段，再把它们连接起来，从而发现新基因。SNP 是单核苷酸多态性（single nucleotide polymorphisms)，是指基因组上单核苷酸的变异。利用EST序列也可以发现SNP，对同一基因从EST数据拼接得到不同的转录物，它们可能就是一组SNP。对多种族基因组序列大片段重叠序列比较，已经鉴定出140多万个SNP，初步分析表明影响蛋白质编码序列SNP不足1%。

3. 序列比对

序列比对是生物信息学的基础研究方法，其基本思想是比较两个或两个以上符号序列相似与否，从而确定序列之间是否为同源序列。两个序列的比对有较成熟的动态规划算法，在此基础上编写的比对软件包——BLAST和FASTA是被广泛使用的序列比对工具，可以免费下载使用。多序列比对常用的程序有CLUSTALW和GCG软件包的FILEUP程序。目前，多重序列比对还缺乏快速而又十分有效的算法。

4. 序列信息的提取和分析

生物大分子的功能信息存储在序列中，通过分析基因、基因组和蛋白质特征可以预测基因和蛋白质的结构，分析基因组中非编码区的结构信息、遗传密码的起源、基因组空间结构与DNA折叠的关系、基因组结构演化，以及基因组信息与生物进化关系等。

5. 功能基因组学

功能基因组学是后基因组时代重要研究课题。基因及其产物蛋白质的功能包括：生物学功能，如作为蛋白质激酶对特异蛋白质进行磷酸化修饰；细胞学功能，如参与细胞间和细胞内信号传递途径；发育学功能，如参与形态建成等。利用基因组所提供的信息和产物，可以对多个基因或蛋白质同时进行系统的研究，进而确定其功能。研究内容包括基因功能确定、基因表达分析及突变检测。

6. 分子进化和比较基因组学

分子进化和比较基因组学是非常重要的课题。利用不同物种中同一种基因序列的异同来研究生物的进化，构建进化树。近年来较多模式生物基因组测序任务的完成，为从整个基因组的角度来研究分子进化提供了条件。

7. 基于结构的药物设计

人类大约有10万种蛋白质，人类基因组计划目的之一是确定这些蛋白质的结构、功能、相互作用，并阐明与各种人类疾病之间的关系，寻求治疗和预防这些疾病的方法。基于生物大分子结构的药物设计是生物信息学中的极为重要的研究领域。在已知某些酶或蛋白质三级结构的基础上，可以利用分子对接算法，在计算机上设计抑制剂分子。作为候选药物。这种发现新药物的方法可以极大地缩短新药开发周期，具有巨大的经济效益。

10.1.5 生物信息学发展的展望

生物信息学是一门新兴的交叉学科，它以生物学知识为基础，以生物大分子数据为研究对象，以计算机技术为工具，综合运用数学、物理学和化学的理论及方法来阐明和理解大量数据所包含的生物学意义。生物信息学伴随着大规模基因组测序计划的实施获得迅速发展。

传统生物学是通过样品采集、系统观察、实验总结，形成概念和研究方法。与传统生物学不同，生物信息学是通过数据采集、存储分析、数据挖掘，产生知识，进一步形成理论。在科学技术发展过程中，科学数据的大量积累导致重大的科学规律的发现，已有成功的范例。例如，开普勒三大定律和万有引力定律的发现是建立在对数百颗天体运行数据的分析基础上；元素周期表的建立也与数十种元素和上万种化合物数据的积累密切相关；氢原子光谱学数据的积累促成了玻尔氢原子模型的提出，为量子力学的建立奠定了基础。目前，各种生物大分子数据的巨大积累也将导致重大生物学规律的发现。

生物信息学的研究方法已经渗透到生物学众多研究领域，改变了生物学研究模式，使得生物学开始从定性描述性研究迈向定量确定性研究。目前，生物信息学的发展尚处在起步阶段，还仅仅处于从实践中总结知识、理论的阶段，将来必将达到应用生物信息学理论去指导实践阶段。随着各种新技术不断被应用，各种数据飞速增长，利用数理科学的方法进行数据挖掘，发现蕴含在数据中的知识，最后形成理论是可能的。这不仅推动生物信息学自身的发展，而且为传统生物学向理论生物学发展提供强大动力。

10.2 分子生物学数据库

20 世纪 90 年代，随着人类基因组计划和其他模式生物基因组计划的全面实施，序列数据以指数速度增长。截止到 2007 年底，共有 1012 个物种完成基因组序列测定工作，其中细菌基因组 717 个，古细菌 43 个，病毒 206 个，真核生物 46 个。此外，还有 206 个物种的基因组序列待完成（http://wit.integrated-genomics.com/GOLD/）。酿酒酵母是与人类关系最密切的微生物，也是真核模式生物。1996 年，在全球 96 个实验室的 600 多位科学家通力协作下，完成了酿酒酵母的基因组测序工作，这是第一个被测序的真核生物。此外，其他一些重要的模式生物，大肠杆菌、线虫、果蝇、拟南芥、小鼠、大鼠、黑猩猩、河豚的基因组全序列已被测定。随着大规模基因组测序计划的广泛实施，几十种动、植物基因组数据纷纷公布。英国 Roslin 研究所的 ArkDB 包括了猪、牛、绵羊、山羊、马、鹿、狗、鸡等基因组数据库；美国、英国、日本等国数据库存储有斑马鱼、罗非鱼、青鳉鱼、鲑鱼等鱼类基因组数据；英国谷物网络组织有玉米、大麦、高粱、莱豆等农作物以及苜蓿、牧草、玫瑰等基因组数据库。除了这些基因组序列外，基因组信息资源还包括染色体、基因突变、遗传疾病、分类学、比较基因组、基因调控和表达、放射杂交、基因图谱等各种数据库。

10.2.1 DNA 序列数据库

DNA 序列数据资源主要包括美国国家生物技术信息中心的 GenBank、欧洲生物信息研究所的 EMBL 和日本国立遗传研究所的 DDBJ 等一级数据库，以及某些特定的基因组信息资源。由于许多数据库存储的数据和分析工具相类似，这里仅介绍 GenBank、EMBL 和一些较重要的 DNA 序列数据资源。

1. GenBank

1988 年鉴于计算机数据处理系统在生物医学和生物化学领域中的必要性，美国参议院通过法案帮助国家医学图书馆建立国家生物技术信息中心（NCBI)。国家生物技术信息中心的主要任务有以下几方面。

(1) 创建适合分析、存储分子生物学、遗传学及生物化学等各类数据的自动化仪器。

(2) 促进科学界对可获得的数据库和分析软件的使用。

(3) 整理全球的科研成果，收集生物学数据。

(4) 对于重要的生物分子的结构-功能关系实施计算机分析、研究。

GenBank 是美国国家生物技术信息中心（NCBI）建立的 DNA 序列数据库，不仅包括序列数据，而且还有序列分析工具。为了保证数据尽可能完整，GenBank 与 EMBL 和 DDBJ 建立了相互交换数据的合作，数据库规模不断扩大，数据来源种类繁多。GenBank 按照数据来源分成若干个子库，以便于管理和使用。表 10.1列出了 GenBank 包括的子数据库的名称和内容。

表 10.1 GenBank 包括的 17 个子数据库的名称和含义

代　码	英文含义	中文含义
PRI	Primate	灵长类动物
ROD	Rodent	啮齿类动物
MAM	Other mammalian	其他哺乳类动物
VRT	Other vertebrate	其他脊椎动物
INV	Invertebrate	无脊椎动物

续表

代　码	英文含义	中文含义
PLN	Plant，fungal，algal	植物、真菌、藻类
BCT	Bacterial	细菌
RNA	Structural RNA	结构 RNA
VRL	Viral	病毒
PHG	Bacteriophage	细菌噬菌体
SYN	Synthetic	合成产物
UNA	Unannotated	未注明来源
EST	Expressed Sequence Tags	表达序列标签
PAT	Patent	专利序列
STS	Sequence Tagged Sites	序列标签位置
GSS	Genome Survey Sequences	基因组普查序列
HTG	High Throughput Genomic Sequences	高通量基因组序列

将大型数据库分成若干子库，有许多好处。首先，可以把数据库查询限定在某一特定部分，以便加快查询速度；其次，基因组计划快速测序得到的大量序列尚未加以注释，将它们单独分类有利于数据库查询和搜索。随着子数据库数量的增长，子数据库被进一步细分，如 2000 年 12 月 15 日发行的第 121 版 GenBank 数据库中，EST 数据库被分为 98 个子库，GSS 分为 32 个子库，PRI 分为 9 个子库。GenBank 数据库的记录格式以标识字描述，包括序列名称（LOCUS）、序列简单说明（DEFINITION）、唯一的序列编号（ACCESSION）、序列版本号（VERSION）、关键词（KEYWORDS）、序列来源的物种名（SOURCE）、序列来源的物种学名和分类学位置（ORGANISM）、相关文献编号或提交注册信息（REFERENCE）、相关文献作者或提交序列作者（AUTHORS）、相关文献题目（TITLE）、相关文献刊物名或作者单位（JOURNAL）、相关文献 Medline 引文代码（MEDLINE）、相关文献注释（REMARK）、关于序列的注释信息（COMMENT）、序列特征表（FEATURES）和碱基统计数和序列长度（BASE CONTENT）。

GenBank 仅是美国国家生物信息中心（NCBI）提供服务的一部分。NCBI 提供的主要服务有以下 8 种数据库和分析工具。

（1）PubMed（Public MEDLINE）

（2）BLAST（Basic Local Alignment Search Tool）

（3）Entrez

（4）BankIt

（5）OMIM（Online Mendelian Inheritance in Man）

（6）Taxonomy

(7) Structure

(8) Books

1) PubMed

PubMed是美国国家医学图书馆所属的国家生物技术信息中心开发的互联网生物医学信息检索系统，用户可以在PubMed上获得大量文献引用条文。它收录了70个国家的4000多种生物医学期刊的参考文献，每一种文献都提供了详尽的出处及与相关文献的链接，部分文献提供免费的全文，内容涉及医学、动植物、微生物、食品等多个领域，是生物医学领域最重要的文献数据库。为了方便文献检索，用户可以将作者名和杂志名称的关键词在PubMed查询。

2) BLAST

BLAST是基本局部比对搜索工具，可以进行核酸序列之间比对、蛋白质序列之间比对，以及核酸序列与蛋白质序列之间的比对，通过对特定序列相似性的搜索以达到识别序列之间可能的同源性。NCBI网站提供Basic BLAST和Specialized BLAST服务。

3) Entrez

Entrez是美国国家生物技术信息中心所提供的在线资源检索器，是最受欢迎的搜索引擎之一。Entrez网页界面允许用户从众多可靠的数据库中获得生物学资料和参考文献，它把序列、结构、文献、基因组、系统分类等不同类型的数据库有机地结合在一起，用户可以从一个数据库直接转入另一个数据库。Entrez的另一个特点是把数据库和应用程序结合在一起。通过序列搜索，可以获得查询序列的同源蛋白，进一步查询得到蛋白质的三维结构，可以通过在用户计算机上安装的Cn3D软件直接显示分子图形。

4) BankIt

BankIt是GenBank通过互联网进行操作的序列提交服务器。它允许用户通过网页浏览器将新的序列提交到GenBank。该序列及所有的相关信息被传递到GenBank。GenBank工作人员给该序列制定序列号。

5) OMIM

OMIM是关于基因和基因疾病的数据库。它是在Johns Hopkins大学的学者于1966年创建并定期出版的人类孟德尔遗传信息期刊（*Mendelian Inheritance in Man*，MIM）的基础上创建。它主要提供人类遗传病的临床及其表型性状、各种遗传疾病相关的基因及基因产物、基因的表达和定位等信息。如果在GenBank找到某种疾病的特定基因，那么可以转换到OMIM，获取与该基因有关的遗传病及其临床表现，以及描述该基因产物的资料。NCBI的OMIM网页版本每日更新，截止到2002年5月，已收录了13 585条记录，并且记录数目不断递增和更新。

6）Taxonomy

NCBI 的 Taxonomy 主页是包含一些生物的普通名称和科学名称的生物分类数据库。该服务器允许用户得到种属的遗传信息，观察相关的和不太相关的种属间是如何联系的。这些关联表现为蛋白质和核酸序列上的相似性，如在进化树上的关联。

7）Structure

NCBI 提供了结构分析相关的分子模型数据库（MMDB）和各种各样的软件工具。MMDB 的信息是从 PDB 中获得的，包括重要生物大分子 X 射线晶体衍射或核磁共振（NMR）的结果。NCBI 为 MMDB 服务提供了结构可视软件。Structure 也提供如 PDB 和 Threading 的搜索工具，该软件可通过 FTP 站点获取。利用 Entrez/PubMed 链接便于查找所关注的分子的应用及相关信息的搜索工作。

8）Books

这是 NCBI 与作者和出版机构合作建立的书籍目录查询服务项目，称为 Bookshelf，主要收集生物医学书籍。在 PubMed 的条目下，有相关书目的链接。

2. 欧洲生物信息学研究所

欧洲生物信息学研究所（EBI）是欧洲分子生物学实验室的一部分，是欧洲主要的生物信息学服务机构，位于英格兰的 Hinxton。EBI 的主要目标是从事研究并为全球科学界提供生物信息学资源。1994 年，EBI 开始维护 EMBL 数据库。EBI 的数据库由 EBI 网站服务器支持，主要数据库和分析工具组成。EBI 提供的服务有数据库、数据提交查询、数据库及相似性搜索（如 FASTA 和 BLITZ）、在线应用程序等。EBI 的科研工作主要包括开发更为强大的比较运算算法、创建更为详尽的网络信息系统和更高效率的数据库。

EMBL 是 EBI 的核苷酸序列数据库，该数据库与美国 NCBI 的 GenBank 核酸序列数据库和日本的 DNA 数据库（DDBJ）合作，通过软件程序每天交换数据，不断地更新内容。EMBL 数据库的记录格式以两字母缩写表示标识字，序列名称（ID）、序列简单说明（DE）、唯一的序列编号（AC）、序列版本号（SV）、关键词（KW）、序列来源的物种名（OS）、序列来源的物种学名和分类学位置（OC）、建立日期（DT）、相关文献编号（RN）、相关文献作者（RA）、相关文献题目（RT）、相关文献刊物名（RL）、相关文献 Medline 引文代码（RX）、相关文献注释（RC）、相关文献其他注释（RP）、关于序列的注释信息（CC）、相关数据库交叉引用号（DR）、序列特征表（FH）、序列特征表子项（FT）、序列长度和碱基统计数（SQ）和字段分界标号（XX）。

3. 特定基因组资源

GenBank的核酸序列数据库涵盖了从完整基因组到单个基因的序列数据及部分注释信息，称一次数据库。此外，还有一些更有针对性的基因组资源，称专用数据库。这些专用数据库既包含了上述一次数据库的部分数据，也包括从其他数据库资源获得的信息或交叉链接。专用数据库主要分为两类，一类是模式生物基因组数据库，另一类则与特殊的测序技术有关。这类数据库尽管也包含序列数据，但其特色主要是为某一特定的模式生物提供一个完整的数据资源，如酵母、线虫、果蝇、拟南芥、大肠杆菌、幽门螺旋杆菌等。这些数据库从各个不同层次上搜索、整理有关信息以便对某个模式生物全基因组有一个更加完整的了解。

1）GDB数据库

GDB数据库是重要的人类基因组数据库，由美国Johns Hopkins大学于1990年建立，现在由加拿大多伦多儿童医院生物信息中心负责管理。目前，GDB含有150多万个各种克隆，包括以下几方面内容：①人类基因组区域，包括基因、克隆、断裂位点、细胞遗传学标记、脆性位点、重复序列等；②人类基因组作图，包括细胞遗传学图谱、连锁图谱、RH图谱、content contig图谱和综合图谱等；③人类基因组变异，包括突变和多态性以及等位频率数据等。随着人类基因组计划向后基因组计划的转移，GDB将进一步包括功能和表型方面的数据。通过该数据库可以直观地了解所需基因的各种位置信息。可通过基因名称、GenBank登录号或关键词等进行搜索，其网址为http://www.gdb.org/。

2）UniGene数据库

人类基因组计划的首要任务是对人类基因组进行全序列测定，整个基因组约30亿碱基对，其中约3%编码蛋白质，其余部分序列的生物学功能还不清楚。转录图谱可以把基因组中能够编码蛋白质的部分集中起来，因此是一种重要的数据资源。UniGene是GenBank的一部分，试图通过计算机程序对GenBank中的序列数据进行适当处理，剔出冗余部分，将同一基因的序列，包括EST序列片段收集到一起，以便研究基因转录图谱。UniGene除包括人类的基因外，也包括小鼠、大鼠等其他模式生物的基因。UniGene数据库的标题行（Title）给出基因名称和简单说明，表达部位行（Express）指出该基因在什么组织中表达以及在基因图谱中的位置等，此外，列出该基因在核酸序列数据库GenBank或EMBL和蛋白质序列数据库Swiss-Prot中的编号的超文本链接。UniGene中部分条目包括已知基因序列，而有些条目则仅有新测得的EST序列片段，即这些EST序列所对应的基因尚未搞清，可以用来发现新基因，在绘制基因图谱及大规模基因表达分析等方面进一步研究。

3）SGD 数据库

SGD 数据库是已经完成基因组全序列测定的酿酒酵母基因组数据库资源，包括酿酒酵母的分子生物学及遗传学等大量信息。通过互联网可以访问该数据库的全部基因组注释信息。酵母是第一个完成基因组全序列测定的真核生物基因组。SGD 将各种功能集成在一起，分析、检索酵母基因名称、查看基因组各类图谱、显示蛋白质分子三维结构、设计能够有效克隆酵母基因引物序列等。该数据库通过方便实用的图形界面为用户提供酵母基因组物理图谱、遗传图谱和序列特性图谱等信息，其网址为 http://www.yeastgenome.org/。

4）ACeDB 数据库

秀丽隐杆线虫通体透明，十分容易观察。因此，线虫是研究动物遗传、个体发育及细胞生命活动的重要模式动物。近年来，国际上以秀丽隐杆线虫为实验材料的生命科学研究取得了重要突破，分别在 2002 年和 2006 年两次获得诺贝尔生理学或医学奖。ACeDB 数据库是线虫基因组计划的一个成果，数据库内的资源包括限制酶图谱、基因结构信息、质粒图谱、序列数据、参考文献等。通过 ACeDB 数据库管理系统可以浏览这个数据库，ACeDB 提供一个图形界面，使用户能够从整个基因组到序列的各个层次考察基因组数据，其网址为 http://www.acedb.org/。

5）dbSNP 数据库

现代遗传学研究的一个主要目标就是将遗传疾病与特定的基因变异联系起来。单核苷酸多态性（SNP）是基因组中最常见的一种变异，在人类染色体中平均每 1200bp 出现一次，不同的人群（种）有不同的 SNP 分布特征，这是种族起源、各种遗传疾病易感性、外貌和生理特征等方面差异在基因组水平上的表现。因此，SNP 对人类的健康及人类的进化研究有极其重要的意义。由于高密度的 SNP 在大规模遗传位点分析、功能遗传学及药物遗传学、生物进化研究、群体遗传、候选位点克隆以及物理图谱构建中的重要作用，寻找 SNP 位点、建立相关数据库成为基因组研究走向应用的重要步骤。NCBI 于 1999 年 9 月开始创建 dbSNP 数据库，收录了包括人类在内所有物种的 SNP 序列，并提供了与 Medline、GenBank、Locuslink 等数据库的交叉链接。dbSNP 数据库既包含疾病相关的变异，也包含无意义的变异，记录包含多态性位点区域的序列信息、实验中采用的特殊实验条件，包含此类突变种群的描述信息以及此类突变出现频率等信息。随着基因组工程的进展，所有的 SNP 变异最终都将被定位到特定的连锁群。同时，随着后基因组时代的到来及对基因及其调控区信息研究的深入，目前在不同的独立序列中随机发现的变异，必将会在深入探讨基因组关系方面提供更合理的解释。dbSNP 数据库的网址为 http://www.ncbi.nlm.nih.gov/projects/SNP/。

6）TransFac 数据库

TransFac 是基因调控转录因子数据库。基因表达的调控是分子生物学研究的主要问题之一。随着现代分子生物学的发展，可以从表达水平上对基因表达模式的基本特征进行分析，但是生物的种类不可胜数，在不同的发展阶段、不同的条件下，其表达调控都是不同的，不可能通过有限的实验对参与这些过程的众多化合物做出详尽的描述。建立真核生物基因转录调控因子数据库有助于遗传信号及调控信号的综合分析。1988 年，德国生物工程研究所开始搜集基因表达顺式作用元件和转录调控因子的结合序列信息，从而建立了真核生物基因调控转录因子数据库 TransFac，并于 1997 年提供了基于 Web 的网络版本。近几年来，TransFac 数据库记录的数量及范围不断得到拓展，该数据库又收录可导致病理变化的调控区及转录因子基因突变模块、收集与染色体结构变化相关的蛋白质因子和位点信息、有关转录因子调控信号传递网络的信号转导等，其网址为 http://transfac.gbf.de/TRANSFAC/。

10.2.2 蛋白质序列数据库

本部分首先介绍蛋白质序列数据库，然后介绍一些重要的二级、三级序列数据库，最后介绍两种蛋白质结构分类数据库。

1. 蛋白质序列数据库 Swiss-Prot

Swiss-Prot 数据库是由瑞士日内瓦大学和欧洲分子生物学实验室于 1986 年合作建立的蛋白质序列数据库。目前，Swiss-Prot 数据库由瑞士生物信息学研究所和欧洲生物信息学研究所共同维护。Swiss-Prot 数据库包含从发表的刊物中收集的序列及研究者直接提交的序列。对于不同来源的序列信息，Swiss-Prot 数据库尽量将它们合并，以将冗余度降低到最小程度。对于产生变异的序列，则在序列特征表中引用，而不作为一条新的序列。Swiss-Prot 数据库将其记录分成数据和注释两部分。数据部分包含氨基酸序列、参考文献信息以及关于此蛋白质的分类信息；注释部分包括蛋白质功能信息、翻译后修饰（如糖基化、磷酸化、酰基化等）、结构域及结合位点（如钙离子结合位点、ATP 结合位点、锌指结构等）、二级结构信息、三级结构信息、与其他蛋白质的同源性信息、蛋白质中任一确实可导致疾病的位点以及序列变异信息等。所有序列条目都是由有经验的分子生物学家和生物化学专家通过计算机检验并查阅有关文献资料仔细核实，提供高质量的数据注释信息，并主要记录在 CC、FT、KW 条目中。ExPASy 专门聘请了由 200 多位国际著名生物化学专家组成的网上专家评审团通过网络审核 Swiss-Prot 蛋白质数据。Swiss-Prot 数据库提供大量的索引文件与 EMBL、Prosite、PDB、OMIM、MGI、REBASE、GCRDb 等 34 个生物信息学数据库的相关记录交叉引用。Swiss-Prot 数据库的网址为 http://www.expasy.ch/。

2. 蛋白质数据库 PIR-PSD

PIR-PSD 是一个国际合作的蛋白质数据库，它与 PIR 蛋白质数据库具有密切的联系，其起源可追溯到 20 世纪 60 年代。由于蛋白质序列测定技术比 DNA 序列测定技术问世更早，蛋白质序列和结构的收集也早于 DNA 序列。20 世纪 60 年代中期到 80 年代初期，美国国家生物医学研究基金会戴霍夫（M. O. Dayhoff）领导的研究组将所收集的蛋白质序列和结构信息以蛋白质序列和结构图谱的形式发表，主要用来研究蛋白质的进化关系。1984 年，蛋白质信息资源计划正式启动，蛋白质数据库 PIR 也因此诞生。1988 年，美国的 NBRF、日本的国际蛋白质信息数据库 JIPID 和德国的慕尼黑蛋白质序列信息中心 MIPS 三个机构合作成立国际蛋白质信息中心 PIR-PSD，它是目前国际上最大的公共蛋白质序列数据库，由三个机构共同维护。该数据库序列是一个全面的、经过注释的、非冗余的蛋白质序列，所有序列数据都经过整理，超过 99%的序列已按蛋白质家族分类，70%以上的记录还按蛋白质超家族进行分类。PSD 的注释中包括对许多序列、结构、基因组和文献的交叉索引，以及数据库内部条目之间的索引，这些内部索引帮助用户在包括复合物、酶-底物相互作用、活化和调控级联及具有共同特征的条目之间方便地检索。PIR-PSD 数据库沿用了旧版本的 PIR 数据库结构，按照数据的性质和注释层次分为 PIR1、PIR2、PIR3 和 PIR4 四个不同部分，其中 PIR1 和 PIR2 子库没有明显的区别，两者中的序列采用相同的程序进行合并、验证、分类及注释处理，其注释信息最为详尽，包含了 PIR-PSD 数据库中 99%的记录；PIR3 中的序列尚未加以检验、分类、合并，也未加注释；而 PIR4 中则包括了那些在自然条件下不存在也不表达但以往学者已经对它们进行了详细的分析与注释的蛋白质。PIR-PSD 同时提供了蛋白质的结构和功能信息，并给出了与其他 40 个数据库之间的相互参考。在 PIR 的站点上也提供了常规的生物信息学工具，以进行数据挖掘。PIR-PSD 数据库网址为 http://pir.georgetown.edu/。

3. 蛋白质结构数据 PDB

PDB 数据库是蛋白质结构数据库，由美国 Brookhaven 国家实验室于 1971 年创建。为适应结构基因组和生物信息学研究的需要，1998 年由美国国家科学基金委员会、能源部和卫生研究院资助，成立了结构生物学合作研究协会（RCSB）。目前，RCSB 主要成员为拉特格斯大学、圣地亚哥超级计算中心和国家标准化研究所。自从 1999 年 7 月起，PDB 数据库由 RCSB 管理，与核酸序列数据库一样，PDB 数据库允许通过网络直接提交数据。

PDB数据库是以存储、整理、发布生物大分子结构信息为主的数据库，它收录包含蛋白质、蛋白质和核酸复合物、蛋白质及其金属复合体、蛋白质及其阻遏物复合体的结构信息。截止到2009年5月，PDB已收录了57 835条记录，其中，蛋白质、多肽、蛋白质核酸复合物和病毒颗粒占93%，核酸约占6%。这些结构数据主要来自X射线晶体衍射实验，其次为核磁共振（NMR），仅极少量来自理论模型。PDB数据库以纯文本的方式记录数据，每个分子信息用一个独立的文件记录。记录文件包括原子坐标、物种来源、化合物名称、结构递交者以及有关文献等基本注释信息。每一个记录文件还给出分辨率、结构因子、温度系数、蛋白质主链数目、配体分子式、金属离子、二级结构信息、二硫键位置等和结构有关的数据。此外，英国伦敦大学开发的PDBsum数据库是基于网络的PDB注释信息综合数据库，为了方便PDB数据库的检索，将RasMol、CN3D等分子图形软件综合在一起，同时具有分析和图形显示功能。PDB数据库网址为http://www.rcsb.org/pdb/。

4. 蛋白质二级数据库

1）PROSITE数据库

PROSITE数据库是由瑞士生物信息学研究所维护的蛋白质功能位点数据库。同源蛋白的重要功能区的氨基酸序列往往具有很高的保守性。对于不同的蛋白质，活性中心一些氨基酸残基具有保守性，但邻近的氨基酸序列却很少相同。因此分析酶的活性位点、配体或金属离子的结合位点的保守序列或序列模体，对于鉴别未知蛋白的功能位点具有重要意义。

对于具有重要生物学意义的蛋白质位点和序列模式，PROSITE数据库对其收录并进行分类，通过对数据库的查询、比较，可以快速确定未知蛋白所在家族。PROSITE的序列模式包括酶的催化位点、配体结合位点、与金属离子结合的残基、二硫键的半胱氨酸、与小分子或其他蛋白质结合的区域等；PROSITE还包括利用多序列比对构建的profile，能更敏感地发现序列与profile的相似性，PROSITE数据库的主页上提供各种相关检索服务，其网址为http://www.expasy.org/prosite/。

2）SCOP数据库

SCOP数据库是蛋白质结构分类数据库，由英国医学研究委员会分子生物学实验室和蛋白质工程中心开发并维护。SCOP是基于Web的蛋白质结构数据分类、检索和分析系统，通过对已知三维结构的蛋白质进行分类，并描述了它们之间的结构和进化关系。鉴于目前结构自动比较程序尚不能可靠地鉴别所有的结构和进化关系，SCOP数据库的构建除了使用计算机程序外，主要依赖于人工验证。由于蛋白质结构种类繁多，大小不一，有的只有一个结构域，有的则由许多结构域组成，构建结构分类数据库是一项十分复杂的工作。

SCOP 数据库从不同层次对蛋白质结构进行分类，以反映它们结构和进化的相关性。SCOP 数据库分类基于若干层次：家族，描述相近的进化关系；超家族，描述远源的进化关系；折叠子，描述空间几何结构的关系；折叠类型，所有折叠子被归于全 α、全 β、α/β、α+β 和多结构域等几个大类。SCOP 还提供一个非冗余的 ASTRAL 序列库，这个库通常被用来评估各种序列比对算法。SCOP 数据库的网址为 http://scop.mrc-lmb.cam.ac.uk/scop/。

3）CATH 数据库

CATH 数据库是另一个著名的蛋白质结构分类数据库，它通过 PDB 数据库中不同记录的含义，从类型、构架、拓扑结构和同源性 4 个水平对蛋白质进行分类，CATH 数据库由英国伦敦大学开发和维护。与 SCOP 数据库相类似，CATH 数据库的构建既使用计算机程序，也进行人工检查。CATH 数据库第一个层次的分类基础是蛋白质结构域。与 SCOP 不同的是，CATH 把蛋白质分为 4 类，即 a 主类、b 主类，a-b 类（a/b 型和 a+b 型）和低二级结构类。低二级结构类是指二级结构成分含量很低的蛋白质分子。CATH 数据库的第二个层次分类依据为由 α 螺旋和 β 折叠形成的超二级结构排列方式，而不考虑它们之间的连接关系。形象地来说，就是蛋白质分子的构架，如同建筑物的立柱、横梁等主要部件，这一层次的分类主要依靠人工方法。第三个层次为拓扑结构，即二级结构的形状和二级结构间的联系。第四个层次为结构的同源性，它是先通过序列比较，然后再用结构比较来确定的。CATH 数据库的最后一个层次为序列层次，在这一层次上，只要结构域中的序列同源性大于 35%，被认为具有高度的结构和功能的相似性。对于较大的结构域，则至少要有 60% 与小的结构域相同。CATH 数据库的网址为 http://www.cathdb.info/。

4）COG 数据库

COG 数据库是蛋白质直系同源簇数据库，是根据系统进化关系分类构建而成的。目前，COG 数据库拥有 66 个物种完整基因组的 138 458 个蛋白质序列，并归类到 4873COG。利用 COGNITOR 程序，可以把某个蛋白质与所有 COG 中的蛋白质进行比对，并把它归入适当的 COG 簇。COG 数据库对于预测单个蛋白质的功能和整个新基因组中蛋白质的功能都很有用。COG 库提供了对 COG 分类数据的检索和查询、基于 Web 的 COGNITOR 服务、系统进化模式的查询服务等。COG 数据库的网址为 http://www.ncbi.nlm.nih.gov/COG/。

5）DSSP 数据库

DSSP 数据库是蛋白质二级结构构象参数数据库。由蛋白质结构数据库 PDB 主要存放的原子坐标，可以确定蛋白质三级结构。设计相关程序，从 PDB 数据库中的蛋白质三维结构可以推导出对应的二级结构构象参数。DSSP 数据库就是根据 PDB 中蛋白质的原子坐标，计算每个氨基酸残基的二级结构构象参数，包括氢键、主链和侧链二面角、二级结构类型等。DSSP 数据库蛋白质的二级结构分为 7 种，用字母表示如下：H 代表 α 螺旋，E 代表 β 折叠，G 和 I 分别代表 3 螺旋和 π 螺旋，B 代表孤立的 β 桥，T 代表氢键转折，S 代表弯曲。除了二级结构以外，DSSP 还包括蛋白质的几何特征及溶剂可及表面。DSSP 数据库的网址为 http://swift.cmbi.ru.nl/gv/dssp/。

6）HSSP 数据库

HSSP 数据库是一个蛋白质同源序列比对数据库，也是一个二级数据库。对于 PDB 中的每一个蛋白质，HSSP 数据库将与其同源的所有蛋白质序列进行比对，从而将相似序列的蛋白质聚集成结构同源的家族。如果家族成员中有一个已知三维结构，则可以推测家族其他成员的三维结构、二级结构或折叠。所以，HSSP 不仅是蛋白质家族序列比对数据库，同时该数据库隐含了二级结构和空间结构信息。HSSP 数据库有助于分析蛋白质的保守区域，确定有意义的序列模式，研究蛋白质的进化关系和蛋白质的折叠，也有助于蛋白质的分子设计。HSSP 数据库的网址为 http://swift.cmbi.ru.nl/gv/hssp/。

7）FSSP 数据库

FSSP 数据库是蛋白质家族数据库，它将 PDB 数据库现有三维结构的蛋白质通过序列和结构比对进行分类，自动结构比对程序 Dali 逐一比较而形成的折叠单元和家族分类库。FSSP 数据库的网址为 http://www.ebi.ac.uk/dali/。

由于分子生物学不断发展，各种新技术被广泛地应用于分子生物学，推动了分子生物学不断发展，各种分子生物大分子数据不断涌现。本节仅介绍其中很少部分，若想了解更多数据库相关信息，可以在网络上查询或阅读相关书籍。

10.3 序列比对和序列搜索技术

在自然界中，生物是在遗传、变异、生存斗争和自然选择过程中，由原始生物向高等生物进化。自然界是保守的，新的功能是通过遗传物质在长期进化的过程中不断被修改而获得的。某一物种的所有遗传信息都存储在基因组中。自从 20 世纪 70 年代以来，DNA 测序技术飞速发展。随着大规模基因组测序计划的实施，生物大分子序列数据量急剧增长，这使得在序列水平分析基因和蛋白质成为可能。序列之间相似性的检测允许将一个序列信息合理地转移到另一个相似序列。对基因和蛋白质序列进行比较时，分析序列相同点和不同点，可以推测它们的结构、功能在进化上的联系，最常用的序列比较方法是序列比对。

在描述序列比对时，通常使用几个不同的术语：序列相同、序列相似性和序列同源性。序列相同是指两个比对的序列在相同的位置具有完全相同的核酸或氨基酸。序列相似性是对可能的代替发生的概率进行统计分析时，才是有意义的。在蛋白质序列中，具有相似化学性质的氨基酸与性质不相似的氨基酸相比，更容易互相替换。序列同源性是描述序列之间在进化上的相关性的术语。在比对两个序列时，通常所说的序列同源性的百分比，实际上是对序列中相同与相似位点的描述。而序列的同源性是序列之间进化上的同源性，如果两序列都来源于同一个共同的祖先，那么这两个序列被称为具有同源性。术语相似性和同源性在描述序列时经常相互替换，但是严格地讲，它们的含义是不同的。相似性指的是两个序列存在相同和相似位点，而同源性强烈提示两序列具有相同祖先。

随着生物大分子序列数据快速增长，鉴别和定位基因、确定蛋白质结构与功能的速度已经远远落后于序列数量增长的速度。因此，从序列信息直接推断生物大分子的结构和功能是十分必要的。与非编码区相比，由于功能的要求基因序列具有保守性。许多蛋白质是从同一祖先经过进化形成的，这些蛋白质的序列是同源序列。在同源序列中，将不同种属中具有相同功能的蛋白质称直系同源物；某一个体中既有一定关系却又不相同的蛋白质称并系同源物。对于未知结构的基因和蛋白质，与数据库中已知结构的序列相比较，若找到相似结构的序列，由于结构和功能类似的基因或蛋白质其序列具有相似性，就可推断出未知序列的结构或功能。序列比对是确定生物大分子结构与功能的主要手段之一。

10.3.1　序列比对基础

DNA 序列由 4 种碱基组成，蛋白质序列由 20 种氨基酸组成。碱基和氨基酸可以用相应的字符表示，DNA 和蛋白质序列可以用字符串表示。表示一种生物大分子的字符的集合，称为字符表。DNA 序列由 4 种碱基组成，即腺嘌呤、鸟嘌呤、胞嘧啶，胸腺嘧啶，分别用 4 个字母 A、G、C、T 表示，其字符表为 {A，G，C，T}，RNA 的字符表为 {A，G，C，U}。蛋白质序列由 20 种氨基酸组成，每种氨基酸用单字母表示，蛋白质的字母表是 {A，C，D，E，F，G，H，I，K，L，M，N，P，Q，R，S，T，V，W，Y}。由于测定氨基酸有不确定性，分别用 B 表示是 D 或 N；用 Z 表示是 E 或 Q，用 X 表示可能是 20 种氨基酸的任意一种。在分析生物大分子序列时，有时需要考虑两个序列之间整体相似性，称为全局比对；有时要分析一些功能位点具有的保守性，在序列比对过程中要考虑序列中特定的片段之间的相似性，即局域比对。序列中的子序列用字符串表示，称为子字符串。比较两个序列相似性时，查找最长共同子序列可以发现相同片段。

莱温斯特（V. I. Levenshtein）在 1966 年引入称编辑距离，可以用于比较字符串的相似程度。编辑距离就是用来计算从一个字符串转换到另一个字符串所需要的最少的插入、删除和替换的数目。序列之间的编辑距离也就是序列之间的差异等价于序列之间的相似性；编辑距离问题等价于最长共同子序列问题。在生物进化过程，同源蛋白由于变异的积累形成不同序列，点变异包括替换、插入和删除。两序列比对时，往往要插入空位，可以获得总体上更好的相似性。在设计序列比对算法时，如何找到保守区域，同时忽略具有低相似区域使序列比对具有更高的打分是非常重要的。动态规划寻优算法解决了这一问题。动态规划的思想是：一条路径终止于最佳路径上一点，那么这条路径就是起点到该点的最佳路径。最佳路径是由各个最佳的次路径连接而成的。

由于生物大分子数据急速增长，虽然利用动态规划算法可以获得序列间最佳匹配，但数据搜索速度太慢。一种折中方案是采用启发式算法，在实现了快速搜索的同时不能保证总找到最佳解决方案，但可以在相对短的时间内找到好的解决方案。许多快速数据搜索都采用过滤方法，先在序列中快速搜索相同或高相似性的片段，作为进一步分析的种子，再进行第二轮序列比对。目前，分子生物学的主流数据库搜索工具，如 BLAST 和 FASTA 都采用了这种过滤方法。

10.3.2 打分矩阵

获得两条序列之间理想的比对并不简单，显然从数以千计的选择中查找出最佳比对的自动化方法是正确的途径，但是为了使此方法稳定并具有生物学意义，还需要考虑几个问题：序列比对是如何计分的？什么是数据的最佳计分？序列中是否可以插入空位，使其他位置的匹配变得容易？如果可以在序列中插入空位，它们将如何计分？如果给定正确的计分参数，对于查找两个序列的最佳的比对，最好的算法是什么？所有序列比对算法都依赖于打分方案。

1. 点阵图

点阵图是两序列比对的基本方法。图示方法表示，可以揭示拥有局部相似性的复杂关系。图 10.1 使用点阵图对两个蛋白质序列进行比对。两个蛋白质序列分别是 s＝MTFRDLLSVSFEGPRPDSSAGGSSAGG 和 t＝MTFRDLLSVSFEGPRPDSSAGG，其基本思想是将两个序列分别作为二维坐标系的两个轴，将序列 s 的残基沿 x 轴排列，将序列 t 的残基沿 y 轴排列。如果某一点所对应的两条序列的残基相同，该位置用点标记。

点阵图中两条完全相同的序列被表示成一条连续的对角线，两条不完全相同却具有一定相似性的序列在点阵图上被表示为一些间断的对角线。相似性程度较低的序列表现为离散的点。为了突出相似序列信号，可以采用滑动窗口技术消除散点的噪声。

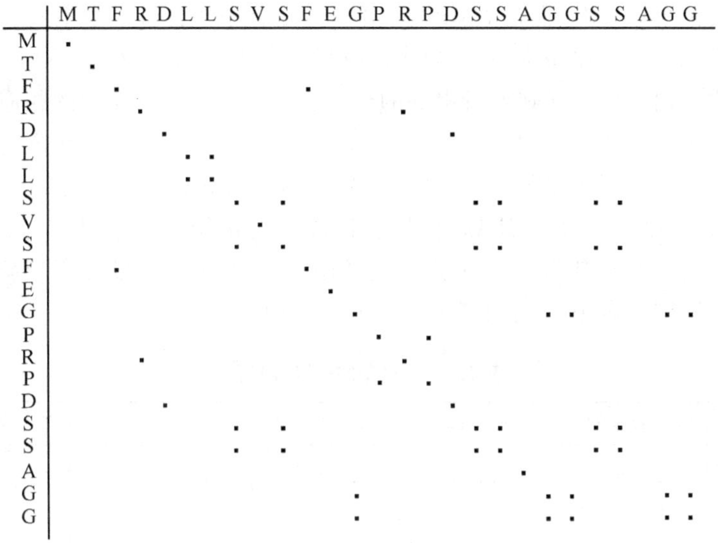

图 10.1 序列比对的点阵图

2. 打分标准

1）基于一致性基础上的打分标准

在两个序列比对过程中，对应的核酸或氨基酸残基相同，记为 1；不相同记为 0。这种只考虑一致性的矩阵理解为 1 和 0 构成的打分矩阵。序列比对的点阵图方法实际上采用了这种最简单的打分方案。

2）基于化学相似性的打分标准

根据氨基酸的化学和结构特征可将其分成不同的类别，如氨基酸的极性、电荷、大小等。这种矩阵在很大程度上能识别氨基酸水平的变异。一般来讲，不同的变异对突变氨基酸产生的影响不同，但是在自然情况下发生的变异并不能通过简单的打分情况获得解释，进化过程中一些变异仍未得到合理的解释。

3）基于可观测的突变的打分标准

这种打分方案是建立在观察所比较的序列中突变频率的基础上的。这种方法克服了主观因素的影响，建立在自然情况下发生突变的基础上。该打分方案更能代表自然进程。但该方案也有其缺点，在对原始序列进行比对时，往往会出现人为地改变突变发生的频率。常用的打分矩阵有两类：PAM 矩阵和 BLOSUM 矩阵。

3. 打分矩阵

在 20 世纪 70 年代后期，戴霍夫（M. O. Dayhoff）等引入 PAM（point accepted mutation）概念：取一个蛋白质序列中的氨基酸变异 1%作为进化距离单位，称之为 1 个 PAM，但是 100PAM 并不意味着序列变得完全不同，因为有些变异是互相抵消的。戴霍夫（M. O. Dayhoff）等用手工比较了当时数目有限的同源蛋白质序列，取实际观察所得到的代换概率与随机背景序列的相应概率比值的对数，用统计方法得到对应 1PAM 的数据，将 1 个 PAM 进化距离的概率矩阵多次自乘，可以得到进化距离较远的 PAM 矩阵，分别用于较低相似性和具有较远进化关系的序列。实际计算时针对不同的进化距离，使用从 PAM100 到 PAM500 不等的打分矩阵。亲缘关系近者用 PAM100 到 PAM150，亲缘关系远者用更高的矩阵。表 10.2 给出常用的 PAM250 矩阵。

表 10.2　PAM250 打分矩阵

	A	R	N	D	C	Q	E	G	H	I	L	K	M	F	P	S	T	W	Y	V
A	2																			
R	−2	6																		
N	0	0	2																	
D	0	−1	2	4																
C	−2	−4	−4	−5	12															
Q	0	1	1	2	−5	4														
E	0	−1	1	3	−5	2	4													
G	1	−3	0	1	−3	−1	0	5												
H	−1	2	2	1	−3	3	1	−2	6											
I	−1	−2	−2	−2	−2	−2	−2	−3	−2	5										
L	−2	−3	−3	−4	−6	−2	−3	−4	−2	2	6									
K	−1	3	1	0	−5	1	0	−2	0	−2	−3	5								
M	−1	0	−2	−3	−5	−1	−2	−3	−2	2	4	0	6							
F	−3	−4	−3	−6	−4	−5	−5	−5	−2	1	2	−5	0	9						
P	1	0	0	−1	−3	0	−1	0	0	−2	−3	−1	−2	−5	6					
S	1	0	1	0	0	−1	0	1	−1	−1	−3	0	−2	−3	1	2				
T	1	−1	0	0	−2	−1	0	0	−1	0	−2	0	−1	−3	0	1	3			
W	−6	2	−4	−7	−8	−5	−7	−7	−3	−5	−2	−3	−4	0	−6	−2	−5	17		
Y	−3	−4	−2	−4	0	−4	−4	−5	0	−1	−1	−4	−2	7	−5	−3	−3	0	10	
V	0	−2	−2	−2	−2	−2	−2	−1	−2	4	2	−2	2	−1	−1	−1	0	−6	−2	4

PAM 矩阵的主要缺点是：它假定密切相关的序列之间与关系不是那么密切的序列之间的选择压力是相同的，但事实并不总是这样。PAM 数据库的产生基于相似性较高（通常为 85%以上）的序列比对，那些进化距离较远的矩阵是从初始模型中推算出来而不是直接计算得到的，而序列分析的关键是检测进化距离较远的序列之间是否具有同源性，因此 PAM 矩阵的准确率受到一定的限制。

为了克服上述弊端，赫尼科夫（S. Henikoff）及其同事从蛋白质模块数据库

BLOCK 中找出一组替换矩阵，用于解决序列相似性不是很高的序列比对。BLOSUM 矩阵来源于 Blocks 数据库——一个没有空位的家族相关蛋白的序列区域的比对集。聚类方法是将每一块中的序列分类为密切相关的组，在一个家族内的序列之间替代的距离来源于有意义替代的概率。对高于或等于 80%相同残基的序列组成序列模块可用于产生 BLOSUM80 矩阵（BLOck SUbstitution Matrix），对高于或等于 62%相同残基的序列组成序列模块可用于产生 BLOSUM62 矩阵。允许多样性序列包括进入每一个类的数目越多，分解值越低，代表进化时间越长，因此，低的分界值矩阵对于寻找较远的亲缘关系是合适的。BLOSUM62 对于没有空位的序列比对是标准的矩阵，而当产生具有空位的序列比对时，BLOSUM50 使用得更普遍。表 10.3 给出常用的 BLOSUM62 矩阵。

表 10.3　BLOSUM62 打分矩阵

	A	R	N	D	C	Q	E	G	H	I	L	K	M	F	P	S	T	W	Y	V
A	4																			
R	−1	5																		
N	−2	0	6																	
D	−2	−2	1	6																
C	0	−3	−3	−3	9															
Q	−1	1	0	0	−3	5														
E	−1	0	0	2	−4	2	5													
G	0	−2	0	−1	−3	−2	−2	6												
H	−2	0	1	−1	−3	0	0	−2	8											
I	−1	−3	−3	−3	−1	−3	−3	−4	−3	4										
L	−1	−2	−3	−4	−1	−2	−3	−4	−3	2	4									
K	−1	2	0	−1	−3	1	1	−2	−1	−3	−2	5								
M	−1	−1	−2	−3	−1	0	−2	−3	−2	1	2	−1	5							
F	−2	−3	−3	−3	−2	−3	−3	−3	−1	0	0	−3	0	6						
P	−1	−2	−2	−1	−3	−1	−1	−2	−2	−3	−3	−1	−2	−4	7					
S	1	−1	1	0	−1	0	0	0	−1	−2	−2	0	−1	−2	−1	4				
T	0	−1	0	−1	−1	−1	−1	−2	−2	−1	−1	−1	−1	−2	−1	1	5			
W	−3	−3	−4	−4	−2	−2	−3	−2	−2	−3	−2	−3	−1	1	−4	−3	−2	11		
Y	−2	−2	−2	−3	−2	−1	−2	−3	2	−1	−1	−2	−1	3	−3	−2	−2	2	7	
V	0	−3	−3	−3	−1	−2	−2	−3	−3	3	1	−2	1	−1	−2	−2	0	−3	−1	4

PAM 系列打分矩阵一般适合整体相似性的搜索，而 BLOSUM 系列打分矩阵能较好地寻找局部相似性序列。两者各有优缺点，现行的办法是合并使用两种方法，使其优势互补。

序列比对的数学模型一般用来描述两个序列中每一个字符串之间匹配的情

况。序列比对实际上是根据特定的数学模型找出两个序列之间的最大匹配残基数。DNA 序列改变不仅可以由点突变造成，也可以由碱基的插入和删除引起。因此，将空位引入一个或两个要排序的序列以产生序列之间有意义的比对是必要的。大多数算法使用空位罚分来代表在序列比对中开放一个空位的有效性。改变比对的某些参数可以得到不同的比对结果。适当地调节参数，会减少空位数目，得到较好的结果。对于两个序列的比对，选择特定打分矩阵，考虑空位罚分，最后给出最佳比对的总打分。

10.3.3 基于双序列比对的数据库搜索

数据库搜索实际上是一个待检测序列与整个数据库中所有序列逐个进行两序列比对，是双序列比对最广泛的应用。数据库搜索程序的运行速度与待检测序列长度和数据库大小密切相关。无论是整体比对算法还是局部比对算法，对数量不太大的数据库搜索的时间还是可接受的，但对于大规模数据库的搜索，是非常耗时的。用于局部比对的 Smith-Waterman 算法已经在一些专用计算机系统上实现。但这些系统造价相当高，并且随着计算机硬件的迅速发展和更新而被淘汰。显然，运行速度无疑是数据库搜索程序需要考虑的一个问题。FASTA 和 BLAST 程序是目前最常用的基于局部相似性数据库搜索程序，这两个搜索工具都基于查找完全匹配的最小序列片段，并将它们延伸得到较长的相似性匹配。它们的优势在于运行速度较快，可以在普通计算机上运行。

FASTA 算法是由李普曼（D. J. Lipman）和皮尔森（W. R. Pearson）于 1985 年发表的。这种方法先以较快方式查找到一些感兴趣的区域，然后再以 Smith-Waterman 算法应用到这些区域中。这样，运算速度就比 Smith-Waterman 算法快，而且在很多情况下，精细度也不差。BLAST 是基本局部比对搜索工具（Basic Local Alignment Search Tool）的缩写，由阿特休尔（S. F. Altschul）等于 1990 年提出。他的最初版本完全没有考虑间隔，所以在计算上比其他算法快许多。BLAST 程序试图在增加对相似性较低的序列搜索的敏感性基础上尽量增加搜索速度，这使得程序能在最短时间内发现其同源性最高的序列。BLAST 使用局部比对的启发式算法。启发式算法在比对算法不可能找到最好的解决方案时，在相对短的时间里找到一种较好的解决方案的方法。该法牺牲了一定的精确度，但提高了效率，他的计算速度使得其在生物序列数据库的搜索上有很大的优势。新版本的 BLAST 考虑到间隔，并针对精细度低的问题作了很大的改进，且在计算速度上仍然维持相当的优势。BLAST 是目前最受欢迎的序列分析工具。

NCBI 提供了基于 Web 的 BLAST 服务。基本 BLAST 包含 5 个搜索工具。

1）核酸的 BLAST

该搜索工具用于核酸序列到核酸数据库中进行搜索，包括三个搜索程序：

BLASTn、MEGABLAST 和 Discontiguous MEGABLAST。BLASTn 是一种标准的搜索，用于待检测核酸序列对核酸数据库的检索，适用于寻找分数较高的匹配。MegaBLAST 是针对核酸序列的快速检索工具。该程序使用“Greedy 算法”加快了比较速度，可以用于快速比较两组大规模核酸序列。Discontiguous megablast 与 Megablast 不同的是，它主要用来比较来自不同物种之间的相似性较低的分歧序列。

2）蛋白质 BLAST

该搜索工具用于蛋白质序列到蛋白质序列数据库中搜索，包括三个搜索程序：BLASTp、PSI-BLAST 和 PHI-BLAST。BLASTp 是一种标准的搜索，用于待检测蛋白质序列对蛋白质序列数据库的搜索。PSI-BLAST 是位点特异迭代 BLAST，用于待查询蛋白质对蛋白质数据库搜索的另一个程序。PSI-BLAST 先用一个简单查询序列的一个标准的数据库搜索，在这个初始的搜索结果中，一个 profile 从高度显著的比对中获得，每次用 profile 搜索数据库后再利用搜索的结果重新构建 profile，然后用新的 profile 再次搜索数据库，如此反复直至没有新的结果产生为止。PHI-BLAST 以常规的表达模型为特别位置进行 PSI - BLAST 检索，找出和待查询序列具有一样的表达模型且具有同源性的蛋白质序列。

3）翻译 BLAST

BLASTx 是核酸序列对蛋白质数据库的检索工具。BLASTx 程序先将待查询的核酸序列按 6 种可读框翻译成蛋白质序列，然后将翻译出的蛋白质序列与 NCBI 蛋白质序列数据库比较。

4）tBLASTn

tBLASTn 是蛋白质序列对翻译数据库的检索工具。先将核酸序列数据库中的核酸序列按 6 种可读框翻译成蛋白质序列，然后将待查询的蛋白质序列与翻译结果进行比较。

5）tBLASTx

tBLASTx 是核酸序列对翻译数据库的检索工具。先将待查询的核酸序列和核酸序列数据库中的核酸序列按 6 种可读框翻译成蛋白质序列，然后再将两种翻译结果在蛋白质水平上进行比较。

此外，NCBI 提供基于 Web 的专用 BLAST 服务，详见网站 http://blast.ncbi.nlm.nih.gov/。

10.3.4　多重序列比对分析

多重序列比对就是把两条以上可能有系统进化关系的序列进行比对的方法。现有的大多数算法都基于渐进比对的思想，在序列两两比对的基础上逐步优化多序列比对的结果。多序列比对分析结果携带更多的信息，是生物学家解决综合性问题的一种重要手段。多重序列的分析一直是生物信息学上重要的课题。比较两个长度皆为 n 的序列所需要的时间（也就是动态规划局阵点）和 n 的平方成正比；而比较 k 个长度皆为 n 的序列所需的时间则和 n 的 k 次方成正比。

随着 DNA 和蛋白质数据的指数增长，即使使用很简单的计分函数也很难找到一种在有效时间内的解决方法，而几乎所有的近似算法和许多启发式算法，实际上都是在算法的计算速度和获得最佳比对结果敏感性之间找一种权衡策略。

多序列比对分析在计算方法上大致有两种不同的方法：一种是李普曼（D. J. Lipman）等提出的 rigorous 算法，他们同时比较多个序列，但试图去降低计算时所用的动态规划局阵点，采用这种方法比较 10 个长度为 200 的序列不会有太大问题；另一种是冯（D. F. Feng）和杜立特（R. Doolittle）所采用的 Feng-Doolittle 算法，该算法根据序列远近程度的进化树来做序列比对，一旦间隔在某个比较中出现，它就会被保留到最后，这种方法用来比较相近的序列运行得很好。

目前，使用最广泛的多序列比对程序是 CLUSTALW（PC 版本是 CLUSTALX）。CLUSTALW 是一种渐进的比对方法，先将多个序列两两比对构建距离矩阵，反应两两序列之间关系；然后根据距离矩阵计算产生系统进化指导树，对关系密切的序列进行加权；再从最紧密的两条序列开始，逐步引入邻近的序列并不断重新构建比对，直到所有序列都被加入为止。CLUSTALW 的程序可以自由使用，在 NCBI 的 FTP 服务器上可以找到下载的软件包。

10.4 序列分析

核酸是生命的遗传物质，是遗传信息的载体，蕴藏生命现象的全部信息。蛋白质是生命活动的功能执行者。现代生物技术以令人瞩目的速度快速发展，大量基因组和蛋白质序列已被测定。核酸和蛋白质序列分析是生物信息学重要的研究方向。DNA 序列分析的内容主要有 DNA 碱基组成、密码子的偏向、功能位点、编码区分析。蛋白质序列分析的内容包括蛋白质的结构、疏水性、功能位点、跨膜结构和细胞位置。目前，序列分析主要采用两种策略：基于数据库检索、序列比对方法和基于序列信息从头计算方法。本节主要介绍基于序列信息进行分析的一些算法。

10.4.1 DNA 序列分析

1. 密码子使用

基因由连续的密码子构成，61 种密码子编码 20 种氨基酸。多个密码子编码同一个氨基酸的现象称为简并。有 2 种氨基酸只使用 1 个密码子，9 种氨基酸使用 2 个密码子，1 种氨基酸使用 3 个密码子，5 种氨基酸使用 4 个密码子，3 种氨基酸使用 6 个密码子。不同生物基因在密码子使用上有很大差异，而且同义密码子使用也不均衡，这现象称为密码子偏好性（codon bias）。随着大量基因组序列被测定，许多学者在基因表达、分子进化、翻译调控、基因功能、基因水平转移等方面对密码子使用做了深入研究，并提出了特征参量，分析密码子深一层的含义，如相对同义密码子使用（RSCU）、密码子适应指数（CAI）、密码子偏好参数（CPP）、有效密码子数（ENC）、最优密码子使用频率（FOP）、密码子偏爱指数（CBI）。许多网站提供密码子使用分析软件，并提供网络服务。EMBOSS 是由欧洲多个学术单位共同开发的基于 GPL 协议、开放源代码的序列分析软件包，可以通过网络免费下载。

作为利用网络软件服务分析密码子使用例子，可以登录网站 http://www.kazusa.or.jp/codon/，可以选择感兴趣的物种，分析其密码子使用情况。表 10.4 列出大肠杆菌（*Escherichia coli*）CFT073 的 5379 蛋白质编码序列的密码子使用。

表 10.4 密码子使用

Escherichia coli CFT073 [gbbct]：5379 CDS's (1581056 codons)

fields：[triplet] [frequency：per thousand] ([number])

UUU 23.2 (36738)	UCU 8.7 (13723)	UAU 16.5 (26077)	UGU 5.5 (8732)
UUC 16.9 (26655)	UCC 8.9 (14004)	UAC 12.1 (19204)	UGC 6.9 (10920)
UUA 13.9 (22000)	UCA 7.8 (12367)	UAA 2.0 (3217)	UGA 1.1 (1739)
UUG 14.0 (22187)	UCG 8.7 (13729)	UAG 0.3 (426)	UGG 15.2 (23955)
CUU 11.7 (18499)	CCU 7.3 (11563)	CAU 13.6 (21480)	CGU 20.3 (32051)
CUC 11.0 (17321)	CCC 5.8 (9154)	CAC 9.8 (15490)	CGC 21.0 (33132)
CUA 4.0 (6256)	CCA 8.5 (13508)	CAA 15.0 (23778)	CGA 3.9 (6132)
CUG 50.9 (80431)	CCG 21.8 (34497)	CAG 29.5 (46720)	CGG 6.3 (9988)
AUU 29.8 (47046)	ACU 9.1 (14447)	AAU 18.6 (29426)	AGU 9.5 (14953)
AUC 24.2 (38317)	ACC 22.8 (35978)	AAC 21.4 (33762)	AGC 16.0 (25265)
AUA 5.4 (8607)	ACA 8.2 (12981)	AAA 33.2 (52512)	AGA 2.9 (4660)
AUG 27.0 (42762)	ACG 14.8 (23419)	AAG 10.7 (16855)	AGG 1.9 (3041)
GUU 18.5 (29188)	GCU 15.6 (24683)	GAU 32.1 (50786)	GGU 24.4 (38610)
GUC 15.1 (23896)	GCC 25.1 (39754)	GAC 18.6 (29331)	GGC 27.9 (44073)
GUA 11.1 (17622)	GCA 20.6 (32557)	GAA 38.2 (60419)	GGA 9.0 (14209)
GUG 25.5 (40384)	GCG 31.7 (50057)	GAG 17.7 (27971)	GGG 11.3 (17812)

Coding GC 51.39% 1st letter GC 58.27% 2nd letter GC 40.84% 3rd letter GC 55.06%

注：表中列出所统计的密码子数目、蛋白质编码序列 GC 含量，以及不同密码子位置 GC 含量。

2. 基因预测

随着大规模基因组测序计划的实施，大量 DNA 序列已被测定。在这些序列中识别基因是生物信息学重要的研究课题。一般来讲，基因识别是指蛋白质编码基因的识别。由于原核生物和真核生物基因结构的差异，基因识别的方法也不同。

原核生物基因是连续的 DNA 片段，具有可读框结构（ORF），即从起始密码子到终止密码子之间的序列长度是 3 的倍数。因此，原核生物基因的识别也称为 ORF 基因识别。ORF 基因识别有两种方案：蛋白质编码区识别和基因翻译起始位点识别。现在广泛使用的原核生物基因识别软件，如 GeneMark、Glimmer 和 ZCURVE 等，利用蛋白质编码序列信息识别 ORF 基因。此类软件通常能获得很高识别率，但对基因起始点的预测精度不太理想。与原核生物基因相比较，真核生物基因具有复杂的结构。绝大多数真核生物基因是撕裂基因，即蛋白质编码序列之间被插入非编码片段。编码片段称为外显子，非编码片段称为内含子。真核生物基因的识别包含第一外显子、内部外显子、最后外显子和单外显子基因（连续 DNA 片段）的识别。下面分别介绍一些广泛使用的基因识别算法。

1）原核生物基因识别算法

ZCURVE 算法是天津大学生物信息学中心张春霆教授基于 Z 曲线技术开发的基因识别软件，将 Z 曲线三个分量分别应用于密码子一、二、三可读框，构成 9 个特征参量，利用 Fisher 判别算法对原核生物基因进行预测，获得很好的识别精度。表 10.5 列出具有不同 GC 含量微生物基因识别结果。ZCURVE 提供网络服务（http://tubic.tju.edu.cn/Zcurve_B/）。

表 10.5 原核生物基因识别

物 种	GC 含量/%	注释基因数目	预测基因数目
Ureaplasma urealyticum	25.50	611	609（99.67%）
Buchnera sp. APS	26.31	564	563（99.82%）
Methanococcus jannaschii	31.43	1715	1709（99.65%）
Mycoplasma genitalium G37	31.69	480	475（98.96%）
Thermoplasma volcanium	39.92	1499	1478（98.60%）
Chlamydia muridarum	40.31	909	883（97.14%）
Bacillus subtilis	43.52	4100	4036（98.44%）
Escherichia coli K12	50.79	4289	4210（98.16%）
Mesorhizobium loti	62.75	6752	6575（97.38%）
Streptomyces coelicolor A3（2）	72.12	7512	7269（96.77%）

GeneMark 是美国佐治亚理工学院博罗多夫斯基（M. Borodovsky）等开发的基因识别软件。GeneMark 的最初版本是利用五阶马尔可夫模型预测蛋白质编码序列，后来采用隐马尔可夫模型进行基因识别。目前，该基因识别软件已经发展成为系列基因识别软件。NCBI 公布的原核生物基因组序列中，包含 GeneMark 的注释文件。GeneMark 提供网络服务，其网址是：http://exon. gatech. edu/。

GLIMMER 是另一个被广泛使用的原核生物基因识别软件，是由萨尔兹伯格（S. Salzberg）等开发的，该算法采用可变阶次的插入马尔可夫模型进行基因识别。NCBI 公布的原核生物基因组序列中，包含 Glimmer 的注释文件。Glimmer 提供网络服务，其网址是：http://www. ncbi. nlm. nih. gov/genomes/MICROBES/glimmer_3. cgi。

2）原核生物基因翻译起始点识别算法

原核生物基因具有多顺反子结构，即一个 mRNA 分子包含多个基因。当转录开始时，核糖体与 mRNA 分子结合开始蛋白质合成的过程，核糖体与 mRNA 结合位点是起始密码子上游一段高嘌呤区，称 SD 序列（shine-dalgarno sequence)。原核基因起始密码子可以是 ATG、GTG、TTG 或 CTG。以往在判断 ORF 基因起始点时，经常采用最长 ORF 准则，然而对比大肠杆菌 195 个由实验确定的基因发现，只有 68.2%的基因满足最长 ORF 准则，因此，识别基因翻译起始点对确定完整蛋白质和蛋白质的细胞位置等都具有非常重要的意义。

GS-Finder 是天津大学生物信息学中心开发的原核生物基因识别软件，利用 Z 曲线技术，结合基因翻译起始点附近保守序列，提取 6 个特征参量，应用 Fisher 判别算法对原核生物基因翻译起始点进行识别，获得很高的识别率。表 10.6 列出利用 GS-Finder 对不同实验确定的大肠杆菌、枯草芽孢杆菌和蓝细菌基因翻译起始点的预测结果。GS-Finder 提供网络服务（http://tubic. tju. edu. cn/GS-Finder/），其程序可以免费下载。

表 10.6 原核生物基因翻译起始点识别

物 种	实验确定基因	最大 ORF 正确率/%	GS-Finder 预测
E. coli	195	68.2	92.3
	838	62.9	91.1
B. subtilis	58	74.1	96.6
	123	55.7	83.7
	72	56.9	90.3
	51	54.9	92.2
Synechocystis	140	77.9	82.1

2008 年北京大学学者构建了原核生物基因翻译起始点数据库，并开发了识别原核生物基因翻译起始点的软件 TriTISA。该软件程序可以通过网址 http://

mech. ctb. pku. edu. cn/protisa/TriTISA 下载。数据库可以通过网址 http://mech. ctb. pku. edu. cn/protisa/访问。该数据库收录了 676 种细菌和 52 种古细菌超过 7 万个翻译起始点数据，分别经过文献、实验确定蛋白质和序列比对确定。

3）真核生物基因识别算法

真核生物基因识别可追溯到 20 世纪 80 年代，按其发展过程可划分四个阶段：蛋白质编码序列识别、功能位点识别、外显子识别和全基因识别。经过近 30 年的发展，国内外学者提出了许多算法，但真核生物基因识别问题并未完全解决。这里仅介绍两种算法：MZEF 和 GenScan。

MZEF 是 M. Q. Zhang 提出的内部外显子识别算法，通过分析多外显子基因结构特征，用 9 个参量分别描述剪接点、分支点、外显子长度和编码序列信息，利用二次判别算法，可以很好地识别真核生物基因的内部外显子。表 10.7 给出了对包含 570 个脊椎动物基因的检验真核基因识别算法的标准数据库的预测结果，并与 GRAIL2 和 FGENEH 算法识别结果进行了比较，其中 Sn 和 Sp 分别表示敏感度和特异度。MZEF 软件提供网络服务，其网址为 http://rulai. cshl. edu/tools/genefinder/。

表 10.7　内部外显子识别

算　法	核酸水平		外显子水平		相关系数
	sn	sp	SN	SP	
GRAIL2	0.53	0.60	0.79	0.92	0.83
FGENEH	0.73	0.78	0.83	0.93	0.85
MZEF	0.78	0.86	0.87	0.95	0.89

GenScan 是目前最优秀的基因识别软件之一，是由美国麻省理工大学的伯奇（C. Burge）和卡林（S. Karlin）于 1997 年开发的脊椎动物基因预测软件。GenScan 所采用的算法是半马尔可夫模型，预测精度依赖于所采用的训练集数据，GenScan 主要用于完整基因的预测，包括启动子、外显子、内含子、剪接位点和多聚腺苷酸信号位点的预测。目前 GenScan 还开发了适用于果蝇、拟南芥、玉米的专用版本。表 10.8 列出 GenScan 预测果蝇、玉米和拟南芥基因的结果。GenScan 软件提供网络服务（http://genes. mit. edu/GENSCAN. html）。

表 10.8　GenScan 预测果蝇、拟南芥和玉米基因

物种	序列	Accuracy/bp				Accuracy（exon）			
		Sn	Sp	AC	CC	Sn	Sp	ME	WE
果蝇	202	0.96	0.92	0.89	0.90	0.68	0.68	0.11	0.10
玉米	42	0.94	0.93	0.90	0.90	0.67	0.71	0.09	0.08
拟南芥	120	0.81	0.93	0.78	0.84	0.57	0.72	0.25	0.04

3. 微生物基因组复制起始点预测

生命的遗传实际上是染色体自我复制的结果。在细胞分裂时，通过 DNA 准确地自我复制，亲代细胞所含的遗传信息传送到子代细胞。DNA 在复制过程是双向、半保留、半不连续复制。细菌的基因组是环状，有一个复制起始点；古细菌基因组是线状或环状，可以有多个复制起始点。在基因组水平分析复制起始点特性，发现复制起始点两侧碱基含量、基因密度、密码子使用都有较大差异。此外，复制起始点附近往往有特定基因。利用这些性质可以对微生物基因组复制起始点预测。天津大学生物信息学中心构建微生物基因组复制起始点数据库 DoriC，并利用 Z 曲线技术开发了预测复制起始点算法 Ori-Finder。图 10.2 给出 Ori-Finder 对粘细菌复制起始点预测的结果，从图中可以观察到复制起始点两侧碱基含量有明显的突变。目前，该软件已经提供网络服务，网址为 http://tubic.tju.edu.cn/Ori-Finder/。

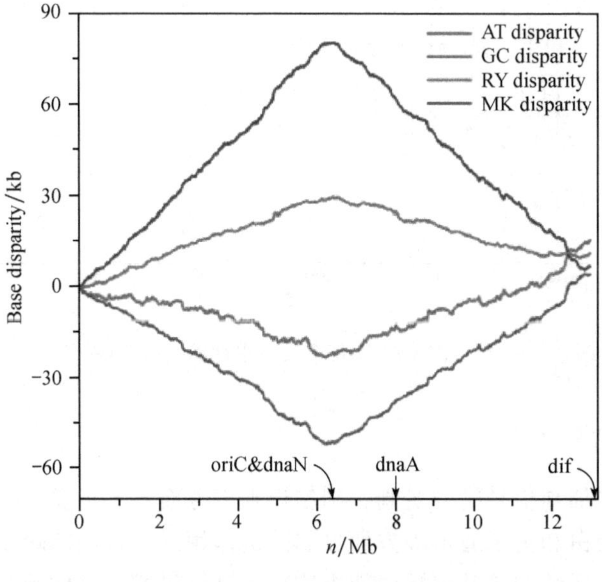

图 10.2 粘细菌复制起始点预测

10.4.2 蛋白质序列分析

1. 蛋白质疏水性分析

蛋白质序列的基本性质一般包括蛋白质的氨基酸组成、分子质量、等电点、亲水性和疏水性、信号肽、跨膜区及结构功能域的分析等。基本性质分析是蛋白质序列分析的基础。基于氨基酸疏水性预测膜蛋白跨膜区段数目、位置和蛋白质可及性。蛋白质分析专家系统（ExPASy）提供 ProtScale 程序（http://www.expasy.org/cgi-bin/protscale.pl），允许用户计算蛋白质的 50 余种不同属性，包括计算蛋白质的亲/疏水性图。登录网站，在服务界面上选取缺省疏水值项，即 Hphob./Kyte & Doolittle 选项，在窗口中输入所选蛋白质的 Swiss-prot 注册号、名称或将序列粘贴到输入窗口，这里选用网站提供的示例蛋白（P05130；KPC1_DROME），点击 Submit，界面显示该蛋白质亲/疏水性图谱，见图 10.3。该系统还可以选取参数使曲线平滑和归一化。此外，还有一些软件可以分析蛋白质的疏水性图谱，如 BioEdit。

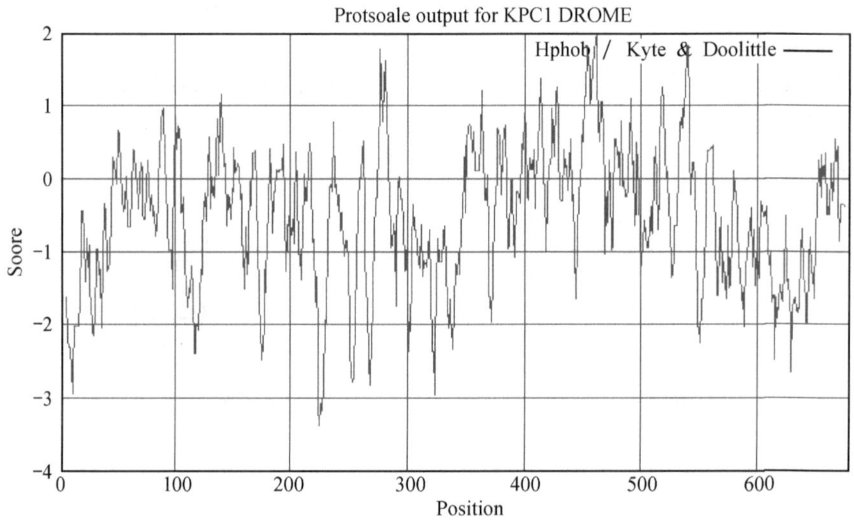

图 10.3 蛋白质疏水性图谱

2. 蛋白质跨膜区分析

跨膜蛋白在细胞信号转导机制、细胞识别等方面具有重要的生理功能，在药物设计、转运蛋白和离子通道等方面也起关键作用。一旦确定跨膜蛋白的跨膜区域，就可以对该区域的氨基酸顺序和立体结构进行研究，因此预测跨膜区域具有非常重要意义。目前，许多软件提供跨膜蛋白预测的网络服务，如 http://genome.cbs.dtu.dk/services/TMHMM-2.0/；http://www.ch.embnet.org/software/TMPRED_form.html；http://mendel.imp.univie.ac.at/sat/DAS/。

TMHMM 是丹麦技术大学生物序列分析中心开发的跨膜蛋白预测软件，并提供网络服务，该软件采用隐马尔可夫模型对蛋白质跨膜区进行预测。下面以人类蛋白 NPDC1 为例说明利用 TMHMM 进行蛋白质跨膜区预测，该蛋白质序列由 325 个氨基酸残基构成，其序列如下：

MATPLPPPSPRHLRLLRLLLSGLVLGAALRGAAAGHPDVAACPGSLDCAL
KRRARCPPGAHACGPCLQPFQEDQQGLCVPRMRRPPGGGRPQPRLEDEID
FLAQELARKESGHSTPPLPKDRQRLPEPATLGFSARGQGLELGLPSTPGTP
TPTPHTSLGSPVSSDPVHMSPLEPRGGQGDGLALVLILAFCVAGAAALSVA
SLCWCRLQREIRLTQKADYATAKAPGSPAAPRISPGDQRLAQSAEMYHYQ
HQRQQMLCLERHKEPPKELDTASSDEENEDGDFTVYECPGLAPTGEMEV
RNPLFDHAALSAPLPAPSSPPALP

将序列粘贴到服务界面输入窗口，输出格式选取 Extensive, with graphics，点击 Submit，得到预测结果：

NPDC1 _ HUMAN Length：325
NPDC1 _ HUMAN Number of predicted TMHs：1
NPDC1 _ HUMAN Exp number of AAs in TMHs：27.74922
NPDC1 _ HUMAN Exp number，first 60 AAs：　5.1126
NPDC1 _ HUMAN Total prob of N-in：　0.22370

NPDC1 _ HUMAN	TMHMM2.0	outside	1	181
NPDC1 _ HUMAN	TMHMM2.0	TMhelix	182	204
NPDC1 _ HUMAN	TMHMM2.0	inside	205	325

上述输出结果显示，182～204 是跨膜螺旋区，图形输出如图 10.4 所示。

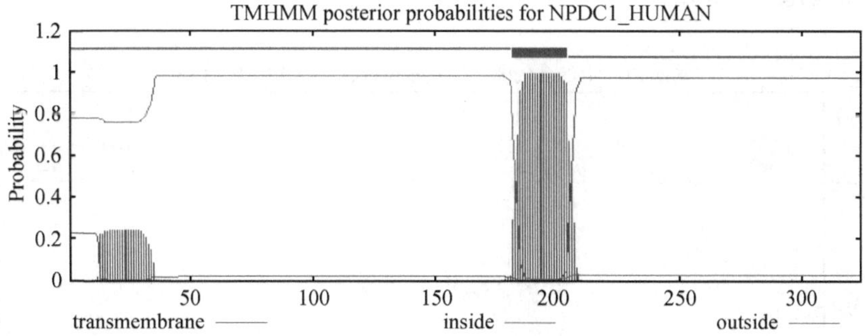

图 10.4　蛋白质跨膜区预测

3. 蛋白质信号肽预测

在蛋白质编码基因 5′端，有一 DNA 片段，编码疏水氨基酸较多的序列，这段疏水氨基酸序列称为信号肽。信号肽是未成熟蛋白质中被细胞输运系统识别的特征序列。通常信号肽由 10～40 个氨基酸残基组成，可大致分为三个区域，N 端称为碱性氨基酸末端，由带正电的氨基酸组成；中间部分是疏水区，由中性氨基酸组成；C 端为加工区，是被信号肽酶剪切的部位。

SignalP 是丹麦技术大学生物序列分析中心开发的信号肽预测软件，并提供网络服务（http://genome.cbs.dtu.dk/services/SignalP/），最新版本为 SignalP 3.0，该软件采用神经网络和隐马尔可夫模型对蛋白质信号肽进行预测。下面以蛋白质 EGFR _ HUMAN 为例说明利用 SignalP 进行蛋白质信号肽预测，该蛋白质在 Swiss-Prot 的注册号是 P00533，可以在 Swiss-Prot 网站获得该其序列。该蛋白质序列由 1210 个氨基酸残基构成。将序列粘贴到界面中的输入窗口。物种选择 Eukaryotes，方法选择 Neural networks 和 Hidden Markov models，输出格式选取 Standard，点击 Submit，运行程序，得到预测结果。SignalP 神经网络模型得到的结果如下：

＞EGFR _ HUMAN　　length=70

# Measure	Position	Value	Cutoff	signal peptide?
max. C	25	0.769	0.32	YES
max. Y	25	0.818	0.33	YES
max. S	9	0.981	0.87	YES
mean S	1-24	0.920	0.48	YES
D	1-24	0.869	0.43	YES

Most likely cleavage site between pos. 24 and 25：SRA-LE

最大 C 值 Y 值的位点在 25 位，最后计算结果表明信号肽是 1～24 的序列，图形输出如图 10.5 所示。

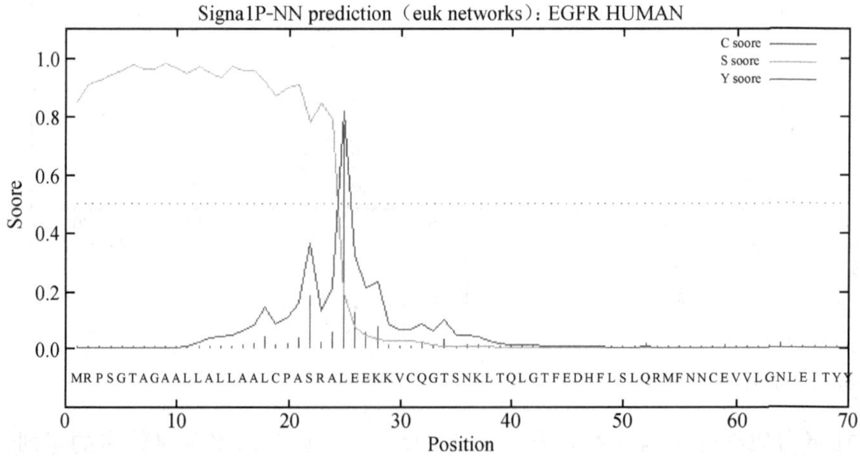

图 10.5　蛋白质信号肽预测

输出界面同时显示了 SignalP-HMM 预测的结果，与上面预测结果一致。

4. 蛋白质二级结构预测

20 世纪 60 年代，安芬森（C. B. Anfinsen）的酶蛋白的变性和复性实验表明蛋白质的一级结构决定三维空间结构，而蛋白质的三级结构与功能密切相关。蛋白质二级结构预测是蛋白质结构预测的基础。70 年代，两种利用序列信息预测蛋白质二级结构的算法被提出，分别是 Chou-Fasman 算法和 GOR 算法。Chou-Fasman 算法对 29 种已知晶体结构的蛋白质数据进行统计分析，得到各种氨基酸在蛋白质 α 螺旋、β 折叠和无规卷曲构象中的倾向性因子，进一步确定预测蛋白质二级结构的规则，对蛋白质二级结构进行预测，该算法的预测精度小于 70%。二级结构预测方法 GOR 是基于信息论发展起来的一种算法。统计显示某一位置残基构象状态受到邻近残基的影响，统计三种构象状态在 17 个氨基酸残基窗口内残基的打分矩阵，计算窗口中间残基二级结构的倾向性。GOR 算法对蛋白质二级结构的预测精度也小于 70%。该算法在不断改进，目前，最新版本是 GOR V，（http://gor. bb. iastate. edu/）。此后，蛋白质二级结构预测没有大的突破。直到 90 年代，罗斯特（B. Rost）和桑德（C. Sander）等提出了 PHD 算法，大大提高了蛋白质二级结构预测精度。PHD 算法利用同源蛋白构建打分矩阵，结合了许多神经网络的成果，每个结果都是根据局部序列上下文关系和整体蛋白质性质（如蛋白质长度、氨基酸频率等）来预测残基的二级结构，最终的预测是这些神经网络每个输出的算术平均值，即陪审团算法决定法。PHD 被认为是二级结构预测的标准算法。此后又有许多算法，如 Predator、nnPredict 和 Predict-Protein 等相继被提出，但二级结构预测仍没有大的突破。近几年，混合算法在二级结构预测方面有了很大进展。混合算法不是算法上的突破，而是将现有的一些优秀算法组合使用，对不同算法加上不同权重已达到改善预测准确度的目的。

虽然在蛋白质二级结构预测研究方面，许多学者做了大量工作，但是，二级结构预测仍是未能完全解决的问题，一般对于 α 螺旋预测精度较好，对 β 折叠差些，而对除 α 螺旋和 β 折叠等之外的无规则二级结构预测效果更差。

这里主要介绍两个蛋白质二级结构预测网站：GOR V 和 Jpred。经过多年的发展，GOR 方法利用信息论和贝叶斯统计方法，并且考虑包括氨基酸组分、二氨基酸残基对、三氨基酸残基对，以及进化等多方面的信息预测蛋白质二级结构，GOR V 软件识别率已达到 73.5%。下面以小鼠的 RS10 蛋白为例说明利用 GOR V 进行蛋白质二级结构预测，该蛋白质在 Swiss-Prot 的注册号是 P63325，可以在 Swiss-Prot 网站获得该蛋白质序列。该蛋白质序列由 165 个氨基酸残基构成。将序列粘贴到界面中的输入窗口，填写 E-mail 邮箱，点击 Submit，运行程序，得到预测结果，并且将预测结果寄到上述邮箱中。

This is the sequence RS10 _ MOUSE you provided:
MLMPKKNRIAIYELLFKEGVMVAKKDVHMPKHPELADKNVPNLHVMKA
MQSLKSRGYVKEQFAWRHFYWYLTNEGIQYLRDYLHLPPEIVPATLRRSR
PETGRPRPKGPEGERPARFTRGEADRDTYRRSAVPPGADKKAEAGAGSAT
EFQFRGGFGRGRGQPPQ
This is the GOR V prediction:
CCCCCCCHHHHHHHHHHHHHHHHHCCCCCCCCCCCCCCCCCCHHHHH
HHHHHHHCCCHHHHHCEEEEEEEEECCCCHHHHHHCCCCCCCCCCCCCC
CCCCCCCCCCCCCCCCCCCCCCCCCCCHHHHCCCCCCCCCCCCCCCCCCCCCC
CCCCCCCCCCCCCCCCCC

其中 H 表示螺旋，E 表示折叠，C 表示无规卷曲。

蛋白质二级结构预测软件 Jpred 是包含多种算法的二级结构预测程序（http://www.compbio.dundee.ac.uk/www-jpred/）。通过提交单一蛋白质序列或多重蛋白质序列，Jpred 就可以预测出蛋白质序列的二级结构：α 螺旋、β 折叠或无规则卷曲。Jpred 应用了 Jnet 神经网络算法，准确率达到了 76.4%。登录 Jpred 网站，将上述小鼠的 RS10 蛋白序列粘贴到界面中的输入窗口，点击 make prediction 运行程序，得到预测结果界面如图 10.6 所示。

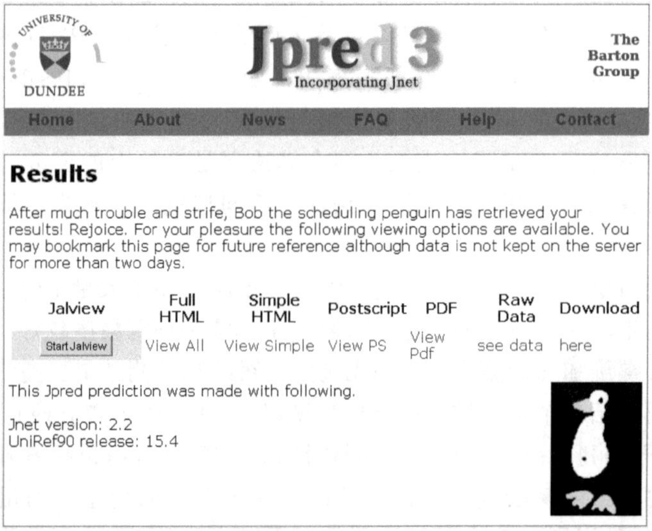

图 10.6 蛋白质二级结构预测结果界面

点击 View Simple，显示各个氨基酸残基构象状态，其中，H 表示螺旋，E 表示折叠，-表示无规卷曲。

MLMPKKNRIAIYELLFKEGVMVAKKDVHMPKHPELADKNVPNLHVMKAMQSLKSRGYVKEQFAWRHFYW
-----HHHHHHHHHHHH--EEEEE-------------------HHHHHHHHH------EEEEE---EEEE
YLTNEGIQYLRDYLHLPPEIVPATLRRSRPETGRPRPKGPEGERPARFTRGEADRDTYRRSAVPPGADK
E---HHHHHHHHH------HHHHHHHH---------------------------HHHHH-----------
KAEAGAGSATEFQFRGGFGRGRGQPPQ
----------EEEEE------------

Jpred 软件先用 PSI-BLAST 对待测序列检索同源蛋白，点击 View All 会显示所有同源序列的比对情况，并在页面底部显示预测结果。

随着大规模基因组和蛋白质测序计划的深入发展，生物大分子数据急剧增加。利用生物学实验方法确定基因和蛋白质的结构及功能，费用高、周期长。以生物学知识为基础，以计算机技术为工具，利用数理科学的理论和方法来阐明和理解大量数据所包含的生物学意义是非常重要的。生物信息学便是在这样背景下形成的一门交叉性学科。随着生物信息学的快速发展，生物信息学的理论和方法渗透到生物学各个研究领域，促进了生物学的发展。

生物信息学的研究对象是生物大分子数据，利用各种现代生物技术，测定各种数据，建立数据库，管理、存储、分发，以方便研究者使用，对生物学和生物信息学的发展都具有重要意义。

物种在进化过程中，通过生存竞争和自然选择过程，在原有遗传物质基础上通过变异产生了许多新功能，所以同源蛋白具有相似结构。序列之间相似性的检测允许将一个序列信息合理地转移到另一个相似序列。因此，通过序列比对在数据库中搜索同源蛋白，已经成为确定蛋白质结构和功能的主要方法之一。

近 20 年来，生物信息学获得快速发展，其研究领域也在不断地拓宽。在基因组序列的组装、质谱数据的分析、基因定位、蛋白质结构和功能的鉴定、基因表达谱数据的分析、细胞内各种大分子相互作用网络的构建等领域都有大量课题有待深入研究。序列分析是所有这些课题研究的基础。基因预测和蛋白质结构预测是序列分析重要的研究方向。虽然在过去几十年许多国内、国外学者做了大量工作，但很多问题并未很好解决，如原核生物基因识别问题中基因翻译起始点预测、短基因识别和重叠 ORF 处理等。真核生物全基因识别还未能达到满意的结果，蛋白质二级、三级结构结构预测还远未达到预期的目的。此外，其他研究领域也有许多问题没有解决。这也表明虽然生物信息学取得了很大成就，但仍然有很大的进一步发展空间。

习　题

1. 什么是生物信息学？
2. 简述人类基因组计划对生物信息学的影响。

3. 什么是生物信息学的任务？

4. 什么是生物信息学主要研究内容？

5. 国际上有哪几个著名的核酸序列和蛋白质序列数据库？

6. 序列比对的目的是什么？

7. 什么是密码子简并性？什么是基因的密码子使用偏性？造成密码子使用偏性可能的原因有哪些？

8. 为什么要进行蛋白质结构预测？确定蛋白质结构的目的是什么？

参考文献

郝柏林，张淑誉. 2000. 生物信息学手册. 上海：上海科学技术出版社

贺林. 2000. 解码生命. 北京：科学出版社

黄韧，薛成. 2003. 生物信息学. 广州：中山大学出版社

尚彤，国强华，景霞. 2003. 常用医学生物信息学数据库. 北京：北京大学医学出版社

赵国屏. 2002. 生物信息学. 北京：科技出版社

S. 米赛诺，S. A. 克拉维茨，2006. 生物信息学方法指南. 欧阳红生，等译. 北京：科学出版社

Altschul S F, et al. 1990. Basic local alignment search tool. J Mol Biol, 215: 403-410

Attwood T K, Parry-Smith D J. 2002. 生物信息学导论. 罗静初等译. 北京：北京大学出版社

Bendtsen J D, et al. 2004. Improved prediction of signal peptides: SignalP 3. 0. J Mol Biol, 340: 783-795

Burge C, Karlin S. 1997. Prediction of complete gene structures in human genomic DNA. J Mol Biol, 268: 78-94

Delcher A L, et al. 1999. Improved microbial gene identification with GLIMMER. Nucleic Acids Res, 27: 4636-4641

Dulbecco R. 1986. A turning point in cancer research: sequencing the human genome. Science, 231: 1055-1056

Feng D F, Doolittle R F. 1996. Progressive alignment of amino acid sequences and construction of phylogenetic trees from them. Methods in Enzymology, 266: 368-382

Gao F, Zhang C T. 2007. DoriC: a database of oriC regions in bacterial genomes. Bioinformatics, 23: 1866-1867

Guo F B, Ou H Y, Zhang C T. 2003. ZCURVE: a new system for recognizing protein-coding genes in bacterial and archaeal genomes. Nucleic Acids Res, 31: 1780-1789

Henikoff S, Henikoff J G. 1992. Amino acid substitution matrices from protein blocks. Proc Natl Acad Sci USA, 89: 10915-10919

Hu G Q, et al. 2008. ProTISA: a comprehensive resource for translation initiation site annotation in prokaryotic genomes. Nucleic Acids Res, 36: D114-D119

Hu G Q, et al. 2009. Prediction of translation initiation site with TriTISA. Bioinformatics, 25: 123-125

Levenshtein V I. 1966. Binary codes capable of correting deletions, insertings and reversals. Soviet Physics Doklady, 6: 707-710

Lukashin A, Borodovsky M. 1998. GeneMark. hmm: new solutions for gene finding. Nucleic Acids Res, 26: 1107-1115

McGeoch D J. 1985. On the predictive recognition of signal peptide sequences. Virus Res, 3: 271-286

Mount D W. 2001. Sequence and genome analysis. New York: Cold Spring Harbor Laboratory Press

Ou H Y, Guo F B, Zhang C T. 2004. GS-Finder: a program to find bacterial gene start sites with a self-training method. Int. J Biochem Cell Biol, 36: 535-544

Pearson W R, Lipman D J. 1988. Improved tools for biological sequence comparison. Proc Natl Acad Sci USA, 85: 2444-2448

Rost B, Sander C. 1993. Prediction of protein secondary structure at better 70% accuracy. J Mol Biol, 232: 584-599

Smith T F, Waterman M S. 1981. Identification of common molecular subsequences. J Mol Biol, 147: 195-197

Zhang C T, Zhang R. 1991. Analysis of distribution of bases in the coding sequences by a diagrammatic technique. Nucl Acids Res, 19: 6313-6317

Zhang M Q. 1997. Identification of protein coding regions in the human genome by quadratic discriminant analysis. Proc Natl Acad Sci USA, 94: 565-568

第 11 章

显微技术及其在生物物理学中的应用

眼睛是获取外界信息的主要途径之一，人们获取信息量的 90% 是靠眼睛。可是人类对未知世界的探索在不断地向着无限大的宇宙空间和无限小的分子、原子甚至更小的空间扩展，这单单靠眼睛是无能为力了。这时作为眼睛观察世界的延伸工具——望远镜和显微镜出现了，它们帮助人类看得更远、更小。

在人眼不能直接观察的细胞领域研究中，显微镜技术发挥了极其重要的作用。光学显微镜的发明开创了细胞学，在光学显微镜下看到的细胞结构称为细胞显微结构。电子显微镜的出现使人们对细胞结构的认识深入到亚显微结构水平，能够看到生物膜、细胞骨架和一些细胞器等。扫描探针显微镜使人们对细胞结构的认识达到分子水平，也就是细胞超微结构。本章简要介绍各种显微镜的发展历史和基本原理，并在介绍每一种类型的显微镜之后列举了其在生物学中的使用范围和例子。

11.1 光学显微镜与电镜最重要的参数——分辨率

分辨率是显微镜最重要的性能参数之一，它是指区分开两个物体间的最小距离。人眼的分辨率为 0.1mm；光学显微镜的分辨率为 0.2μm；电子显微镜的分辨率为 0.2nm；扫描探针显微镜的分辨率为 0.1nm。图 11.1 给出了三种显微镜的分辨范围。

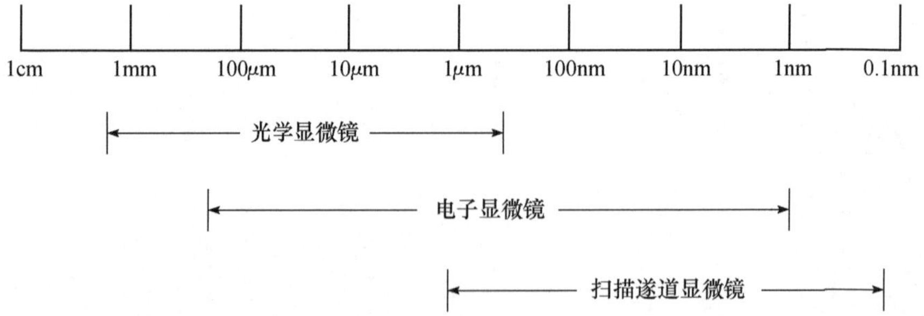

图 11.1 三种显微镜所分辨的范围（翟中和，2005）

分辨率 d 可用如下公式表示

$$d=\frac{0.61\lambda}{n\times\sin\frac{\theta}{2}} \tag{11.1}$$

式中，λ 为光波波长；n 为物镜与物体间介质折射率；θ 为光束进入物镜的入射角。

由式（11.1）可知，显微镜分辨率受限于入射光波长和介质的折射率。对于波长等于 500nm 的可见光，设介质的折射率 $n=1.5$，$\sin\frac{\theta}{2}$取最大值 1，可得光学显微镜的分辨率为 $d=0.2\mu m$，也就是说光学显微镜的分辨极限为 200nm。

电子显微镜（简称电镜）采用的照明源为波长较短的电子束，其波长约等于 0.004nm。由于电子透镜存在相差，限制了电镜的分辨率，目前电镜分辨率的极限为 0.2nm。

扫描探针显微镜与上述光镜和电镜具有完全不同的制作原理。例如，原子力显微镜利用的是原子间存在微弱的排斥力或吸引力的原理；扫描隧道显微镜则利用了量子隧道效应，是目前分辨率最高的一类显微镜，可达 0.1nm。

11.2　光学显微镜

早在公元前 1 世纪，人们就发现通过球形透明物体去观察微小物体时，可以使其放大成像，后来逐渐对这一规律有了更深入的认识。1590 年，荷兰和意大利的眼镜制造者已经造出类似显微镜的放大仪器。17 世纪中叶，英国学者罗伯特·胡克（R. Hooke）与荷兰学者列文·虎克（A. V. Leeuwen Hoek）分别用自制的显微镜（图 11.2）观察了植物和动物的细胞构造。

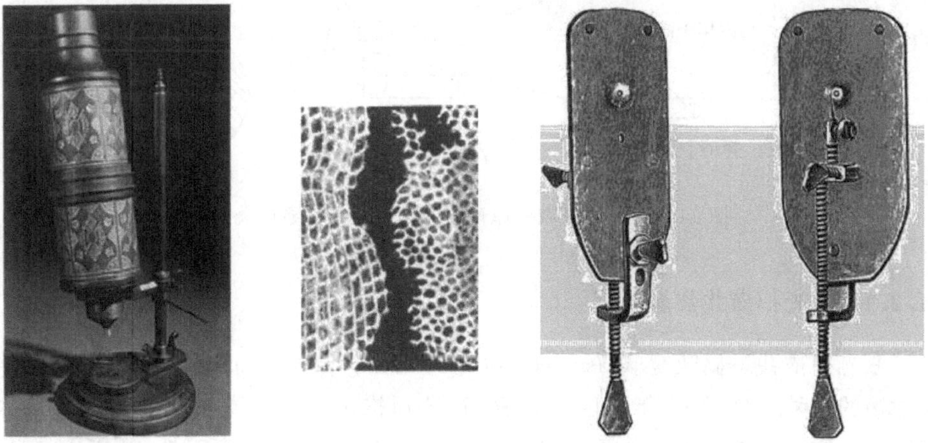

A. 胡克所用显微镜　　B. 观察的栎树细胞的细胞壁　　C. 虎克的显微镜

图 11.2　(Postlethwait et al.，1991)

光学显微镜在细胞学说的建立过程中起了关键性的作用。德国植物学家施莱登（M. J. Schleiden）利用光学显微镜观察植物组织结构多年，认为在任何植物体中，细胞是结构的基本成分；低等植物由单个细胞构成，高等植物则由许多细胞组成。1838 年，他发表了著名的《植物发生论》一文，提出了上述观点。另一位显微镜的使用者、德国生理学家施旺（T. Schwann）于 1839 年发表《动物和植物的结构与生长的一致性的显微研究》一文，将此概念扩展到动物界，从而形成了所有植物和动物均由细胞构成这一科学概念，即“细胞学说”。细胞学说的创立，被恩格斯称为 19 世纪自然科学三大发现之一。

此后，随着显微镜原理和装置的重大发展，光学显微镜的分辨能力大为提高，后来各种细胞器相继被发现，如 1883 年比利时细胞学家贝内登（P. J. Van Beneden）和德国细胞学家博伟里（T. Boveri）发现中心体，1894 年德国生物学家阿尔特曼（R. Altmann）发现线粒体，1898 年意大利细胞学家高尔基（C. Golgi）发现高尔基体。由于在光学显微镜下的上述发现，人们对细胞的基本认识丰富起来。另外，病原菌、立克次氏体等与之相应的细微结构都在光学显微镜所能观察的范围内。

光学显微镜主要由物镜和目镜构成，二者都由一套复杂的光学系统组成，这里把它们各简化为一个薄透镜（见图 11.3）。将物体置于物镜焦平面外不远处，并经由物镜成一放大实像，上下移动物镜使此实像成像于目镜焦平面内适当的位置，直到眼睛能观察到一个清晰的虚像为止。

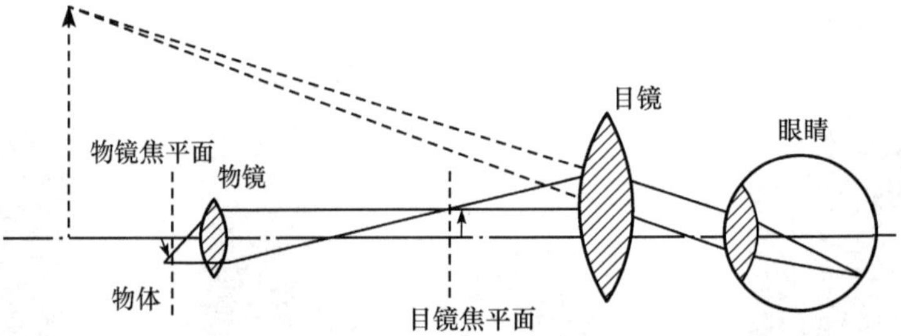

图 11.3　光学显微镜原理图（摘自《光学显微镜》）

11.2.1　激光扫描共焦显微镜

激光扫描共焦显微镜（laser confocal scanning microscope，LSCM）是光学显微镜的一种。自 1987 年美国 BIO-RAD 公司推出第一台商业化的共聚焦显微镜以来，它已经逐渐成为分子、细胞生物学领域的新一代研究工具。LSCM 在显微镜基础上配置多种波长的激光光源、扫描步进马达、共轭聚焦装置和检测系统，整套仪器均由计算机自动控制专用软件监控和执行各组件之间的切换。

1. 激光扫描共聚焦显微镜的基本原理

如图 11.4 所示，光源发出的一束激光经过小孔射在半透的分光镜上，反射后经过透镜聚焦至样品。经激光照射的样品发射荧光，荧光先后穿过透镜和分光镜，经过检测针孔到达检测器（常用光电倍增管——PMT）。检测器获得的信号传至计算机，同时得到样品的荧光信息。不在焦点的探针荧光不会聚焦于小孔，也就不会被检测器接受，计算机也就不会得到其图像。在 LSCM 的载物台上安装有微量步进马达，可以驱动载物台在 z 轴方向步进移动，从而使得物镜聚焦在样品不同的层面上，同时计算机得到了不同层面上的光学图像。这些层面叫做“切面”。由此，LSCM 利用计算机可以实现样品的立体结构和图像的三维重建，故称“显微 CT”。另外，LSCM 还可以通过间歇性的扫描某一切面进行实时监测。

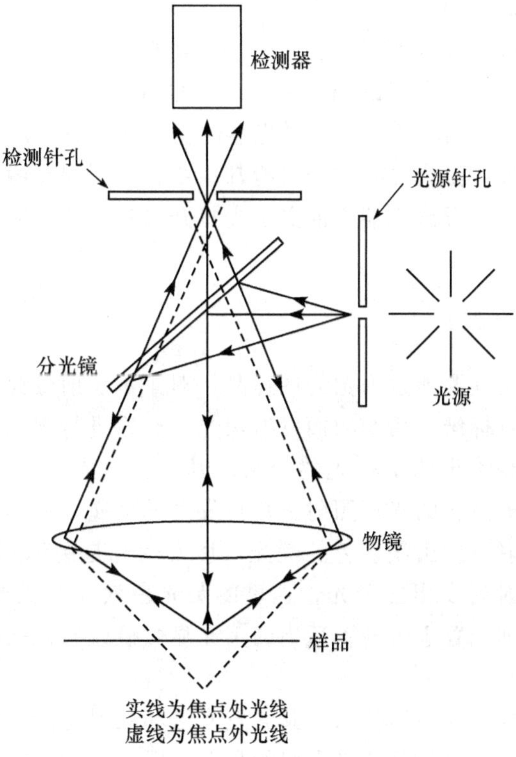

图 11.4　LSCM 工作原理图（杨勇骥，2003）

2. 激光共聚焦显微镜采用激光光源

激光具有很多普通光源所不具备的特点。

（1）单色性好。任何光源都包含一个波长范围 $\Delta\lambda$，这个值越小，其单色性越好。激光的 $\Delta\lambda<10^{-8}$nm。一般的白炽灯泡光谱为 400～2500nm。太阳光则包含了更大范围的电磁波，从波长较大的无线电波、可见光到波长较短的各种射线。这些光源的波长范围 $\Delta\lambda$ 和激光相比都是巨大的。根据探针的激发光谱线来选择合适波长的激光，从而避免了其他波长的光引起的荧光淬灭。

（2）方向性好。激光的发散角都在毫弧度的数量级，如果从地球发出一束激光到达月球，只形成直径为几千米大的圆斑。这样的光束聚焦后无色散相差，有利于激光扫描共聚焦显微镜的点扫描。

（3）亮度高。因为激光的方向性好，使得其能量集中，故其亮度高。LSCM 采用激光作为光源，可以节省能源。

（4）相干性好。激光为受激辐射，其光子在频率和振动方向上均相同，振动的位相差恒定。激光所发出光的相干长度较大，所以这种光源的空间相干性和时间相干性均优于普通光源。

LSCM 所配备的激光波长为 Ar（氩激光）：351nm、364nm、458nm、476nm、488nm、496nm 和 514nm；HeNe（氦氖激光）：543nm、633nm；Kr（氪激光）：568nm、647nm 等。这些激光器的功率均可调，能满足探针所需的各种强度的激光。另外，激光器必须配备冷却系统，为了保证激光器正常工作并能够延长其使用寿命，打开激光器之前必须先打开冷却系统，同理关闭激光器后再关闭冷却系统。

3. 荧光以及荧光探针

LSCM 主要用于观测能发射荧光的样品，对于不发射荧光的生物样品，需要用荧光染料与待测目标结合后受激而发射荧光，然后进行观测。

本书第 5 章已经给出的了荧光的定义。其中，荧光分为自发荧光和诱发荧光。自发荧光是在短波长的光源照射下自行发射的荧光，如动物组织中的蛋白质和脂类在紫外光照射下发出淡蓝色的荧光；诱发荧光是组织与荧光色素结合后，经短波长的光源照射后发出的荧光。这里的荧光色素又叫荧光染料或者荧光探针。生物组织或者细胞置于配备了适当的荧光显微镜或激光扫描共聚焦显微镜下才能显示和观察。

荧光探针的选取和使用需要依照其激发光谱和发射光谱。利用不同波长的激发光激发荧光物质，同时记录荧光发射的强度。以激发光的波长为横轴，以荧光发射强度为纵轴绘制的光谱线为该荧光物质的激发光谱（见图 11.5）。激发光谱反映的是荧光物质对激发光波长的依赖关系，可以根据激发谱线的峰值来选择激发光。利用同一波长、同一强度的激发光激发荧光物质，同时记录荧光在不同波长下的发射的荧光强度。以荧光发射光波长为横轴，以发射光强度为纵轴绘制的光谱线为该荧光物质的发射光谱。发射光谱反映的是发射荧光中各种波长组分的强度，可以根据发射光谱的峰值来选择检测发射光波长。

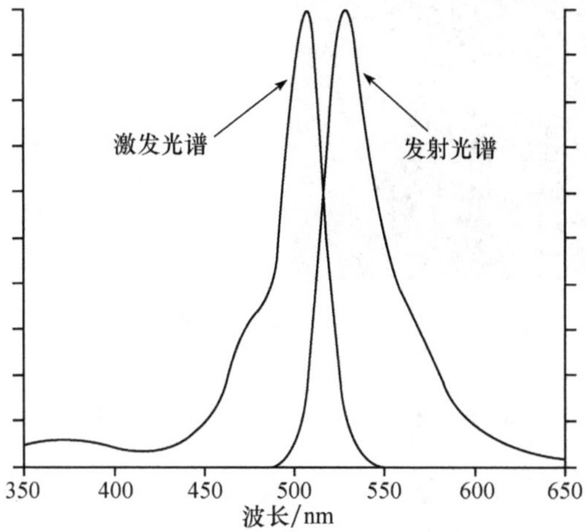

图 11.5　激发光谱和发射光谱

传统的荧光探针主要是一些有机物质。荧光探针染色的主要方法有酯化荧光探针染色法、显微注射法及透膜剂法。很多荧光探针可以从国内外知名试剂公司购买。近几年，一种新型的荧光探针——量子点逐渐发展并且走向成熟。量子点就是半导体纳米微晶体，是由Ⅱ～Ⅵ族或Ⅲ～Ⅴ族元素组成的纳米颗粒，其中研究较多的为镉金属化合物 CdX（X=S、Se、Te）。纳米晶粒的大小决定了其吸收光能和发射荧光的能力，粒子越小，吸收光的能力越强，吸收带和荧光发射峰蓝移（波长变小），反之则红移（波长变大）。和传统的有机染料探针相比，量子点有很多的优点：①吸收谱较宽，而发射谱较窄，这样的好处是单波长激光激发多种不同颜色的量子点，且这些发射谱线不会重叠；②光稳定性比较好，不容易淬灭；③量子点发出的荧光在激光的照射下不容易淬灭，因此具有较长的荧光发射时间，便于我们检测。

第 9 章中讲到的生物分子马达几乎参与了所有的生命活动，它依靠水解三磷酸腺苷（ATP）产生的能量参与了肌肉收缩、细胞分裂、胞膜传输等过程。这些分子马达有些“单兵作战”，有些“集合行动”。其中，马达的持续性、方向性、力学耦合、货物指配、多马达协调性等为这一领域的前沿课题。柳俊伍（J. Yoo）等用量子点作为荧光探针对驱动蛋白进行染色，初步研究了其运动特性（图 11.6）。经 LCSM 观察发现，驱动蛋白的运动不是前人所认为的持续性运动而是间歇性的。

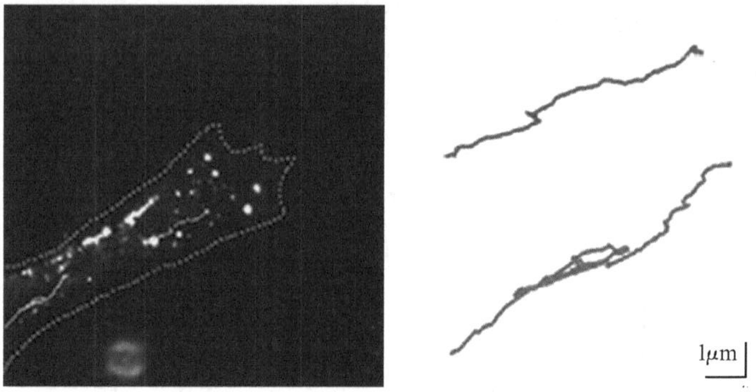

图 11.6 Yoo 等（2008）研究结果

4. LSCM 与普通的显微镜相比具有以下几方面优点

（1）光源针孔和检测针孔是共轭的，样品焦平面上的点同时聚焦在这两个针孔上。所以，只有这一平面上的点发出的荧光才能进入检测针孔而被计算机成像，这就消除了其他平面激发出荧光的干扰，提高了成像质量，同时还提高了显微镜的分辨率。图 11.7 为普通荧光显微镜和共聚焦显微镜得到的细胞骨架结构图像的对比。

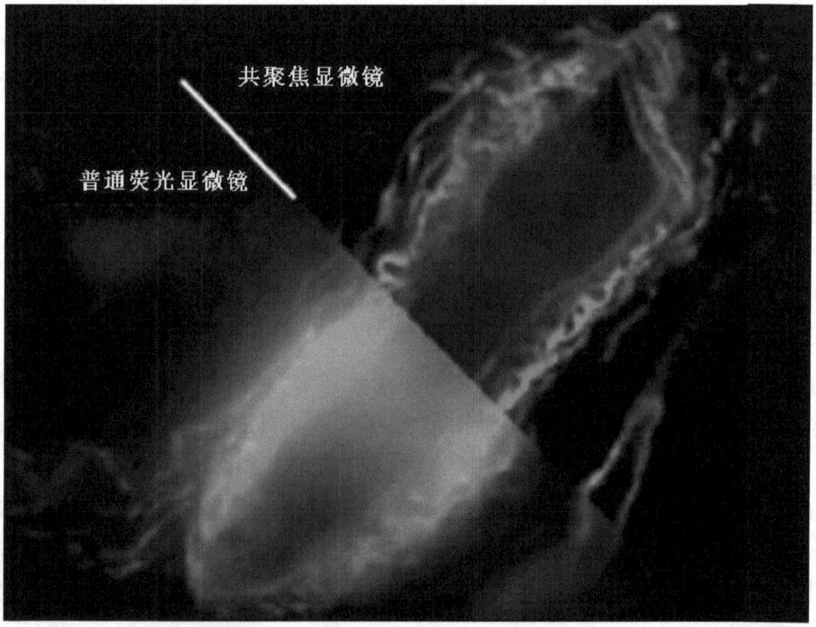

图 11.7 普通显微镜（模糊）和激光共聚焦显微镜（清晰）下的骨架结构

(2) 激光亮度高，穿透力强，所以 LSCM 能在样品的不同深度进行扫描，得到多层切片，类似 CT。经过计算机三维重建，便可得到样品的三维立体结构。这也是传统的光学显微镜所不具备的。

(3) 可以实现对样品实时动态分析检测，时间分辨率达毫秒数量级。

(4) 配备有恒温室，可以在设定温度下对样品进行实时观测。

(5) 可以同时对多个细胞器进行不同颜色的染色而进行多通道监测。

5. LSCM 的应用

LSCM 因其具备的众多优点，应用领域十分广泛。只要能够自发荧光或者用染料染色并在激光激发下发射荧光的组织、细胞器、离子等，都能够使用它来观测。由此 LSCM 可以应用于细胞结构、细胞骨架、各种蛋白等的观测，以及实时观测细胞器结构和分布、Ca^{2+} 等离子、细胞内 pH、自由基、膜电位的变化等。

1) 实时测量细胞内 Ca^{2+} 离子浓度

钙离子作为细胞内的第二信使，调控细胞内许多重要的生理和病理过程。几乎所有的生理活动都要受钙离子的调控。钙离子在生命的开始就可以触发受精过程，控制细胞发育和分化使之成为特定类型的细胞，然后调节细胞的各种生理活动，最后参与细胞凋亡过程，所以实时定量测定细胞内钙离子的变化意义重大。细胞内的钙离子主要储存于线粒体和内质网内。另外，一般细胞内的钙离子的浓度为 10^{-7} mol/L，细胞外的浓度为 2×10^{-3} mol/L。

常用的 Ca^{2+} 荧光探针为 fluo-3，其乙酰羟甲酯形式为 fluo-3AM。后者为一种不带电荷的亲脂性化合物，比较容易进入活细胞内，然后水解并释放出 fluo-3。此探针与 Ca^{2+} 结合后，形成复合物。利用 488nm 激发光激发，发射峰值为 525nm。这种方法对于细胞生理过程干扰较小，可以用于多种动植物来源的细胞内游离钙的测量。

细胞内的钙离子浓度可由下式计算：

$$[Ca^{2+}]_i = K_d \times \frac{F - F_{min}}{F_{max} - F} \tag{11.2}$$

式中，K_d 是荧光探针的钙解离常数；F 为测定的荧光强度；F_{min} 为无 Ca^{2+} 时的荧光强度；F_{max} 为 Ca^{2+} 饱和时的荧光强度。F、F_{min}、F_{max} 的测量应该在相同的条件下完成。F_{max} 的测量，可以使细胞外的钙离子浓度达 1～2mmol/L 时，加入离子载体 A23187，使得细胞内部的钙离子达到饱和。F_{min} 的测量可以在含有移动性离子载体 A23187 的溶液中，利用 Mn^{2+} 进入细胞然后以其高亲和力和荧光探针结合，从而导致荧光褪去；或者利用钙离子螯合剂 EGTA 螯合掉 Ca^{2+}，褪去荧光。

2）测定细胞膜电位的变化

JC-1 是膜电位测量实验中常用的荧光探针。这种探针分布在膜的两侧，并带有一定的电荷，而且会随着膜电位的变化而发生颜色的变化。JC-1 在低浓度或者低膜电位时，存在的形式为单体，激发光波长为 488nm，发射峰 527nm，呈绿色荧光；JC-1 在高浓度或高膜电位时存在的形式为聚集体，激发光波长为 488nm，发射峰为 590nm，呈红色荧光。由此可知，随着膜电位由小变大，探针的颜色从绿色逐渐变化至红色。膜电位与细胞膜内外的荧光强度满足能斯特方程：

$$E_m = \frac{RT}{ZF}\ln\frac{[I_o]}{[I_i]} \tag{11.3}$$

式中，E_m 为膜电位；R 为玻尔兹曼常量，$1.380\,651\,5\times10^{-23}\text{J}\cdot\text{K}^{-1}$；$T$ 为绝对温度；Z 为离子价；F 为法拉第常量，$9.648\times10^4\text{C/mol}$；$I_i$、$I_o$ 为膜内外的荧光强度。

利用共聚焦的单波长（488nm）激光激发探针，并利用其双通道同时采集细胞膜两侧的荧光探针发出的绿色和红色荧光。由其自带的软件分析两种颜色的荧光强度的比值，即得膜电位及其变化。

3）与荧光共振能量转移的结合

荧光共振能量转移（fluorescence resonance energy transfer，FRET）是指两个不同的荧光基团，如果其中一个基团的发射光谱与另一个基团的激发光谱有重叠，并且二者的距离足够小（小于 10nm）时，能量从前一种基团转移至后一种基团的现象（见图 11.8）。提供能量者叫供体（donor），接受能量者叫受体（acceptor）。福斯特（T. Förster）给出了其能量转移的效率：

$$E = \frac{R_0^6}{R_0^6 + R^6} \tag{11.4}$$

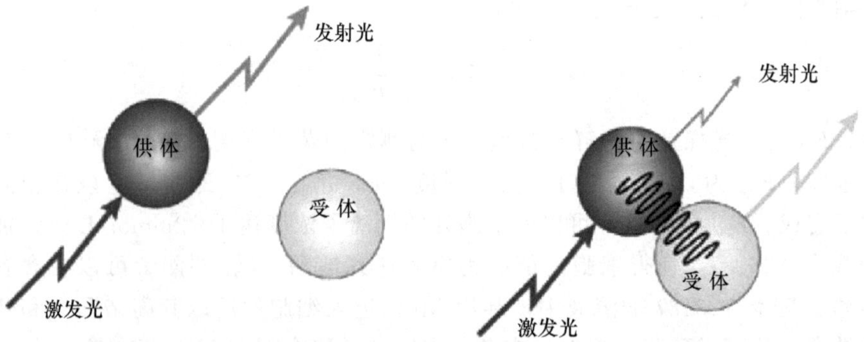

图 11.8 荧光共振能量转移示意图（摘自互动百科网站）

式中，R_0 为能量转移率为 50%时供体和受体之间的距离；R 为供体和受体之间的实际距离。可由下式给出：

$$R_0 = 9.79 \times 10^3 (K^2 QJn^{-4})^{\frac{1}{6}} \tag{11.5}$$

式中，K 表示取向因子，表示供受体转移偶极的相对方向（一般假定为 2/3）；Q 表示无受体时供体的荧光量子产率；n 是介质的折射率；J 是光谱的重叠积分，可表示为

$$J = \int F_D(\lambda) \cdot \varepsilon_A(\lambda) \lambda^4 \mathrm{d}\lambda \tag{11.6}$$

式中，$F_D(\lambda)$ 是供体荧光强度函数；$\varepsilon_A(\lambda)$ 为受体消光系数。

另外，史迪尔（L. Styrer）和豪格兰（R. P. Haugland）给出了能量转移率和荧光强度的关系：

$$E = 1 - \frac{I_{DA}}{I_D} \tag{11.7}$$

I_{DA} 和 I_D 分别为有受体和无受体时供体发出的荧光强度。

由式（11.4）和式（11.7）可得

$$E = \frac{R_0^6}{R_0^6 + R^6} = 1 - \frac{I_{DA}}{I_D} \tag{11.8}$$

上式中的 I_{DA} 和 I_D 可以实验测得。公式中能量转移效率和距离的六次方成反比，所以荧光共振能量转移能够测量微小距离的变化，被称为“光谱尺”。式（11.8）表明，在 FRET 研究中需要两种不同的荧光探针来标定两种不同的荧光基团。

前面讲过 LSCM 配备有多种波长的激光，对样品中的荧光探针进行激发，利用其自带的软件多通道实时记录探针发出的荧光并分析所得数据，进而获得样品中生物大分子之间的关系。所以共聚焦能够很好地与荧光共振能量转移结合在一起，并能够在生物的很多分支领域开展工作。任何能够影响供受体之间距离的因素都可以用 FRET 进行测量，如生物大分子结构与功能的关系、蛋白质之间的相互作用、离子通道的构形变化、DNA 点突变的探测等。

11.2.2　全内反射荧光显微镜

全内反射荧光显微镜（total internal reflection fluorescence microscopy, TIRFM）是 20 世纪 80 年代发展起来的一种新型光学显微镜，由于其结构简单，具有极高的空间分辨率和时间分辨率，在生命科学领域得到广泛的应用，如分子马达的运动、活细胞中单分子成像、生物大分子的相互作用、生物大分子的构象变化、离子通道以及单分子的电子转移反应等。

一束光在两种介质的分界面上满足折射定律（图 11.9）

$$n_1 \sin\theta_1 = n_2 \sin\theta_2 \tag{11.9}$$

式中，n_1、n_2 分别为两种介质的折射率；θ_1、θ_2 分别为入射角和出射角。如果 n_1 为光密介质，n_2 为光疏介质，也就是 $n_1 > n_2$。那么持续增大入射角 θ_1 且当 $\theta_1 = \theta_c$ 时，出射角 $\theta_2 = 90°$。当 $\theta_1 > \theta_c$ 时不再发生折射，只剩下了反射，称之为全反射。事实上，因为光是一种波，具有波动效应，有一部分光会渗入到光疏介质，并且平行于界面传播。这部分穿过介质表面的光称之为隐失波。在垂直界面的方向上，距离界面 d 处的隐失波强度 I_d 随着穿透深度的增加呈指数衰减：

$$I_d = I_0 \exp\left[-\frac{d}{D}\right] \tag{11.10}$$

式中，I_0 为入射光在分界面处的光强度；D 为隐失波的理论穿透深度：

$$D = \frac{\lambda_0}{4\pi \sqrt{n_1^2 \sin^2\theta_1 - n_2^2}} \tag{11.11}$$

λ_0 是入射光的波长。对可见光，D 大约等于 200nm。全内反射荧光显微镜正是利用这种隐失波来激发样品中的荧光基团分子，利用快速 CCD 相机记录。由于隐失波的穿透深度很小，CCD 只记录到这一深度以内的荧光信息，极大地提高了信噪比和分辨率。

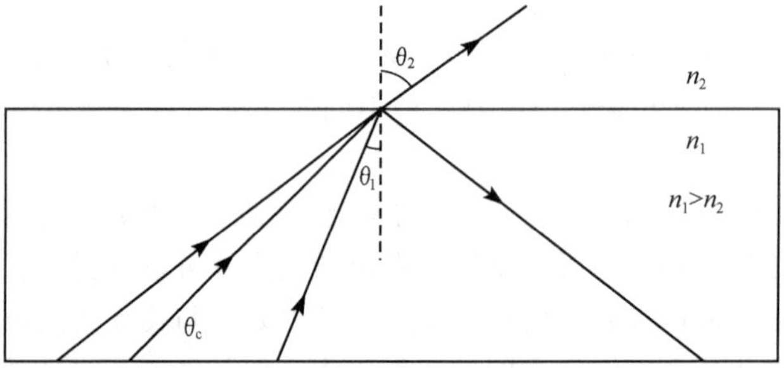

图 11.9　全反射示意图

全内反射荧光显微镜主要包括两种类型：棱镜型和物镜型（图 11.10）。由棱镜型的光路，入射光通过棱镜进入样品表面，样品中被激发的荧光通过另一侧的物镜进入快速 CCD 相机。入射光和荧光分布在样品的两侧，因此获得的信号不会受到入射激光的影响，信噪比高，能得到高质量的图像。但是因为放置样品的空间受到棱镜的限制，这种类型的 TIRFM 不利于测量活细胞和较厚的样品。物镜型中，入射光、出射光以及样品发出的荧光均在样品的另一侧，并且共同利用同一物镜。这样的装置便于在实验观察过程中对样品进行操作，特别适合活细胞的研究。

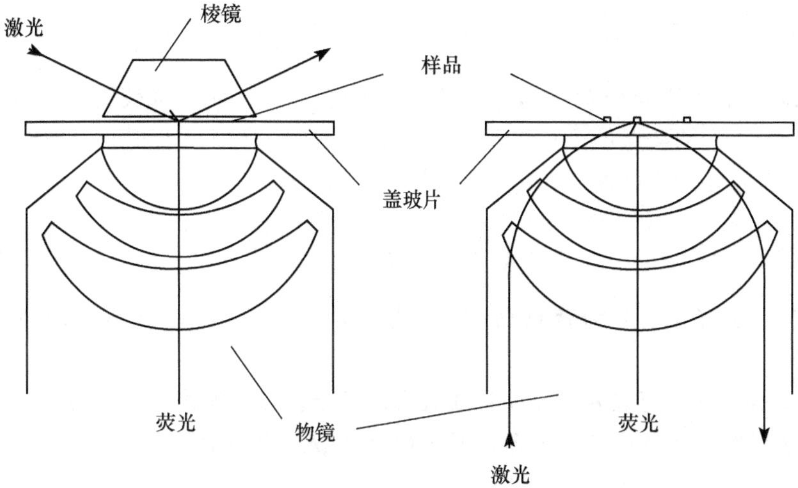

图 11.10　全内反射荧光显微镜-棱镜型（左）和物镜型（右）（摘自生物秀论坛）

利用全内反射荧光显微镜结合点扩散函数的精确定位理论，耶尔德兹（A. Yildiz）等获得了 1.5nm 的空间分辨率，并证明了肌动蛋白 V 的步进机制为交臂（hand over hand）模型，而不是尺蠖（inchworm）模型（见图 11.11）。

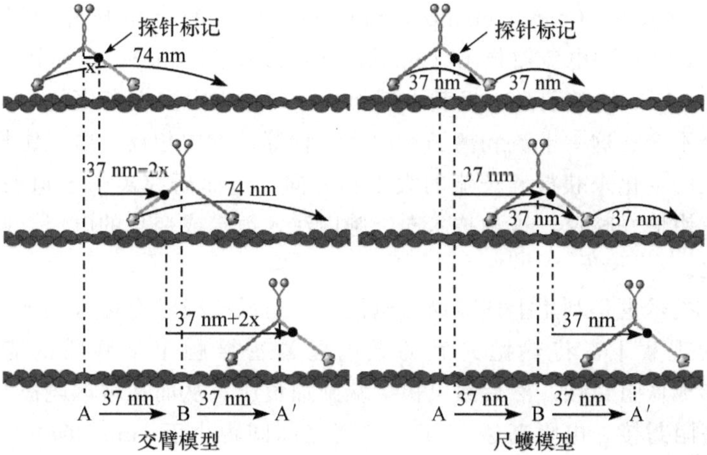

图 11.11　Yildiz（2003）的结果

单分子精确定位理论简介：荧光分子的尺寸为几个纳米，步距几十个纳米，而荧光显微镜的分辨率最高在 200nm 左右。所以小于这个尺寸的距离用光学显微镜是看不到的。如果把荧光分子看成一个点的话，那么荧光显微镜看到的图像是这个点的扩展，这一扩展图像可以用点扩散函数表示，认为其符合二维高斯分布：

$$G(x,y) = \mathrm{A} \cdot \exp\left[-\frac{(x-x_0)^2+(y-y_0)^2}{\mathrm{B}}\right] \tag{11.12}$$

$G(x,y)$ 为各像素点位置（x，y）的荧光强度；（x_0，y_0）为荧光分子的实际位置；（x，y）为像素点位置；A、B 为常数。利用二维的高斯拟合可以得到常数 A、B 和探针分子的位置（x_0，y_0）。精确度表示为

$$\sigma = \sqrt{\frac{\mathrm{s}^2}{\mathrm{N}} + \frac{a^2/12}{\mathrm{N}} + \frac{8\pi \mathrm{s}^4 \mathrm{b}^2}{a^2 \mathrm{N}^2}} \tag{11.13}$$

式中，N 为光子数；b 为背景噪声；a 为像素点尺寸大小；s 为点函数的标准偏差。

光子数的确定可以和厂家联系或者自己标定。背景噪声是去掉点扩散函数的区域，然后对剩下的区域求方差。光子数 N 越大，准确度越高。

11.2.3 膜片钳技术

膜片钳技术是在 1976 年由德国的内尔（E. Neher）和萨克曼（B. Sakman）发明的。此仪器利用光学显微镜作为观察手段，结合微电极、高阻封接、微电流放大、电子计算机等高科技技术制作而成。二人也因此获得了 1991 年度的诺贝尔生理学或医学奖。

和膜片钳技术（patch clamp technique）相关的有电压钳技术（voltage clamp technique）和电流钳技术（current clamp technique）。电压钳技术利用尖端直径为 1～5μm 的玻璃微电极刺入细胞，并向细胞内注入变化的电流以维持膜电位的大小不变。这一电流和离子流的大小相等，方向相反。电压钳技术正是利用注射电流的变化来获得离子流的大小和方向，进而研究离子通道的开放-关闭机制。电流钳恰好相反，这种技术向细胞内注入恒定或变化的电流，同时记录膜电位的变化。

膜片钳技术也是利用上述玻璃微电极，只是微电极没有插入细胞，而是在光学显微镜的观察下，将热抛光后的微电极紧密接触于细胞膜的表面（见图 11.12），形成低阻封接。然后给电极尖端施加负压，从而在玻璃电极和细胞膜之间形成了高阻封接，电阻高达 $10^9\Omega$。二者之间间距小于 1nm，防止了离子在玻璃电极和细胞膜之间通过，因而只记录了这小片膜上的跨膜离子电流的变化。这一 pA 级的微弱电流经由膜片钳微电流放大器放大后，传至计算机并由专门的软件进行处理。如果这一片膜上只有一个离子通道，便可获得单通道的电流。

膜片钳有 4 种记录模式（见图 11.12）。

（1）细胞吸附模式（cell-attached patch）：将拉制好的玻璃微电极热抛光后，与膜接触并形成高阻封接。利用微电极对其内部的膜进行电压钳制，并记录膜电流。这种模式没有破坏细胞的完整性，细胞基本上是处于生理状态下的。不过这

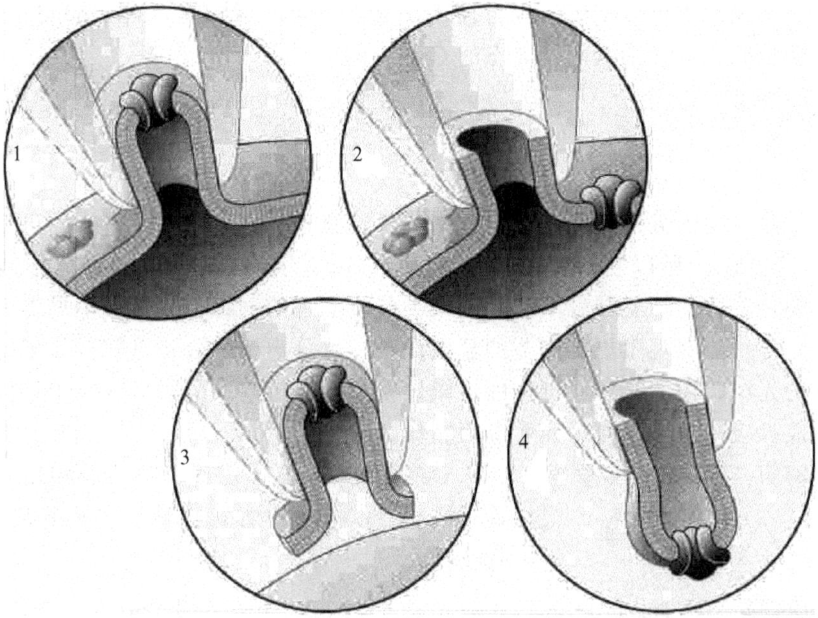

图 11.12 研究离子通道的 4 种记录模式

种方式不可长时间进行，因为它对实验台的稳定性要求极高，另外更换液体也会严重影响高阻封接的质量。

(2) 全细胞记录模式（whole-cell recording）：在细胞吸附模式的基础上，对微电极继续施加负压，把细胞膜抽破，便形成了全细胞记录模式。此时细胞内液和微电极内的液体相通。全细胞模式记录的信息能够反映整个细胞的功能信息，而且易于更换外液，是最常用的记录模式。研究证明，很多离子通道必须在这种模式下才能了解此通道在整个细胞上的生理作用。

(3) 内面向外模式（inside-out patch）：微电极与细胞膜形成高阻封接的基础上，将微管迅速提起，钳制的这片膜便脱离细胞。由图可知这片膜的内部是向外的。由于这种模式中微电极钳制的这片膜是被撕下来的，所以更换液体就非常容易了。它适合研究细胞内部的液体对离子通道的影响。

(4) 外面向外模式（out-side patch）：全细胞模式形成后，轻提微电极，高阻封接的这部分脱离细胞膜。从细胞膜上撕下的位置自动融合，这样细胞膜的外部就是向外的。这里外膜朝外，所以方便更换外液。该模式常用来研究配体门孔离子通道。

应用膜片钳对离子通道的研究非常深入，几乎所有目前已知的离子通道都已经被研究过，而且很多未知的离子通道也不断被发现。离子通道结构和功能的异常变化会导致很多离子通道病，膜片钳技术在这一领域的研究起到了重要作用。

另外，利用膜片钳可以把荧光探针注入细胞并和 Ca^{2+} 结合，可由激光扫描共聚焦显微镜精确地测量细胞内游离态的 Ca^{2+} 浓度。

11.3 电子显微镜

光学显微镜的分辨率受限于光源的波长，波长越大，分辨率越小。可见光波长 400～760nm，所以它的分辨率最好为 0.2μm，小于 0.2μm 的物体不能看清楚。例如，多数的细胞器看不清、对人类严重危害的病毒基本上看不见等。于是人们开始寻找能够观察更小细节的显微设备。由分辨率的公式可知，如果得到波长更短的光源，用此光源所制作的显微设备就会有较高的分辨率。电子显微镜就是利用波长极短的电子作为照明源而制作。

1924 年 32 岁的德布罗意（L. V. De Broglie）证明任何实物粒子和光一样均具有波动性，电子作为实物粒子也具有波动性，其波长为

$$\lambda = \frac{h}{mv} = \frac{12.26}{\sqrt{V}}\text{Å} \qquad (11.14)$$

式中，h 为普朗克常量（6.63×10^{-34} J·s）；m 为电子质量；v 为电子速度；V 表示电子束加速电压。加速电压越大，电子束的波长越短。取 V=100kV，得电子的波长为 0.00039Å，而可见光的波长几千个 Å，二者差了几百万倍。

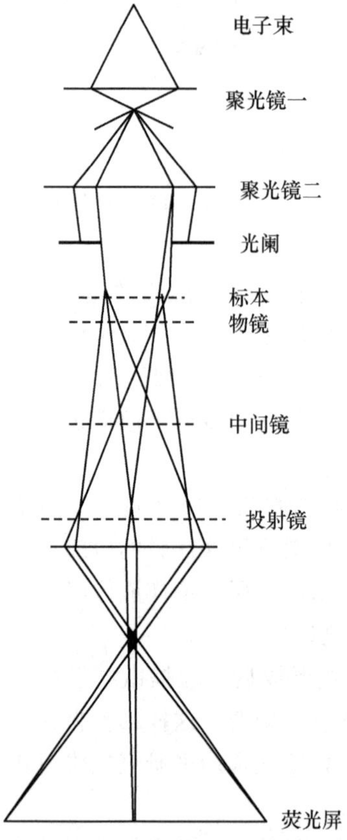

图 11.13 电镜的结构示意图
（宏涛，1980）

由电镜的原理图 11.13 可知，电子束在电场或者磁场中运动，由于受电场力或磁场力的作用，其运动方向会发生改变。这与光束在两种不同折射率的介质中的变向运动类似。所以，可以利用合适的电场或磁场来聚焦电子束。聚光镜的作用是把电子枪打出的高速电子聚焦至样品。投射镜的作用是将从标本出射的电子信息进行放大。其中空气中灰尘和分子对高速运动的电子束散射非常严重，其运行环境需要高真空甚至超高真空，真空度为 $10^{-5}\sim10^{-10}$ 乇（1 乇 = 1mmHg）。透射或者被散射的电子最后打在荧光屏上，通过分析荧光屏上得到的图像来获得样品的信息。另外，电镜对样品的厚度要求控制在

50～60nm。

德国科学家卢斯卡（E. Ruska）经过不懈努力，终于在 1931 年制作了“世上第一台电子显微镜”（电镜）。尽管放大本领和当时最好的光学显微镜相当，但它却标志人类首次以电代光“照”出了物体的影像。卢斯卡也因此被誉为电镜之父，并在 55 年后获得了诺贝尔奖。电镜的发明是 20 世纪最重要的科学发明之一。

真空中的高速电子和样品相互作用后，会产生很多信息（见图 11.14）。有些电子会穿透样品而形成透射电子，利用这些透射电子信息而发明了透射电镜（transmission electron microscope，TEM）、扫描透射电镜（scanning transmission electron microscope，STEM）。有些电子被样品反射，形成二次电子，利用这些二次电子的信息而发明了扫描电镜（scanning electron microscope，SEM）。卢斯卡所发明的电镜为透射电镜，是应用最多的一类电镜。

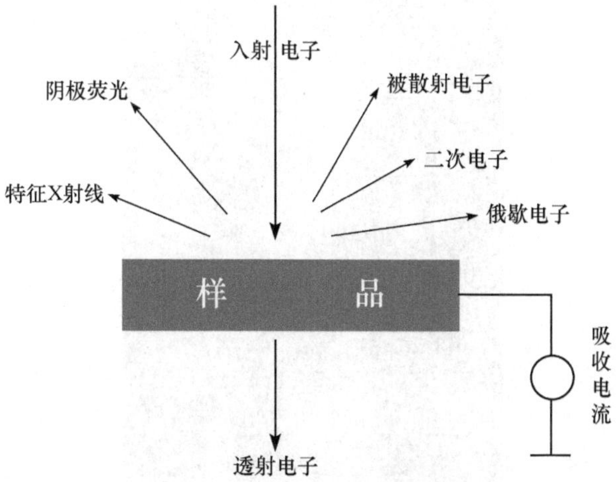

图 11.14　高速电子和样品的相互作用

和光镜相比，电镜最大的特点就是分辨率高，达 0.2nm。一些有关细胞、细胞器以及一些生物大分子的形态结构都来自电镜。但由于电镜使用的光源是高速电子束，很容易对样品产生损伤。

近年来，电镜三维重构技术已经成为继 X 射线晶体学和核磁共振波谱（NMR）技术之后，研究生物大分子结构的另一种重要手段。对蛋白质为主体的生物大分子的三维结构的研究，对人类完整、准确地阐明生命体的功能有着非常重要的作用。比如，对病毒大分子三维结构的研究有助于了解病毒的感染和繁殖，从而帮助我们对某些疑难疾病进行合理的药物设计。1968 年，罗齐尔（D. J. De Rosier）和克鲁格（A. Klug）首次用低温电子显微镜对 T4 噬菌体的尾部进行了结构解析（见图 11.15）。2007 年，弗朗克（A. Frank）等利用低温电子显微三维重构技术获得了酵母核膜孔复合体结构并分析了其对称性，为研究其他生物大分子三维重构提供了新思路。

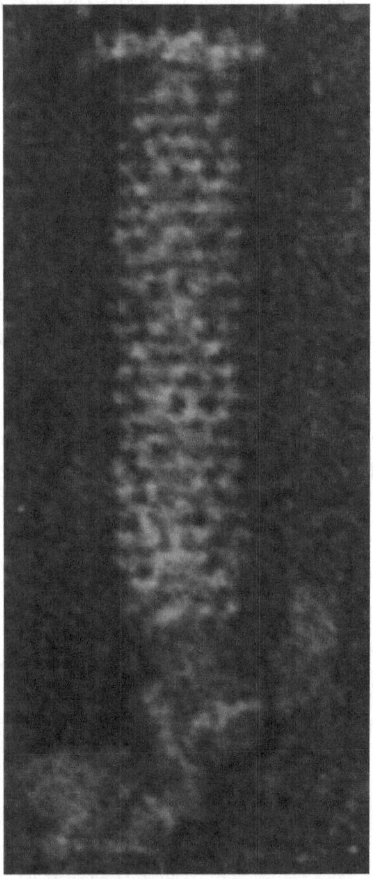

图 11.15 罗齐尔和克鲁格用电子显微镜观察到的 T4 噬菌体（De Rosier and Klug，1968）

11.4 扫描探针显微镜技术

电镜技术已经很成熟，其分辨率也达到了极限。根据分辨率公式（11.1），人们也试图寻找波长更短的射线来替代电子作为显微镜的光源。X 射线的波长很短，不过人类还未发现能控制其运动的力。

扫描探针显微镜（scanning probe microscope，SPM）是 20 世纪 80 年代发展起来的一类新型的显微镜，它们都是基于近场扫描原理，利用带有超细针尖的探针在样品表面扫描，获得样品的微观信息如表面形貌、电特性、磁特性和柔韧性等。SPM 具有原子尺度的高分辨本领，其分辨率达 0.1nm。

SPM 最大的优点是具有原子级的高分辨率。另外，它的使用环境宽松，既可以在真空中工作，又可以在大气、低温、常温、高温、甚至溶液中使用。而电子显微镜等仪器对工作环境要求却比较苛刻，样品必须安放在高真空条件下才能进行测试。SPM 使用针状物在样品表面起伏扫描而得其表面信息，如果被测样品表面的起伏超出了扫描器的伸缩范围，则会导致系统无法正常工作甚至损坏探针。因此，扫描探针显微镜对样品表面的粗糙度较高。由此可知 SPM 需要一个稳定性好的减震系统。

目前 SPM 作为一种新技术，已被用于细胞生物学以及生命科学各领域。SPM 最早应用于研究生物大分子（DNA 和蛋白质等）的结构与功能，这方面已积累了丰富的资料。近年来，在其他方面也展开了积极的探索，如将之用于研究生物大分子之间的相互作用、生物结构的纳米操作、活细胞的结构与功能，以及用于医学和药物学研究等。

扫描探针显微镜有很多种，主要包括扫描隧道显微镜（scanning tunneling microscope，STM）和原子力显微镜（atomic force microscope，AFM）等。

11.4.1　扫描隧道显微镜

IBM 苏黎世实验室的宾宁（G. Binnig）和瑞士物理学家罗雷尔（H. Rohrer）在 1981 年发明了 STM，被国际科学界公认为 20 世纪 80 年代世界十大科技成就之一，他们因此而获得 1986 年诺贝尔物理学奖。STM 的发明，使得人们可以操纵原子。图 11.16 为 IBM 公司科研人员利用 STM 把 35 个氙原子排列成“IBM”三个字母。

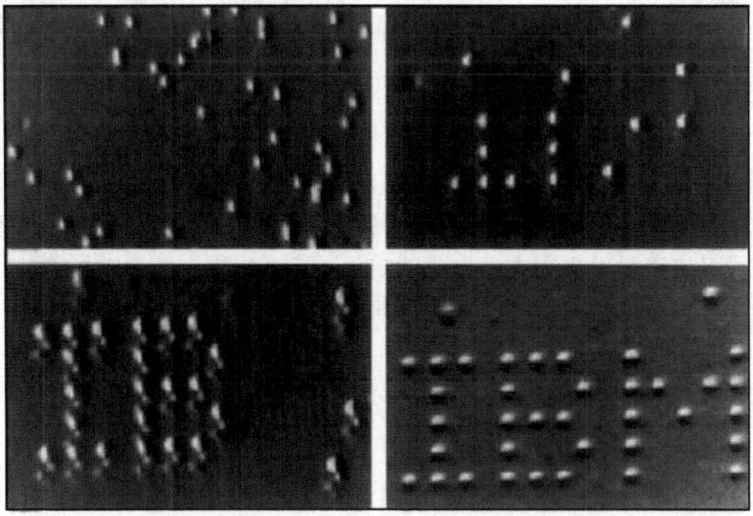

图 11.16　35 个氙原子排列成的“IBM”三个字母（Eigler and Schweizer，1990）

STM 的主要原理是利用量子力学中的隧道贯穿效应。粒子在某力场中运动，力场的势函数 U 具有下述形式：

$$U(x)=\begin{cases}U_0 & (0<x<a)\\ 0 & (x\leqslant 0, x\geqslant a)\end{cases} \tag{11.15}$$

式中，U_0 为势垒高度；a 为势垒宽度。按照经典力学观点，能量 $E<U_0$ 的粒子是不可能穿越势垒的。但是量子力学的理论告诉我们粒子能够穿过比其能量更高的势垒，这种现象就是隧道效应（势垒贯穿）（见图 11.17）。

STM 的核心部件是一个直径具有原子尺度的探针，探针与样品表面之间有一定的电压并能在其上进行逐点扫描（见图 11.18）。当二者之间的距离非常小时，由于电压的存在，电子可以通过隧道效应在针尖和样品之间进行跃迁，进而形成隧道电流。通过记录此电流的变化来获得样品表面的微观信息，所以 STM 要求样品表面与针尖具有导电性。

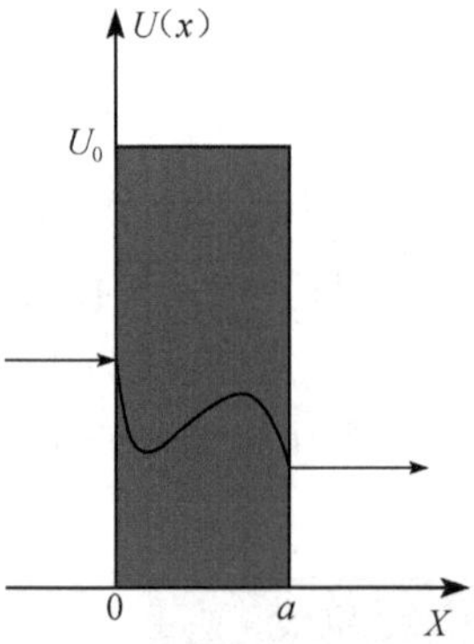

图 11.17 隧道贯穿效应

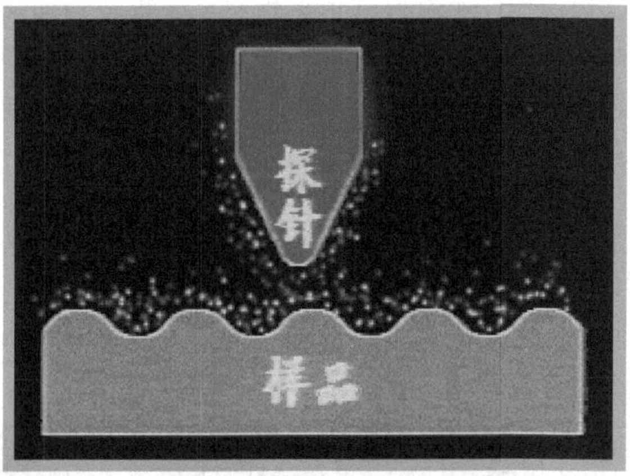

图 11.18 金属表面与针尖的电子云
（摘自昆明理工大学物理实验中心网站）

STM 有两种成像模式：恒流模式和恒高模式。恒流模式就是调节针尖和样品表面的距离来保持隧道电流不变。恒高模式则是保持二者之间的距离不变，隧道电流随样品表面的微观高度的变化而变化。后者扫描头不需上下移动，从而加快了扫描速度，所以恒高模式适用于表面粗糙度较大的样品。

11.4.2 原子力显微镜

1. 原子力显微镜的基本原理

AFM 是宾宁（G. Binnig）和斯坦福大学的 C. F. Quate 合作并于 1986 年设计完成的，它主要通过检测针尖与样品之间的原子间作用力来获得样品表面的微观信息，因此不要求样品具有导电性。AFM 的工作原理（见图 11.19）是将一个对微弱力非常敏感的悬臂一端固定，另一端装有一个尖端极小（只有一个原子）的针尖，针尖与样品表面相互作用，这一作用力使微悬臂向上弯曲。通过检测微悬臂背面反射出的激光光点在光学检测器上的位置变化，可以转换成力的变化，进而获得样品表面的信息。

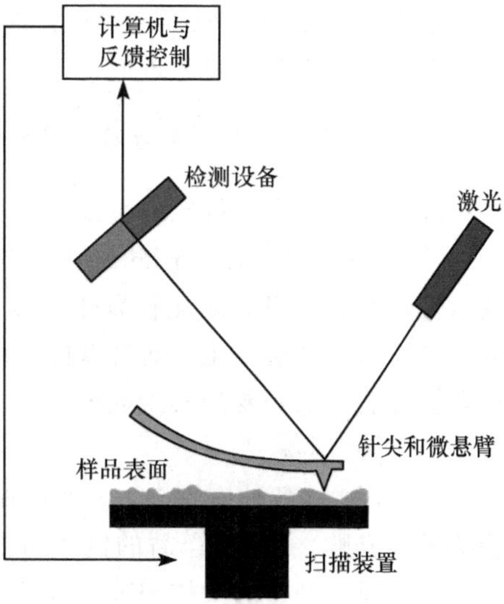

图 11.19　AFM 工作原理图
（摘自维库网站）

AFM 的操作模式依据针尖与样品之间的距离分为三种：接触模式、非接触模式和轻敲模式。

(1) 接触模式中针尖与样品的表面接触并不断的滑动，通过记录二者之间的库仑排斥力而得到具有非常高分辨率的图像。但是这种模式中针尖会使样品表面变形并损害针尖，结果会导致获得的图像失真。故此模式适合测量粗糙度很低并且刚性的样品。大部分生物样品的表面非常柔软，不适合采用这种模式。

(2) 非接触模式是把针尖与样品表面的距离控制在 5～20nm，二者始终不接触。通过记录它们之间的长程力——范德华吸引力来获得样品表面的信息。不过因为这一吸引力要远远小于排斥力，所以在微悬臂加了一个共振驱动力。这种模式针尖和样品之间的距离很大，克服了针尖滑过样品时受到的摩擦力、黏滞力等的影响，并保护了针尖免被划伤，但针尖与样品表面的距离很难控制。另外，由于针尖离样品表面较远，这种模式所成图像分辨率降低。

(3) 轻敲模式是介于上述两种模式之间的一种操作模式。扫描时，微悬臂也在震荡，而且振幅比非接触式中的微悬臂的振幅更大，达 20nm。这种模式中针尖间断地与样品表面接触，但没有横向的剪切力，对样品表面不会产生损伤。由于二者是接触的，所以此模式和接触模式一样，具有极高的空间分辨率，并被广泛应用。

AFM 观测生物样品的优势有：能够在样品的近生理环境下直接观测，且横向分辨率达 0.1nm，纵向分辨率达 0.01nm；在扫描过程中采用轻敲模式，针尖对样品的损伤最小；AFM 的样品制备步骤和扫描电镜相比简单，AFM 可以省去喷镀、染色和标记等增加图像反差的步骤。

由于 AFM 具有的上述独特优势，很快在生物科学研究中得到广泛的应用。例如，DNA 双链断裂、肿瘤抑制蛋白 P53 与 DNA 的相互作用、基因治疗中观察受体介导 DNA、多糖形成的凝胶网状结构、观测重离子致 DNA 损伤、DNA

单分子定位切割与拾取等。目前，AFM 的应用已渗透到生物学研究的各个领域，并取得了许多重要的进展。

2. 应用举例：用原子力显微镜研究 α 粒子辐照 pUC19 质粒 DNA 双链断裂

恶性肿瘤对人类健康有着极大的威胁，对这一类疾病的诊治又相当的困难。1936 年，洛克（G. L. Locher）提出硼中子俘获治疗的想法。其基本思想是把无放射性亲肿瘤组织的硼化物置于体内的肿瘤组织中，然后利用中子射线照射肿瘤，进而杀死肿瘤细胞。研究低能 α 射线对 DNA 的损伤，可以为硼中子俘获治疗恶性肿瘤提供必要的实验数据。

1）样品制备

在 AFM 的各种应用中，样品的制备是最为关键的步骤，制样的好坏决定实验的最终成败。DNA 样品的制备方法多种多样，不同方法中 DNA 溶液浓度、衬底的选择、制样的具体细节等都各不相同。最理想的衬底是具有纳米级粗糙度的云母，不过由于云母表面和水溶液中的 DNA 都带有负电，存在静电排斥作用力，样品分子无法吸附在云母表面。为了增强样品分子在云母表面上的吸附，主要发展了两种 DNA 制样方法：一是应用化学试剂对云母的表面进行修饰，用阳离子进行预处理等；二是选择阳离子加入到 DNA 水溶液中，各实验室所使用的阳离子种类和浓度均不尽相同。两种 DNA 样品制备方法都有其各自的适用范围，以 APS-云母和纯云母为衬底的两种 DNA 样品制备的新方法可以满足对 DNA 长度的测量并进行统计分析的要求。

对于以 APS-云母为衬底的 DNA 制样，处理步骤是：制备四次蒸馏水→配制 APS 溶液→解理云母→自组装单层膜→钝化处理。其中钝化处理时间的长短对 APS-云母的吸附力有重要的影响。DNA 样品制备步骤：①将原始 DNA 样品用四次蒸馏水稀释为 2ng/μL，将制备的溶液置于涡旋震荡器上震荡 1min，使样品在溶液中分散均匀；②取 5μL 的 DNA 溶液滴于 APS-云母片上，并用封口薄膜覆盖在上面，沉积 5min；③用四次蒸馏水冲洗 15 次左右，每次冲洗所用蒸馏水的体积大约为 200μL 效果最好；④将样品置于空气中约 4h 以上后进行观测。

图 11.20 是按照上述制备步骤得到的样品的 AFM 扫描图像。a 中 DNA 分子数量太少，不适合统计分析，但形态正常；c 中 DNA 分子数量很多，但自身扭曲且分布不均匀，很难进行长度测量；b 中 DNA 分子在数量和形态上都非常合适，且分布比较均匀，适合进行长度的测量和统计分析。图中颜色稍暗的斜线为电子学噪声带来的微小影响，对观测无影响。相同制样流程却有不同扫描图像的根本原因是 APS-云母对 DNA 分子的吸附力强弱存在很大差别。吸附力强弱不同的 APS-云母可以满足不同的实验要求。但是 APS-云母吸附力的强弱在制样时难控制，需要探索其他的制样方式。以纯云母为衬底的 DNA 样品制备就是非

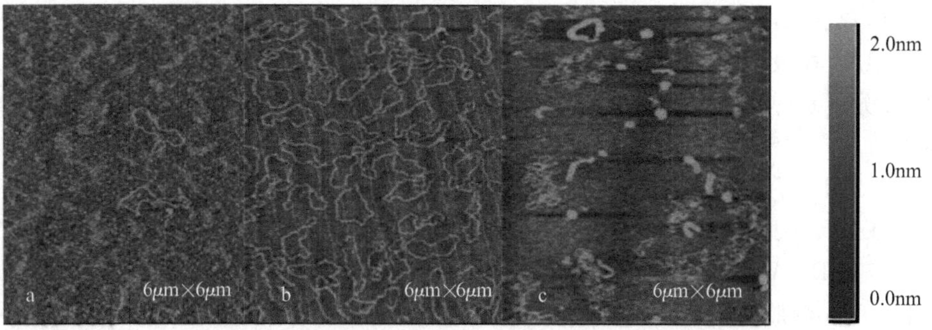

图 11.20　质粒 DNA 在 APS-云母上的图像（蔡明辉等，2006a）

常好的制样方法。

在纯云母衬底上制备 DNA 样品的步骤如下。

首先，固定 DNA 溶液的浓度，调节 Mg^{2+} 浓度以找到其最佳浓度值。根据上述 APS-云母上的实践经验，取 DNA 浓度为 1ng/μL，然后调节 Mg^{2+} 浓度来确定其最佳浓度值。如果 Mg^{2+} 浓度太大，DNA 分子相互结合在一起而不能在云母衬底上均匀分散，DNA 分子便会发生凝聚现象；随着 Mg^{2+} 浓度的减小，DNA 分子之间的交联会消失，但其自身的扭曲依然存在；当 Mg^{2+} 浓度进一步减小时，能观察到具有的正常超螺旋形态的 DNA 分子。另外，因为冲洗过程中水流的影响，云母衬底上的 DNA 分子会有明显分子取向。

其次，固定 Mg^{2+} 溶液的浓度，调节 DNA 浓度以找到其最佳浓度值。把 Mg^{2+} 浓度值固定在 1mmol/L，调节 DNA 浓度。如图 11.21，a 中 DNA 分子的数量太少，不适合大量统计；而 c 中 DNA 分子太多，导致不同 DNA 分子之间具有重叠现象，较难进行长度的测量；b 中 DNA 浓度适当，形态表现上和数量分布上都非常理想，完全满足实验的要求。

图 11.21　质粒 DNA 在纯云母上的图像（蔡明辉等，2006a）

由以上两步得出，制备的样品在 DNA 浓度为 1ng/μL、Mg^{2+} 浓度为 1mmol/L 时最为理想，能够在 AFM 下再现 DNA 真实的形态，而且成像后 DNA 分子及碎片的数量适中，适合进行 DNA 碎片长度的测量并进行统计分析。这种方法具有制备简单、图像清晰、制样成功率高等优点。

2）硼中子俘获治疗的模拟实验研究

在进行辐照前需要对原始 DNA 样品进行 AFM 观测，进行统计分析得出各种形态的 DNA 所占的比例，以便与辐照后的样品进行对比。例如，由 PUC19 质粒 DNA 辐照前的 AFM 图片（见图 11.22），可以看到完整的 DNA 分子，无线性 DNA 片段。通过统计分析可知 PUC19 质粒的 DNA 中超螺旋分子约占 75%，开环分子约占 25%。

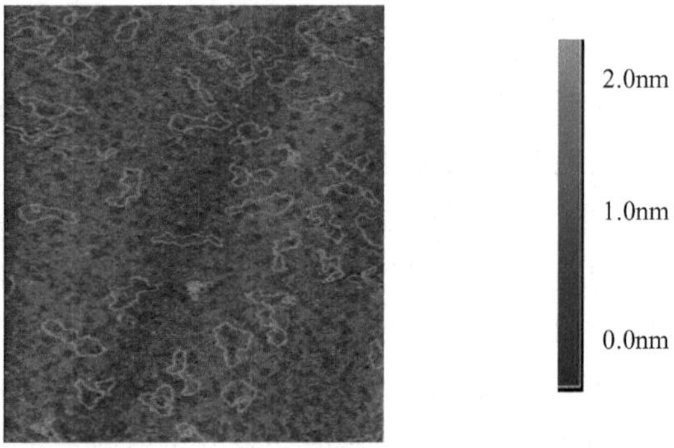

图 11.22 辐照前的 DNA 样品

(1) DNA 溶液的辐照。利用 α 源对密封装置内的 DNA 溶液的辐照。α 粒子到达溶液表面是以 2.3MeV 为中心的能量分布，其在水中的传能线密度（LET）是 149keV/μm。

(2) DNA 样品的制备。选择以纯云母为衬底进行 DNA 样品制备。用四次蒸馏水和 $MgCl_2$ 溶液把 α 粒子辐照过的 DNA 溶液稀释成 1mmol/L $MgCl_2$ 和 1ng/μL DNA 的混合溶液，取混合溶液 5μL 滴于新解理的云母表面，沉积 5min，再用水冲洗，置于室温下 6h 后用 AFM 扫描。

(3) AFM 成像以及数据分析。AFM 以轻敲模式在空气中成像，这种模式有利于保护样品和 AFM 的针尖。

云母衬底上的 DNA 分子经不同剂量辐照后其形态及长度差异都比较大。辐照前，以超螺旋和开环形态存在；α 粒子辐照剂量为 1000Gy 时，DNA 分子以开环形态为主，同时也有少量的线性分子；剂量为 1800Gy 时，大部分 DNA 分子断裂（见图 11.23）；剂量为 2000Gy 时，DNA 碎片长度主要分布于 100～600nm（见图 11.24）。DNA 受辐照而产生链断裂的情况比较复杂，其产生的机理还需要进一步的探索和研究。

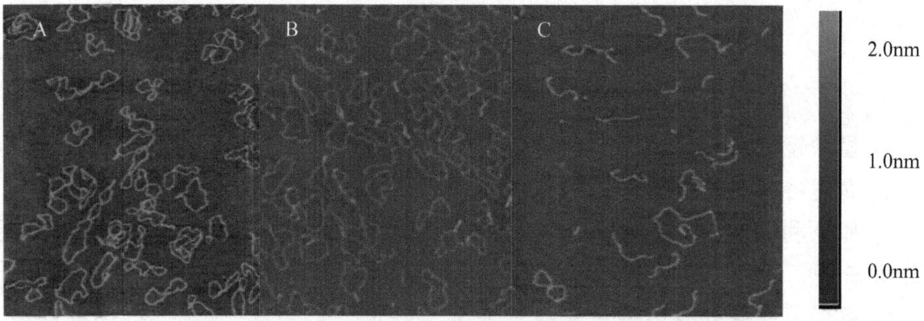

图 11.23　不同剂量 α 粒子辐照 DNA 后的 AFM 图像

A. 0Gy；B. 1000Gy；C. 1800Gy

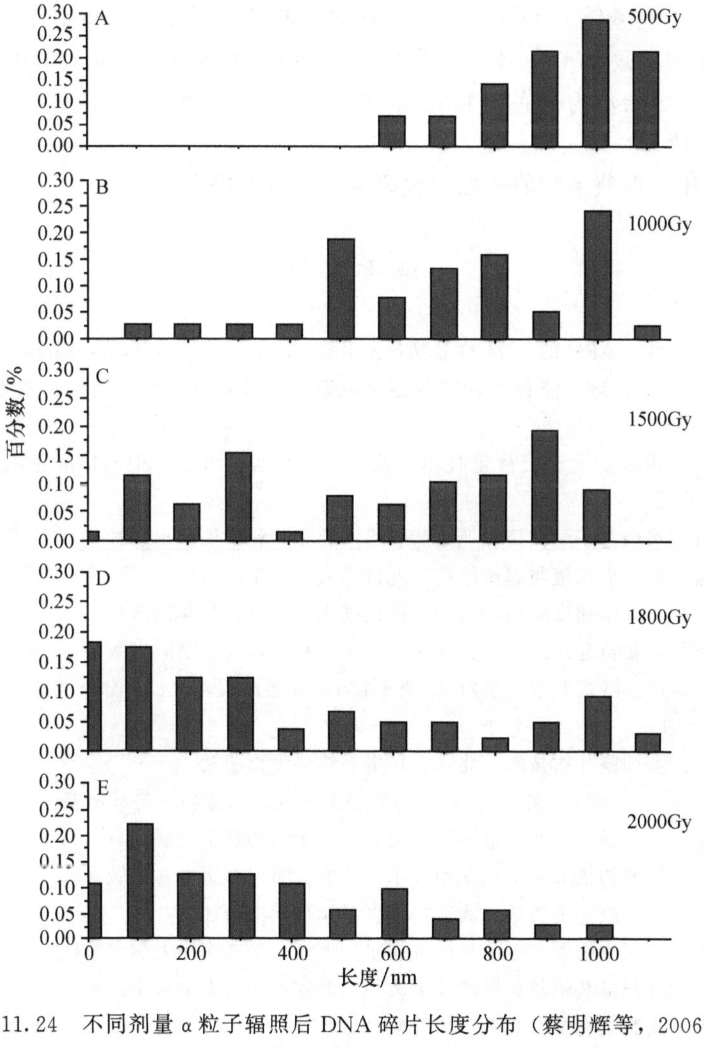

图 11.24　不同剂量 α 粒子辐照后 DNA 碎片长度分布（蔡明辉等，2006b）

习　题

1. 显微镜的发展经历了哪几个过程？

2. 简述各种类型显微镜的特点。

3. 如果利用波长为 600nm 的红光做光源，介质为空气，计算此光学显微镜的分辨率。

4. 解释荧光探针发出的荧光波长大于入射光。

5. 加速电压为 50kV，计算电子的波长。

6. 比较电镜和光学显微镜的优缺点。

7. 原子力显微镜（AFM）观测生物样品有几个明显的优势是什么？

8. 原子力显微镜（AFM）观测时，实验室的 DNA 样品制备要考虑哪些因素？

9. 以 APS-云母为衬底的 DNA 制样和纯云母上的 DNA 样品制备，制备步骤和流程是什么？

10. 硼中子俘获治疗的模拟实验研究的基本思想是什么？

参考文献

蔡明辉，等．2006a．AFM 的 DNA 样品制备技术研究．电子显微学报，1：76-79

蔡明辉，等．2006b．硼中子俘获治疗癌症的基础性实验研究．原子能科学技术，40：391-395

程时．1997．生物医学电子显微镜技术．北京：北京医科大学、中国协和医科大学联合出版社

傅湘琦．1980．浅谈电子显微镜和亚细胞技术．北京：科学医学出版社

郭仁强．1985．电子显微镜与超微结构．北京：人民卫生出版社

宏涛．1980．生物医学超微结构与电子显微镜技术．北京：科学出版社

黄晓峰，张远强，张英起．2004．荧光探针技术．北京：人民军医出版社

孔福全，等．2005．随机断裂模型对 ^{7}Li 离子致 DNA 链断裂碎片长度分布的分析．科学通报，10：947-951

刘振伟．2006．实用膜片钳技术．北京：军事医学科学出版社

隋丽，等．2004．^{7}Li 和 ^{12}C 离子致 DNA 链断裂的研究．高能物理与核物理，10：1126-1130

王琛，王桂英，徐至展．2002．全内反射荧光显微术．物理学进展，4：406-415

王春梅．2004．激光扫描共聚焦显微镜技术．西安：第四军医大学出版社

夏寿萱，等．1998．放射生物学．北京：军事医学科学出版社

杨勇骥．2003．实用生物医学电子显微镜技术．上海：第二军医大学出版社

袁兰．2004．激光扫描共聚焦显微镜技术教程．北京：北京大学医学出版社

翟中和．2005．细胞生物学．北京：高等教育出版社

周光明，等. 2001. DNA 和细胞对重离子辐照诱导 DNA 双链断裂的敏感性比较. 安徽农业大学学报，28：331-333

Alber F，et al. 2007. Determining the architectures of macromolecular assemblies. Nature，450：683-694

Boichot S，et al. 2002. Investigation of radiation damage in DNA by using atomic force microscopy. Radiation Protection Dosimetry，99：143-146

Cheezum M K，Walker W F，Guilford W H. 2001. Quantitative comparison of algorithms for tracking single fluorescent particles. Biophysical Journal，81：2378-2388

De Rosier D J，Klug A. 1968. Reconstruction of three dimensional structures from electron micrographs. Nature，217：130-134

Eigler D M，Schweizer E K. 1990. Positioning single atoms with a scanning tunneling microscope. Nature，344：524-526

Fröster T. 1948. Intramolecular energy migration and fluorescence. Ann Phys，2：55-75

James B. 2006. Pawley. Handbook of Biological Confocal Microscopy. 3th ed. New York：Springer Science+Business Media，LLC

Jamieson T，et al. 2007. Biological applications of quantum dots. Biomaterials，28：4717-4732

Jiao Y K，et al. 2001. Dynamic interactions of p53 with DNA in solution by time-lapse atomic force microscopy. J Mol Biol，314：233-243

Locher G L. 1936. Biological effects and therapeutic possibilities of neutrons. Am J Roentgenol Radium Ther，36：1-13

Pang D，et al. 1998. Investigation of neutron-induced damage in DNA by atomic force microscopy：experimental evidence of clustered DNA lesions. Radiation Research，50：612-618

Postlethwait J H，Hopson J L，Veres R C. 1991. Biology! bringing Science to Life. New York：McGraw-Hill

Stryer L，Haugland R P. 1967. Energy transfer：A spectroscopic ruler. Proc Natl Acad Sci，58：719-726

Thompson R E，Larson D R，Webb W W. 2002. Precise nanometer localization analysis for individual fluorescent probes. Biophysical Journal，82：2775-2783

Yildiz A，et al. 2003. Myosin v walks hand-over-hand：single fluorophore imaging with 1.5-nm localization. Science，2061：2061-2065

Yoo J，et al. 2008. Intracellular imaging of targeted proteins labeled with quantum dots. Experimental Cell Research，315：3563-3569